中等职业教育产教融合新形态教材——计算机类

计算机实用技术

主 编 ◎ 平红梅 芦关山 张红艳 吕天雯
主 审 ◎ 王 邈 李世财

西南交通大学出版社
·成 都·

图书在版编目（CIP）数据

计算机实用技术 / 平红梅等主编. -- 成都 ：西南交通大学出版社，2024. 8. -- ISBN 978-7-5643-9878-1

Ⅰ. TP3

中国国家版本馆 CIP 数据核字第 2024CL9004 号

Jisuanji Shiyong Jishu

计算机实用技术

主　编 / 平红梅　芦关山　张红艳　吕天雯

责任编辑 / 梁志敏

封面设计 / 吴　兵

西南交通大学出版社出版发行

（四川省成都市金牛区二环路北一段 111 号西南交通大学创新大厦 21 楼　610031）

营销部电话：028-87600564　　028-87600533

网址：http://www.xnjdcbs.com

印刷：四川玖艺呈现印刷有限公司

成品尺寸　185 mm × 260 mm

印张　17.5　　字数　459 千

版次　2024 年 8 月第 1 版　　印次　2024 年 8 月第 1 次

书号　ISBN 978-7-5643-9878-1

定价　58.00 元

课件咨询电话：028-81435775

图书如有印装质量问题　本社负责退换

序言

FOREWORD

在当今的数字化时代，计算机技术已经成为人们生活和工作中不可或缺的一部分。随着科技的不断发展，计算机实用技术的应用范围也日益广泛，从个人日常生活到企业管理，从科学研究到艺术创作，无不涉及计算机实用技术。因此，精通计算机实用技术不仅是一种能力，更是一种必要的素养，是走向成功的关键要素之一。

本教材旨在帮助广大中等职业学校的学生打好计算机技术的基础，进一步提升他们的职业技能。全书以实用性为导向，紧跟技术的发展趋势，结合实际应用场景，从基础知识到实际操作，系统地介绍了计算机实用技术的相关内容，以全面提升读者的实用技能。

作为一名计算机从业者，本人深知计算机技术的重要性和实用性。在这个信息爆炸的时代，掌握计算机实用技术不仅是提高个人竞争力的必备条件，更是适应社会发展的需要。因此，本人由衷地将此书推荐给所有渴望学习和掌握计算机实用技术的同学们，相信通过学习本书，你们一定能够在职业生涯中获得更多的机会和成功。

祝愿《计算机实用技术》能够为广大学子打开数字时代的大门，助广大学子在未来的道路上越走越宽广！

国家级技能大师工作室领办人　龙江大工匠

前言

PREFACE

身处信息化社会，计算机技术已经渗透到我们生活的方方面面，掌握计算机技能已经成为现代人必备的素质之一。为了帮助中职学生及信息技术爱好者更好地适应社会发展的需求，提高其计算机应用能力和实践操作水平，我们组织编写了这本教材。

本教材以实用为宗旨，注重理论与实践相结合，通过丰富的案例和实训项目，帮助中职学生掌握计算机基础知识、常用办公软件、网络应用等方面的技能。同时，本书还注重培养中职学生的创新意识和实践能力，通过引导中职学生解决实际问题，提高其综合素质和职业竞争力，对于中职学生的计算机通识教育具有重要的引领作用。

在编写过程中，我们充分考虑了中职学生的学习特点和认知规律，采用通俗易懂的语言和图文并茂的形式，使学习更加生动有趣。此外，我们还注重教材的实用性和可操作性，通过行业专家的指导和与企业的合作，确保教材内容与市场需求及岗位技能要求紧密结合，从而为学生未来的职业发展打下坚实的基础。

本书依据《中等职业学校信息技术课程标准》（2020 年版）的要求，学时分配建议如下：

教 学 内 容	建议学时
第一单元　走进计算机世界	12
第二单元　神奇的网络空间	12
第三单元　文字处理软件的应用	14
第四单元　数据处理	12
第五单元　程序设计	12
第六单元　感知数字媒体技术	10
合　计	72

为确保教材的科学性、职业性、适用性和先进性，本书由泰来县职业技术教育中心学校计算机专业组和哈工领智产教融合科技有限公司联合编写，编写团队由教学一线的高级教师和信息技术领域的行业企业专家组成。

本书由平红梅、芦关山、张红艳、吕天雯担任主编，具体分工如下：张红艳编写第一单元、第二单元，吕天雯编写第三单元，平红梅编写第四单元、第五单元，芦关山编写第六单元。本书的编写得到了黑龙江省超鑫机器人科技有限公司等单位的大力支持与帮助，在此我们表示衷心的感谢。同时，恳请广大师生在使用过程中及时提出宝贵意见与建议，使本书能够在计算机技术日新月异的发展过程中不断改进与完善。

相信《计算机实用技术》将成为广大读者的良师益友，为其未来的职业发展提供有力的支持。

本教材配套数字资源已上线超星学习通数字教材，师生可扫码加入课程学习，获取本书配套的 PPT 课件、微课视频、在线测验等。

编　者

2024 年 4 月

《计算机实用技术》在线课程

数字资源目录

序号	资源名称	资源类型	页码
1	计算机的出现和计算机发展阶段	微课视频	003
2	计算机的系统组成——硬件系统	微课视频	007
3	计算机的系统组成——软件系统	微课视频	007
4	数制及转换	微课视频	010
5	信息编码	微课视频	011
6	查询计算存储容量	微课视频	012
7	操作系统简介	微课视频	016
8	操作系统用户界面+程序安装卸载	微课视频	019
9	标记与管理信息	微课视频	027
10	文件夹	微课视频	029
11	压缩与备份信息	微课视频	029
12	Internet 简介	微课视频	039
13	Internet 应用和发展	微课视频	041
14	网络拓扑结构	微课视频	046
15	网络传输协议	微课视频	049
16	认识网络设备	微课视频	057
17	连接网络	微课视频	061
18	云存储	微课视频	066
19	网络生活	微课视频	068
20	初识 Word 文档	微课视频	079
21	Word2016 基本操作	微课视频	081
22	文本的基本操作	微课视频	087
23	文档的格式设置	微课视频	088

续表

序号	资源名称	资源类型	页码
24	Word 中表格的应用	微课视频	095
25	Word 中表格的美化	微课视频	101
26	Word 中的图文混排	微课视频	110
27	Word 中的文档设置	微课视频	113
28	认识 Excel	微课视频	123
29	移动和复制工作表	微课视频	127
30	编辑数据	微课视频	128
31	设置单元格格式	微课视频	137
32	设置条件格式	微课视频	144
33	插入图形图像	微课视频	146
34	使用批注以及套用样式	微课视频	148
35	Excel 公式	微课视频	159
36	Excel 函数	微课视频	162
37	美化图表	微课视频	165
38	输出数据	微课视频	173
39	认识程序	微课视频	185
40	认识 Python	微课视频	187
41	保留字和标识符	微课视频	198
42	变量和常量	微课视频	199
43	数据类型	微课视频	201
44	运算符	微课视频	202
45	选择结构	微课视频	207
46	循环结构	微课视频	212
47	初识数字媒体技术	微课视频	221
48	图形图像处理	微课视频	225
49	初识视频剪辑技术	微课视频	233
50	视频剪辑的进阶	微课视频	233
51	演示文稿的基本操作	微课视频	244
52	美化演示文稿	微课视频	249
53	制作灵动的演示文稿	微课视频	254

目录

CONTENTS

第一单元　走进计算机世界

任务 1.1　认识计算机系统 003
一、电子计算机的出现 003
二、计算机的发展阶段 004
三、计算机系统的组成 007

任务 1.2　信息编码与存储 010
一、数制及转换 010
二、信息的编码 011
三、查询与计算存储容量 012

任务 1.3　使用操作系统 016
一、操作系统简介 016
二、操作系统的用户界面 019
三、程序的安装与卸载 021

任务 1.4　管理信息资源 027
一、标记与管理信息 027
二、压缩与备份信息 029

单元测试 034

第二单元　神奇的网络空间

任务 2.1　走进网络世界 039
一、Internet 简介 039
二、Internet 应用 041
三、Internet 发展历程 042

任务 2.2　了解网络协议 046
一、网络拓扑结构 046
二、网络传输协议 049
三、常用网络服务 051

任务 2.3　配置网络 …… 057
一、认识网络设备 …… 057
二、连接网络 …… 061
任务 2.4　网络工具 …… 066
一、云存储 …… 066
二、网络学习 …… 067
三、网络生活 …… 068
单元测试 …… 073
第三单元　文件处理软件的应用
任务 3.1　初识文字处理软件 …… 079
一、常见的文字处理软件 …… 079
二、Word 2016 的操作界面 …… 079
三、Word 2016 的基本操作 …… 081
任务 3.2　编辑文档格式 …… 087
一、文本的基本操作 …… 087
二、文档的格式设置 …… 088
任务 3.3　表格的应用 …… 095
一、表格的基本知识 …… 095
二、插入表格的方法 …… 096
三、表格的基本操作 …… 096
四、表格的美化 …… 101
任务 3.4　图文混排 …… 110
一、艺术字的应用 …… 110
二、形状的插入与设置 …… 112
三、图片的插入与设置 …… 112
四、页面布局的调整 …… 113
单元测试 …… 117

第四单元　数据处理

任务 4.1　输入数据 ······ 123
一、认识 Excel ······ 123
二、移动和复制工作表 ······ 127
三、编辑数据 ······ 128
任务 4.2　美化数据 ······ 137
一、设置单元格格式 ······ 137
二、条件格式 ······ 144
三、插入图形图像 ······ 146
四、使用批注 ······ 148
五、套用表格样式 ······ 149
任务 4.3　加工数据 ······ 158
一、Excel 公式 ······ 159
二、Excel 函数 ······ 162
三、图表的应用 ······ 165
任务 4.4　输出数据 ······ 173
一、页面设置 ······ 173
二、设置分页符 ······ 174
三、预览和打印工作表 ······ 174
单元测试 ······ 178

第五单元　程序设计

任务 5.1　初识 Python ······ 185
一、认识程序 ······ 185
二、认识 Python ······ 187
任务 5.2　基本语法 ······ 198
一、保留字和标识符 ······ 198
二、变量和常量 ······ 199
三、数据类型 ······ 201
四、运算符 ······ 202

任务 5.3　程序体验 ………… 207
一、选择结构 ………… 207
二、循环结构 ………… 212
单元测试 ………… 215

第六单元　感知数字媒体技术

任务 6.1　初识数字媒体技术 ………… 221
一、数字媒体技术 ………… 221
二、常见数字媒体的类型 ………… 222
三、数字媒体的传播渠道 ………… 223
任务 6.2　图形图像处理 ………… 225
一、常见的图像文件 ………… 225
二、常见的图形图像处理软件 ………… 226
三、Photoshop 2020 的界面 ………… 226
四、Photoshop 2020 的基本操作 ………… 227
任务 6.3　视频剪辑技术 ………… 233
一、常见的视频文件 ………… 233
二、常用的视频剪辑软件 ………… 233
三、Premiere CC2018 的界面 ………… 234
四、Premiere CC2018 的基本操作 ………… 235
任务 6.4　制作演示文稿 ………… 244
一、PowerPoint 2016 的工作界面 ………… 244
二、PowerPoint 2016 的基本操作 ………… 245
三、美化演示文稿 ………… 249
四、制作灵动的演示文稿 ………… 254
单元测试 ………… 266

第一单元

走进计算机世界

生活在信息时代的我们，已经对计算机产生了日益深厚的依赖。计算机不仅改变了世界，更深刻地改变了我们的生活，它引发了科学技术和社会生活的深层次变革，推动人类社会迈向数字化和智慧化的新时代。

计算机无疑是 20 世纪人类最伟大、最卓越的科技成就之一。在本单元中，我们将一同走进计算机的神秘世界，深入探索其组成和发展历程，了解多种主流操作系统的特点以及信息资源的有效管理。同时，我们还将增强信息安全意识，真切感受计算机为我们带来的强大力量，并拥抱这一“大国重器”所赋予我们的自信与力量。

情境导入

中国力量

习近平总书记曾反复强调：关键核心技术是国之重器，对推动我国经济高质量发展、保障国家安全都具有十分重要的意义，必须切实提高我国关键核心技术创新能力，把科技发展主动权牢牢掌握在自己手里，为我国发展提供有力科技保障。

2009年中国打造了“天河一号”超级计算机，每秒的计算达到了1.206千万亿次，实现千万亿次的超算技术突破。2014年，“天河二号”超级计算机（见图1-1）荣登全球超级计算机500强排行榜榜首。

真正在超算领域大显身手的还得看2016年推出的“神威·太湖之光”超级计算机（见图1-2），第一代的SW26010设备突破百亿亿次的算力。2021年，中国超算团队凭借新一代的“神威·太湖之光”研发出量子计算模拟器，获得2021年度“戈登·贝尔”奖项，这是超算领域最高等级的国际奖项，中国超算斩获了第一。最重要的是，这是中国自主研发的大国重器，得以在超大规模量子随机电路实时模拟中广泛应用。

有外媒表示，美国在超算领域不再具有独特性。其实，早在2016年，中国推出的“神威·太湖之光”就获得全球超级计算机500强的第一名。

图1-1　“天河二号”超级计算机

图1-2　“神威·太湖之光”超级计算机

任务 1.1 认识计算机系统

在当今的信息社会中，计算机科学与技术占有极其重要的地位，计算机已经深入渗透到社会生活的各个领域，在人们的学习、工作、生活中扮演着越来越重要的角色。

计算机不仅可以处理图文数据，还可以进行办公和网络学习、创意设计，特别是人工智能时代的到来，让我们的生活变得越来越便捷，让我们对未来的美好生活充满期待。

学习目标

✧ 了解计算机的诞生和发展。
✧ 了解计算机硬件系统的组成。
✧ 了解计算机的软件系统。

职业素养

✧ 通过对计算机发展历程的学习，引导学生更全面地认识计算机对人类社会的影响，增强自觉、主动运用计算机解决问题的意识。
✧ 通过对计算机系统的学习，引导学生将现实业务与不同类型的计算机系统进行关联适配，主动运用计算机解决生产、生活中的实际问题。

任务实施

电子计算机诞生于 20 世纪中叶，它的出现和广泛应用将人类从繁重的脑力劳动中解放出来，在社会各个领域中提高了信息收集、处理和传播的速度与准确性，直接加快了人类向信息化社会迈进的步伐，是科学技术发展史上的里程碑。

一 、电子计算机的出现

计算机的出现和计算机发展阶段

世界上第一台通用计算机“ENIAC”（埃尼阿克，见图 1-3）于 1946 年 2 月 14 日在美国宾夕法尼亚大学诞生，由美国人莫克利（JohnW.Mauchly）和艾克特（J.Presper Eckert）发明，被美国国防部用来进行弹道计算。

ENIAC 占地 170 m^2，重达 30 t，耗电功率约 150 kW，每秒钟可进行 5000 次运算，这个计算能力在现在看来微不足道，但在当时却是破天荒的。ENIAC 以电子管作为元器件，所以又被称为电子管计算机，是第一代计算机。电子管计算机由于使用的电子管体积很大，耗电量大，易发热，因而工作的时间不能太长。

图 1-3 “ENIAC”计算机

自第一代计算机诞生以来，计算机技术和工业一直处于高速发展的阶段。计算机科学已成为一门发展快、渗透性强、影响深远的学科，计算机产业已在世界范围内发展成为具有战略意义的产业。计算机科学和计算机产业的发展程度已成为衡量一个国家的综合国力强弱的重要指标。

二、计算机的发展阶段

1. 第一代：电子管计算机（1946—1957）

这一阶段计算机的主要特征是采用电子管元件作基本器件（见图 1-4），用光屏管或汞延时电路作存储器，输入与输出主要采用穿孔卡片或纸带，体积大、耗电量大、速度慢、存储容量小、可靠性差、维护困难且价格昂贵。在软件上，通常使用机器语言或者汇编语言来编写应用程序。第一代计算机的发展有三个特点：由军用扩展至民用；由实验室开发转入工业化生产；科学计算扩展到数据和事务处理。

这时的计算机的基本线路采用的是电子管结构，程序从人工编写的机器指令程序逐渐过渡到符号语言，第一代电子计算机是计算工具革命性发展的开始，它所采用的二进位制与程序存储等基本技术思想，奠定了现代电子计算机技术基础。

图 1-4 电子管计算机

2. 第二代：晶体管计算机（1957—1964）

20 世纪 50 年代中期，晶体管的出现使计算机生产技术得到了根本性的发展，晶体管不仅能实现电子管的功能，还具有尺寸小、重量轻、寿命长、效率高、发热少、功耗低等优点。于是，晶体管开始代替电子管成为计算机的基础器件，使用晶体管后，电子线路的结构大大改观，加之采用了磁芯或磁鼓作为存储器，在整体性能上，第二代计算机比第一代计算机有了很大程度的提高。同时出现了相应的计算机高级语言，如 Fortran、Cobol、Algo160 等。在这一时期，晶体管电子计算机经历了大范围的发展过程。从印刷电路板到单元电路和随机存储器，从运算理论到程序设计语言，不断的革新使晶体管电子计算机日臻完善（见图 1-5）。

图 1-5　晶体管计算机

3. 第三代：中小规模集成电路计算机（1964—1971）

20 世纪 60 年代中期，随着半导体工艺的发展，人们成功制造了集成电路。计算机也开始采用中小规模集成电路作为主要部件（见图 1-6），主存储器也逐渐过渡到半导体存储器，使计算机的体积变得更小，大大降低了计算机运行时的功耗。焊点和接插件的减少也进一步提高了计算机的可靠性。在软件方面，有了标准化的程序设计语言和人机会话式的 Basic 语言，计算机的应用领域进一步扩大。

图 1-6　中小规模集成电路计算机

4. 第四代：大规模和超大规模集成电路计算机（1971—2016）

随着大规模集成电路（见图 1-7）的研制成功并应用于计算机硬件生产过程，计算机的体积进一步缩小，性能进一步提高。大规模和超大规模集成电路计算机能够集成更大容量的半导体存储器，发展出了并行技术和多机系统，出现了精简指令集计算机（RISC），软件系统趋向工程化、理论化，程序设计趋向自动化。计算机在社会上的应用范围进一步扩大，几乎所有领域都能看到计算机的“身影”。

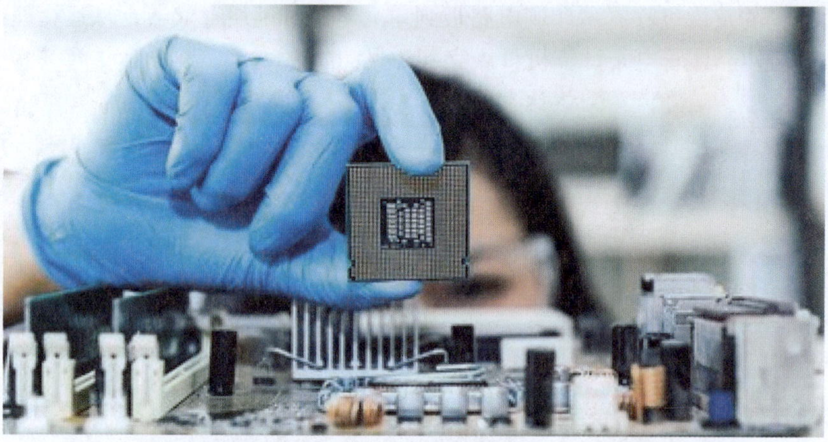

图 1-7　大规模集成电路

5. 第五代：具有人工智能的新一代计算机

第五代计算机具有推理、联想、判断、决策、学习等功能。计算机的发展将在什么时候进入第五代？什么是第五代计算机？对于这样的问题，已经有一个明确统一的说法了。

第五代计算机是把信息采集、存储、处理、通信同人工智能结合在一起的智能计算机系统。它能进行数值计算或处理一般的信息，能面向知识处理，具有形式化推理、联想、学习和解释的能力，能够帮助人们进行判断、决策、开拓未知领域和获得新的知识。人-机之间可以直接通过自然语言（声音、文字）或图形图像交换信息。第五代计算机又称新一代计算机。

当前第五代计算机的研究领域大体包括人工智能，系统结构，软工程和支援设备，以及对社会的影响等。

第五代计算机的发展必然引起新一代软件工程的发展，极大地提高软件的生产率和可靠性。为改善软件和软件系统的设计环境，将研制各种智能化的支援系统，包括智能程序设计系统、知识库设计系统、智能超大规模集成电路辅助设计系统，以及各种智能应用系统和集成专家系统等。在硬件方面，将出现一系列新技术，如先进的微细加工和封装测试技术、砷化镓器件、约瑟夫森器件、光学器件、光纤通信技术以及智能辅助设计系统等。另外，第五代计算机将推动计算机通信技术发展，促进综合业务数字网络的发展和通信业务的多样化，并使多种多样的通信业务集中于统一的系统之中，有力地促进了社会信息化。

但有一点可以肯定，在现在的智能社会中，计算机、网络、通信技术会相互融合。新一代计算机将把人从重复、枯燥的信息处理中解脱出来，从而改变我们的工作、生活和学习方式，给人类生存和社会发展拓展更大的空间。当历史的车轮不断前行时，我们也将面对各种各样的未来计算机。

三、计算机系统的组成

一个完整的计算机系统是由硬件系统和软件系统两大部分构成的。硬件是计算机的物理实体，是看得见、摸得着的机器设备；软件是指挥计算机运行的程序集。计算机硬件系统和软件系统相辅相成，缺一不可，如图1-8所示。

计算机的系统组成——硬件系统

计算机的系统组成——软件系统

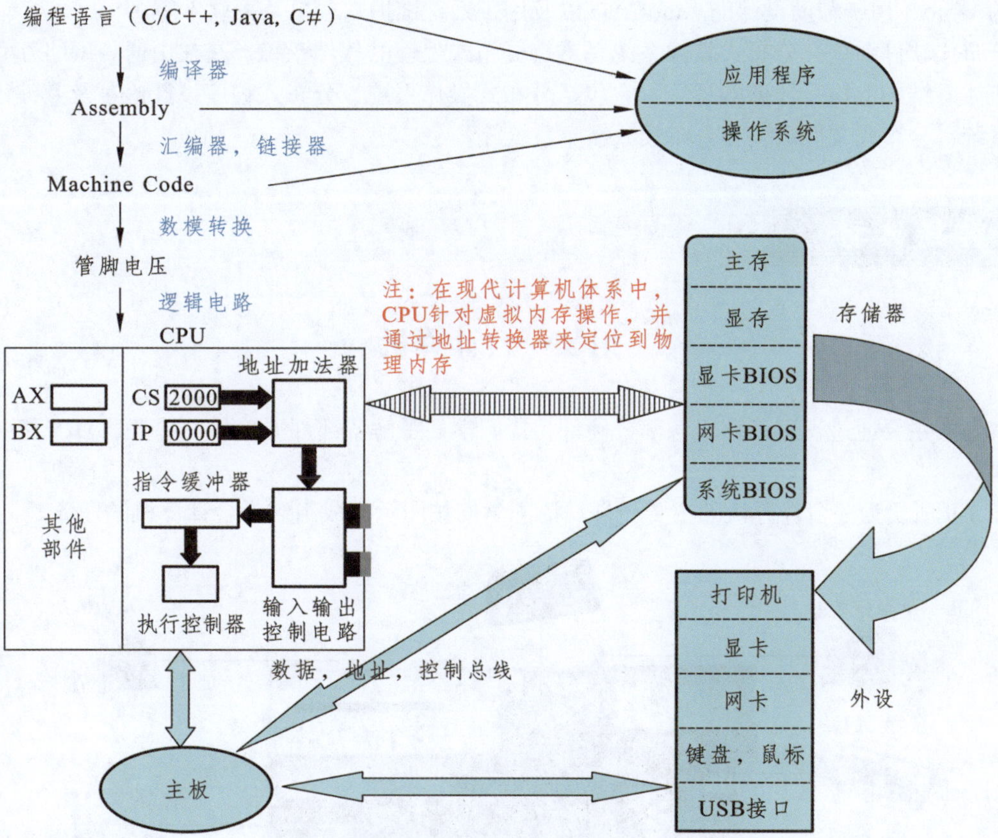

图1-8　计算机系统的组成

下面我们先来了解计算机的软件系统。

计算机软件系统由系统软件、支撑软件和应用软件组成。

1. 系统软件

系统软件是指担负控制和协调计算机及其外部设备、支持应用软件的开发和运行的一类计算机软件。

系统软件一般包括操作系统、语言处理程序、数据库系统和网络管理系统。系统软件使得计算机使用者和其他软件可以将计算机当作一个整体而不需要顾及底层每个硬件是如何工作的。

2. 支撑软件

支撑软件是在系统软件和应用软件之间，提供应用软件设计、开发、测试、评估、运行检测等辅助功能的软件，有时以中间件形式存在。

3. 应用软件

应用软件是和系统软件相对应的，是用户可以使用的各种程序设计语言，以及用各种程序设计语言编制的应用程序的集合，分为应用软件包和用户程序。

应用软件一般分为两类：一类是为特定需要开发的实用型软件，如会计核算软件、工程预算软件和教育辅助软件等；另一类是为了方便用户使用计算机而提供的一种工具软件，如用于文字处理的 Word、用于辅助设计的 AutoCAD 以及用于系统维护的瑞星杀毒软件等。

分布式软件系统：分布式软件系统是支持分布式处理的软件系统，是在由通信网络互联的多处理机体系结构上执行任务的系统。它包括分布式操作系统、分布式程序设计语言及其编译（解释）系统、分布式文件系统和分布式数据库系统等。

实践体验

组装一台计算机

本任务主要通过识别计算机各部分硬件，让同学们了解各部件的功能，并尝试 DIY 组装一台计算机。

图 1-9 所示为一台计算机的主要硬件。请同学们按图示完成组装一台计算机的任务。

图 1-9 计算机的主要硬件

组装计算机硬件的操作流程如下：

（1）将 CPU 安装在主板上，并安装好风扇。

（2）将内存条安插在主板上。

（3）按照主板的螺丝孔位把螺丝柱拧在机箱上相应位置。

（4）将主板的后侧挡板扣在机箱上。

（5）将电源安装在机箱上。

（6）将机箱的电源按钮、复位按钮、电源灯、硬盘灯的插头插在主板相应位置上。

（7）将主板放进机箱，对准每个螺丝孔位，但不要把螺丝拧紧，只要拧一两扣即可，待 6 个螺丝都已经正常拧进螺丝孔后再逐个拧紧螺丝。

（8）根据主板上的 SATA 插口确定硬盘在机箱上的安装位置，并将其安装好。

（9）有显卡的插上显卡；没有显卡的跳过此步骤。

（10）将机箱光驱位的挡板拆下来，把光驱从机箱前面放进去，对准螺丝孔并拧紧螺丝。

（11）插接硬盘电源线及数据线、光驱电源线及数据线。

（12）插接机箱面板的 USB 线、前置音频线。

（13）开机，待计算机正常启动后，对硬盘进行分区，然后安装系统。

（14）盖上机箱侧板。

讨论交流

讨论 1：计算机之父冯·诺依曼提出的重要思想是什么？

讨论 2：人工智能之父阿兰·图灵有哪些卓越成就？

任务 1.2 信息编码与存储

由于电子开关元器件可以表示两种稳定的物理状态，因此计算机内部采用两个数码的数制（即二进制）进行运算，而不是人们日常生活中常用的十进制。

学习目标

✧ 了解二进制、十进制、八进制、十六进制的组成及相应的转换方法。

✧ 了解信息编码的常见表现形式。

✧ 了解信息存储空间查询的方法及存储单位的换算方法。

职业素养

✧ 在学习数制及转换的过程中，可以通过太极图案引出二进制信息的表示形态，从而融入传统文化，引导学生思考中华传统文化对人类文明发展的重要贡献。

✧ 通过学生自己动手制作二维码，让学生感受到信息技术的发展给生活带来的极大便利，增强学生对国家发展进步的认同感。

任务实施

数制及转换

一、数制及转换

二进制是计算机技术中广泛采用的一种数制，用 0 和 1 两个数码来表示数字。二进制数的基数为 2，进位规则是“逢二进一”，借位规则是“借一当二”，由 18 世纪德国数理哲学大师莱布尼兹发现。当前的计算机系统使用的基本上是二进制系统，数据在计算机中主要是以补码的形式存储的。计算机中的二进制则是一个非常微小的开关，用 1 来表示“开”，0 来表示“关”。

为了便于计算，在计算机技术领域，除了二进制和十进制数以外，常用的还有八进制和十六进制。八进制是使用 0 ~ 7 的八个数字；十六进制则是使用 0 ~ 9 的十个数字和 A、B、C、D、E、F 这六个字母表示数据。

二进制与十进制间的相互转换方法如下。

1. 二进制转十进制

方法：“按权展开求和”。

例：

$$\begin{aligned}(1011.01)_2 &= (1\times2^3+0\times2^2+1\times2^1+1\times2^0+0\times2^{-1}+1\times2^{-2})_{10}\\ &= (8+0+2+1+0+0.25)_{10}\\ &= (11.25)_{10}\end{aligned}$$

规律：个位上的数字的次数是 0，十位上的数字的次数是 1，依次递增；而十分位的数字的次数是-1，百分位上数字的次数是-2，依次递减。

注意：不是任何一个十进制小数都能转换成有限位的二进制数。

2. 十进制转二进制

方法：除以 2 取余，逆序排列（除二取余法）。

例：$(52)_{10}=(110100)_2$，计算方法如图 1-10 所示。

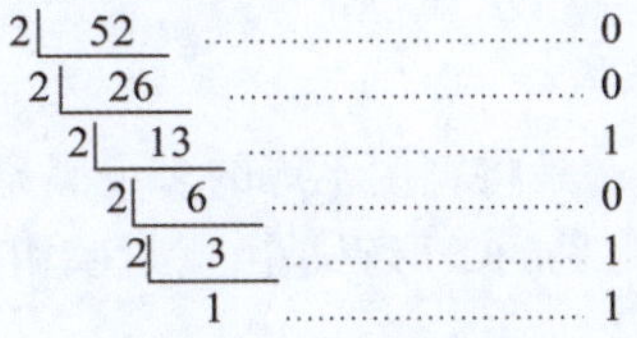

图 1-10　将 52 换算成二进制数

信息编码

二、信息的编码

信息编码是为了方便信息的存储、检索和使用，在进行信息处理时赋予信息元素以代码的过程，即用不同的代码与各种信息中的基本单位组成部分建立一一对应的关系。信息编码必须标准、系统化，设计合理的编码系统是关系信息管理系统生命力的重要因素。

1. 数字编码

数字编码是只采用数字和有关特殊字符来表示数据和指令的编码。

对数字数据的数字编码是指将二进制的 0、1 数字数据变换成具有一定极性、幅度、比特速率，跳变规则的方波波形（数字信号）。

十进制数据系统是人们最熟悉的数字系统，但是在数据转换和计算机处理中，使用十进制数据系统是很困难的，甚至是不现实的，这需要使用十个不同的电路状态分别表示十个数字符号。然而，可以采取多种方法使电路表示出两种不同的状态，于是，二进制数据系统得到了广泛的应用。

2. ASCⅡ字符编码

ASCⅡ（美国标准信息交换代码）是基于拉丁字母的一套计算机编码系统，主要用于显示现代英语和其他西欧语言，是现今最通用的单字节编码系统。

在计算机中，所有的数据在存储和运算时都要使用二进制数表示，而具体用哪些二进制数字表示哪个符号，可以由每个人自行约定一套规则（这就叫编码）。但如果大家想要互相通信而不造成混乱，就必须使用相同的编码规则，于是美国有关的标准化组织就出台了 ASCⅡ编码，统一规定了上述常用符号用哪些二进制数来表示。

ASCⅡ码使用指定的 7 位或 8 位二进制数组合来表示 128 或 256 种可能的字符。标准 ASCⅡ码也叫基础 ASCⅡ码，使用 7 位二进制数来表示所有的大写和小写字母，数字 0～9、标点符号，以及在美式英语中使用的特殊控制字符。

3. 汉字编码

汉字编码是为汉字设计的一种便于输入计算机的代码。由于电子计算机现有的输入键盘与英文打字机键盘完全兼容。因而如何输入非拉丁字母的文字（包括汉字）便成了多年来人们研究的课题。汉字信息处理系统一般包括编码、输入、存储、编辑、输出和传输几个环节，其中编码是关键。不解决这个问题，汉字就不能进入计算机。

据粗略统计，现有 400 多种编码方案，其中上机通过试验的和已被采用作为输入方式的编码方案也有数十种之多。归纳起来分为 5 种类型：整字输入法，字形分解法，字形为主、字音为辅，全拼音输入法，拼音为主、字形为辅。

4. 条形码与二维码

条形码也称为条码（barcode），是将宽度不等的多个黑条和空白按照一定的编码规则排列，用以表达一组信息的图形标识符。常见的条形码是由反射率相差很大的黑条（简称条）和白条（简称空）排成的平行线图案。

条形码可以标出物品的生产国、制造厂家、商品名称、生产日期、图书分类号、邮件起止地点、类别、日期等信息（见图 1-11），因而在商品流通、图书管理、邮政管理、银行系统等许多领域都得到了广泛的应用。

图 1-11　条形码

二维码用某种特定的几何图形按一定规律在平面（二维方向上）分布的黑白相间的图形记录数据符号信息的；在代码编制上巧妙地利用构成计算机内部逻辑基础的“0”“1”比特流的概念，使用若干个与二进制相对应的几何形体来表示文字数值信息，通过图像输入设备或光电扫描设备自动识读以实现信息自动处理。

二维码具有条码技术的一些共性：每种码制有其特定的字符集；每个字符占有一定的宽度；具有一定的校验功能等。同时二维码还具有对不同行信息的自动识别功能，以及处理图形旋转变化的功能（见图 1-12）。

图 1-12　二维码

三、查询与计算存储容量

查询计算存储容量

1. 存储容量

存储容量是指存储器可以容纳的二进制信息量，用存储器中存储地址寄存器（MAR）的编址数与存储字位数的乘积表示。

网络上的所有信息都是以“位”（bit）为单位传递的，一个位就代表一个 0 或 1。每 8 个位（bit）组成一个字节（byte）。字节是什么概念呢？一个英文字母就占用一个字节，也就是 8 位，一个汉字占用两个字节。一般位简写为小写字母“b”，字节简写为大写字母“B”。每一千个字节称为 1 KB，注意，这里的“千”不是我们通常意义上的 1000，而是指 1024。即：1 KB=1024 B。但如果不要求严格计算的话，也可以大致认为 1K 就是 1000。每 1024 个 KB 就是 1 MB（这里的 K 同样是指 1024），即：1 MB=1024 KB=1024 × 1024 B。

随着存储信息量的增大，有了更大的单位表示存储容量单位，如吉字节（GB），更高的还有 TB（太字节）、PB（拍字节）、EB（艾字节）、ZB（泽字节）和 YB（尧字节）等。其中，1 PB=1024 TB，1 EB=1024 PB，1 ZB=1024 EB，1 YB=1024 ZB。

2. 查询存储容量

我们在使用信息技术设备时，经常需要查询、计算其设备的存储容量。通过查看存储设备的信息，可以了解存储设备的总容量、已使用的容量、未使用的容量等。

在计算机上查询存储容量的方法如图 1-13 所示；在手机上查询存储容量的方法如图 1-14 所示。

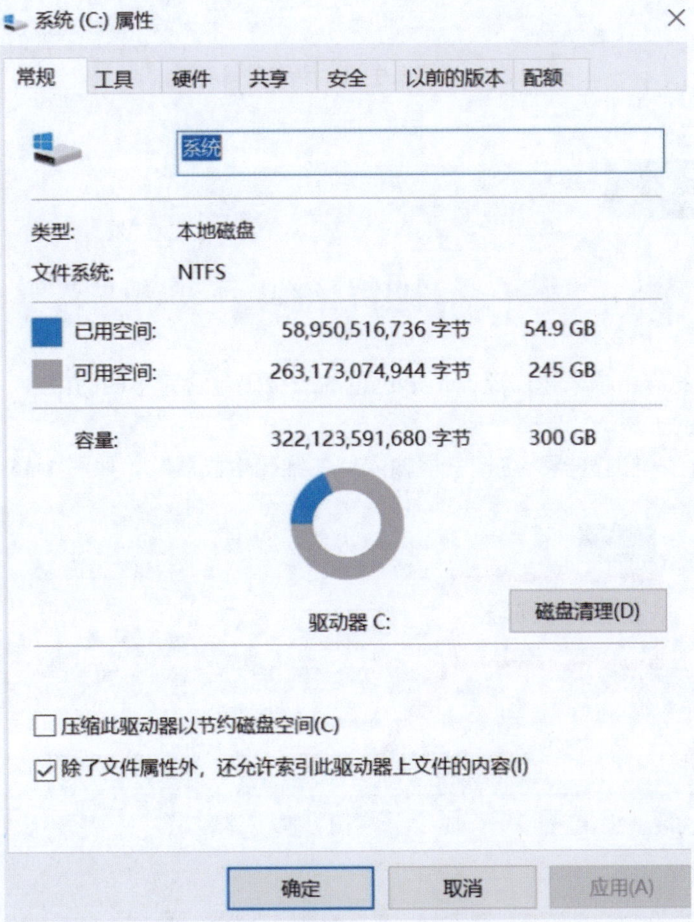

图 1-13　在计算机上查询存储容量

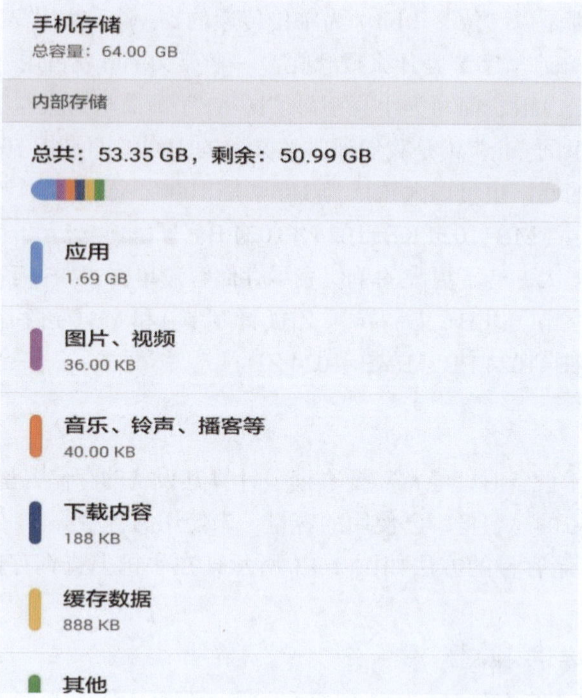

图 1-14　在手机上查询存储容量

实践体验

制作二维码

现在，二维码的应用越来越广泛，形形色色的二维码包含着不同的内容，接下来就为大家介绍一下制作二维码的方法。

（1）打开 360 安全浏览器，在搜索框输入“二维码生成器”，如图 1-15 所示。

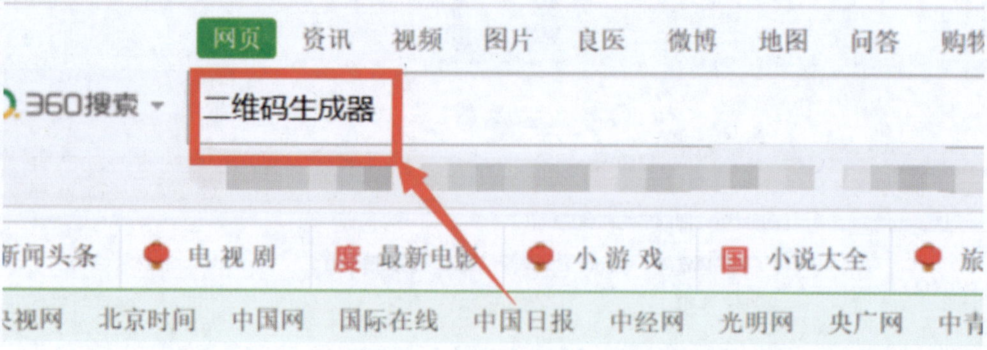

图 1-15　搜索二维码生成器

（2）选择 360 安全浏览器自带的在线生成器，如图 1-16 所示。

图 1-16　进入二维码在线生成器

（3）在框里输入要转换成二维码的内容，点击“生成”即可，如图 1-17 所示。

图 1-17　生成二维码

（4）生成的二维码会显示在输入框右边，如图 1-18 所示，直接将图片保存下来即可任意扫描。

图 1-18　生成后的二维码

任务 1.3 使用操作系统

操作系统是计算机最基本也是最为重要的基础性系统软件。它不仅是计算机系统正常运行的基础，还是保证计算机安全和高效运行的关键。经过几十年的发展，计算机操作系统已经由一开始的简单控制循环体发展成为较为复杂的分布式操作系统，再加上计算机用户需求的越来越多样化，计算机操作系统已经成为既复杂又庞大的计算机软件系统之一。

学习目标

- ✧ 了解操作系统的功能，能列举当下主流操作系统的类型和特点。
- ✧ 了解主流操作系统用户界面的类型、基本元素和功能。
- ✧ 会进行操作系统中图形用户界面的操作。
- ✧ 熟悉常用软件的安装、卸载，以及驱动程序的安装。

职业素养

- ✧ 通过对操作系统相关知识的了解，培养学生建构和运用思维框架，帮助自己解决问题。
- ✧ 通过常用软件的安装实践，让学生了解并运用高效的信息技术工具，更好地解决生活、学习中的实际问题。
- ✧ 通过对自主国产化操作系统的了解，增强学生的爱国情怀，培养学生的职业精神。

任务实施

操作系统是管理计算机硬件资源，控制其他程序运行并为用户提供交互操作界面的系统软件的集合。操作系统是计算机系统的关键组成部分，负责管理与配置内存、决定系统资源供需的优先次序、控制输入与输出设备、操作网络与管理文件系统等基本任务。

操作系统的种类很多，各种设备安装的操作系统复杂程度各不相同，可从手机的嵌入式操作系统到超级计算机的大型操作系统。目前流行的现代操作系统主要有 Android、BSD、iOS、Linux、Mac OS X、Windows、Windows Phone 和 z/OS 等，除了 Windows 和 z/OS 等少数操作系统，大部分操作系统都为类 Unix 操作系统。

一、操作系统简介

操作系统简介

操作系统（Operating System，OS）是管理和控制计算机硬件与软件资源的计算机程序，是直接运行在“裸机”上的最基本的系统软件，任何其他软件都必须在操作系统的支持下才能运行。

操作系统的功能包括管理计算机系统的硬件、软件及数据资源，控制程序运行，改善人机界面，为其他应用软件提供支持等。操作系统使计算机系统所有资源能最大限度地发挥作用，它提供了各种形式的用户界面，使用户有一个好的工作环境，为软件的开发提供必要的服务和相应的接口。

操作系统的种类相当多，各种设备安装的操作系统从简单到复杂可分为智能卡操作系统、实时操作系统、传感器节点操作系统、嵌入式操作系统、个人计算机操作系统、多处理器操作系统、网络操作系统和大型机操作系统。按应用领域划分主要有三种：桌面操作系统、服务器操作系统和嵌入式操作系统。

1. 桌面操作系统

桌面操作系统主要用于个人计算机。个人计算机市场从硬件架构上来说主要分为两大阵营，PC 机与 Mac 机，从软件上可主要分为两大类，分别为类 Unix 操作系统和 Windows 操作系统：

（1）Unix 和类 Unix 操作系统：Mac OS X、Linux 发行版（如 Debian、Ubuntu、Linux Mint、openSUSE、Fedora 等）。

（2）微软公司 Windows 操作系统：Windows XP、Windows Vista、Windows 7、Windows 8、Windows 10、Windows NT 等。

2. 服务器操作系统

服务器操作系统一般指的是安装在大型计算机上的操作系统，比如 Web 服务器、应用服务器和数据库服务器等。服务器操作系统主要集中为三大类：

（1）Unix 系列：SUN Solaris、IBM-AIX、HP-UX、FreeBSD 等。

（2）Linux 系列：Red Hat Linux、CentOS、Debian、Ubuntu 等。

（3）Windows 系列：Windows Server 2003、Windows Server 2008、Windows Server 2008 R2 等。

3. 嵌入式操作系统

嵌入式操作系统是应用于嵌入式系统的操作系统。嵌入式系统广泛应用在生活的各个方面，涵盖范围从便携设备到大型固定设施，如数码相机、手机、平板电脑、家用电器、医疗设备、交通灯、航空电子设备和工厂控制设备等，越来越多的嵌入式系统安装有实时操作系统。

在嵌入式领域常用的操作系统有嵌入式 Linux、Windows Embedded、VxWorks 等，以及广泛使用于智能手机或平板电脑等消费电子产品的操作系统，如 Android、iOS、Symbian、Windows Phone 和 BlackBerry OS 等。

思 政 拓 展

国产操作系统

中国工程院院士、国产操作系统推动者倪光南表示，计算机上的应用程序都是在操作系统的支持之下工作的。举例来说，操作系统就好像地基，应用程序就好像地基上的房子，我们都是在地基上建造房子。也就是说，只要计算机联网，谁掌控了操作系统，谁就掌握了这台计算机上的所有操作信息。操作系统厂商很容易获取用户的各种敏感信息，比如用户的身份、账户、通讯录、手机号等。那么多数据聚集在一起，如果用大数据分析，很容易了解一个国家经济社会的活动情况，统计数据甚至比统计部门的数据还准确、快捷。

由于操作系统关系到国家的信息安全，俄罗斯、德国等国家已经要求政府部门的计算机、数据中心的服务器，以及重要装备的嵌入式系统等均采用本国的操作系统软件。

在移动互联网、物联网、工业 4.0、大数据和信息安全的新浪潮汹涌而至的今天，国产操作系统迎来了跨越赶超的良机。从党政军到金融、能源、电信、交通等关键行业，再到普通消费者市场，国产操作系统将成为操作系统的核心。

国产操作系统是多为以 Linux 为基础二次开发的操作系统。典型的国产操作系统有：中科方德桌面操作系统、安超 OS 国产通用型云操作系统、红旗 Linux、中兴新支点操作系统、银河麒麟、中标麒麟 Linux 等（见图 1-19 ~ 图 1-24）。

图 1-19　中科方德桌面操作系统

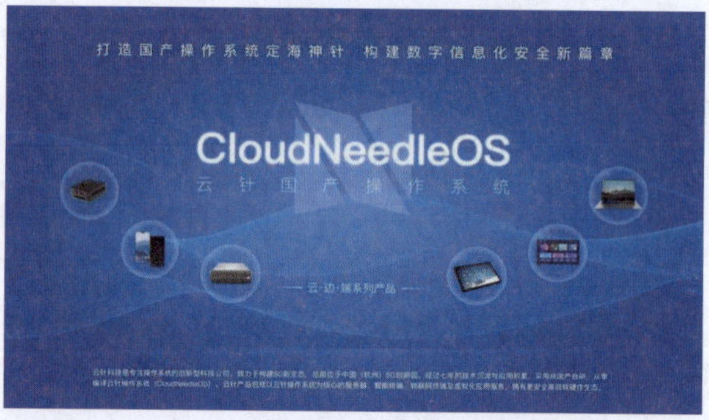

图 1-20　安超 OS 国产通用型云操作系统

图 1-21　红旗 Linux 操作系统

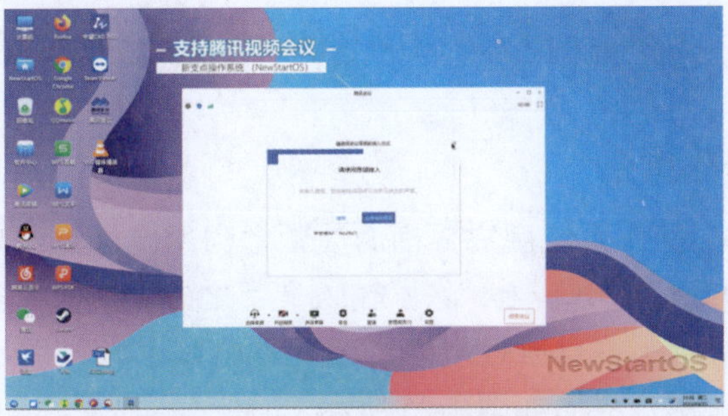

图 1-22　中兴新支点操作系统

图 1-23　银河麒麟操作系统

图 1-24　中标麒麟 Linux 操作系统

二、操作系统的用户界面

操作系统用户界面+
程序安装卸载

用户界面（UI，也称为使用者界面）是系统和用户之间进行交互和信息交换的媒介，用于实现信息的内部形式与人类可以接受形式之间的转换。

用户界面是介于用户与硬件之间，为彼此之间交互沟通而设计的相关软件，它使用户能够方便有效地操作硬件以达成双向交互，完成所希望的工作。用户界面定义广泛，包含人机交互界面与图形用户界面，凡参与人类与机械的信息交流的领域都存在用户界面。

早期的计算机操作系统（如 DOS、UNIX）采用的是命令行界面，执行操作时需要输入相应的命令。自从 Windows 问世以后，图形用户界面操作系统就成为了主流，计算机可以通过屏幕上显示的窗口、图标、按钮等不同图形呈现操作信息，用户可以使用鼠标指示设备进行控制操作，相较于命令操作大大提高了效率。目前，大多数的桌面操作系统和服务器操作系统同时支持图形用户界面和命令行界面的操作；但智能手机、平板电脑等移动终端设备的操作系统一般只支持图形用户界面操作。

1. 图形用户界面操作指令

我们在使用 Winsdows 操作系统用户界面时，常常利用鼠标、键盘和多点触控屏幕作为输入设备。在台式计算机和笔记本电脑上，除了输入文字之外，其他大多数的操作都是利用鼠标来实现。在移动终端和配备了多点触控屏幕的笔记本电脑上，可以通过触控屏来替代鼠标，Winsdows11 操作系统图形用户界面如图 1-25 所示。

鼠标的主要操作指令有指向、单击、双击、拖动、右击、滚动等。

触控屏操作通常包括拖动、滑动、点击、点住、双击、缩放等。

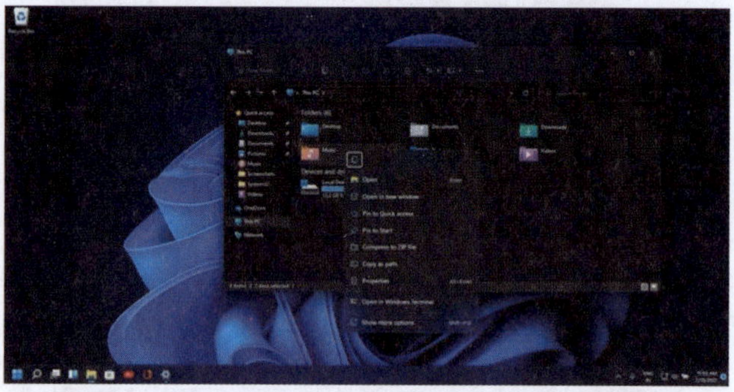

图 1-25　Windows11 操作系统图形用户界面

2. 图形用户界面常见操作元素

在图形用户界面中，常见的操作元素有桌面、对话框、窗口、菜单、按钮、图标、工具栏等，如图 1-26 所示。

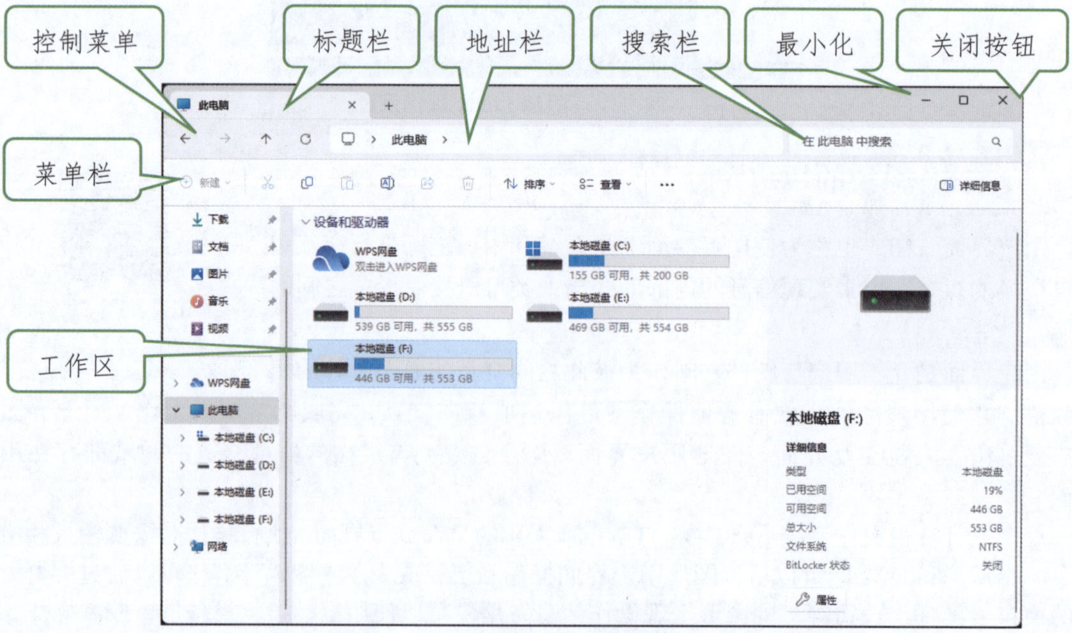

图 1-26　图形用户界面常见操作元素

三、程序的安装与卸载

计算机发展之初，因硬件设备的限制，软件比较小型和简单，且因其尚未普及，使用者通常都有一定程度的计算机操作知识，因此安装程序并不是十分必要。但随着计算机硬件突飞猛进的发展，软件也变得大型化与复杂化，加上网络带动计算机普及化，越来越多的使用者困扰于软件的安装过程。于是越来越多的软件开发者开始提供安装程序以协助使用者进行安装。

随着程序安装成为软件使用过程中初始且常见的步骤，为避免重复投入人力设计安装程序、加速软件的发布与上市，并减少使用者学习程序安装的麻烦，人们迫切需要定型化的安装程序。这种定型化的安装程序也被称为“封装程序”或“封装软件”。

安装程序（或称安装软件）是计算机软件的一种，用以协助使用者安装其他软件或驱动程序。安装程序的名称常常带有“setup”“install”“nstaller”“installation”等字样。安装程序通常也会同时提供卸载程序（或称反安装程序）以协助使用者将软件从计算机中删除。

卸载程序包括从硬盘删除程序文件和文件夹；从注册表删除相关数据的操作，释放原来占用的磁盘空间并使其软件不再存在于系统中；从硬盘删除对应的设备驱动程序并删除跟设备驱动有关的注册表信息，然后从计算机“设备”中移除该设备（一般用于用户更新升级计算机的物理设备，如果无须移除物理设备，多指更新设备驱动程序）。

卸载一个软件时，若只对该软件所在的文件夹进行删除，那么会造成系统残存许多无用信息，从而影响系统的运行速度和稳定性等。因此，需要用到软件卸载，最好先使用系统提供的默认卸载机制激活对应软件的卸载程序进行卸载。

国产卸载专用工具包括：卸载天尊、完美卸载、Windows 清理助手、360 安全卫士等。

实践体验

安装应用程序和卸载程序

计算机安装好系统之后，首先会进行计算机常用软件的安装。其次在使用电脑的时候，如果有一些程序是自己平时不需要使用的，就需要去卸载它。那么具体如何去进行操作呢？接下来我们来看看具体的操作方法吧。

1. 安装打印机驱动程序

（1）点击计算机左下角的开始，出现运行框，在框内输入“设备和打印机”并在弹出的菜单栏中选择第一项进入（见图 1-27）。

（2）进入“设备和打印机”页面后，点击顶部的“添加打印机”（见图 1-28）。

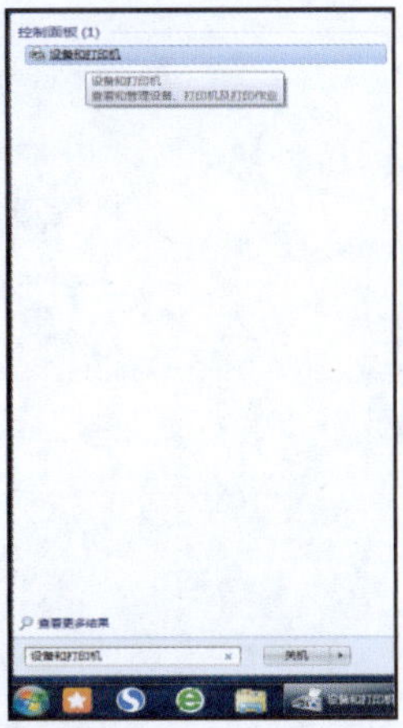

图 1-27　在框内输入“设备和打印机”

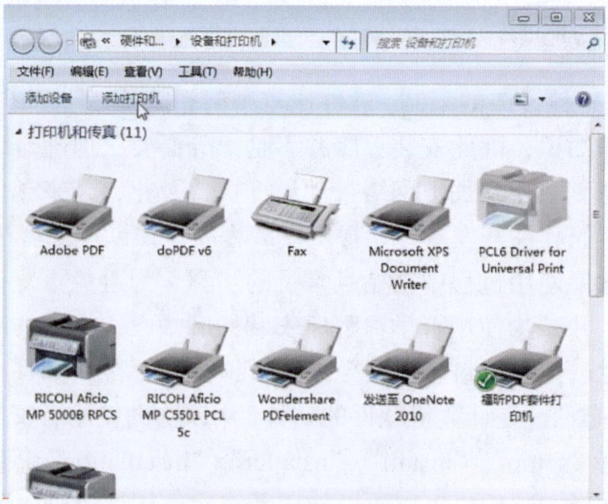

图 1-28　添加打印机

（3）在“添加打印机”的对话框点击“添加本地打印机”按钮（见图 1-29）。

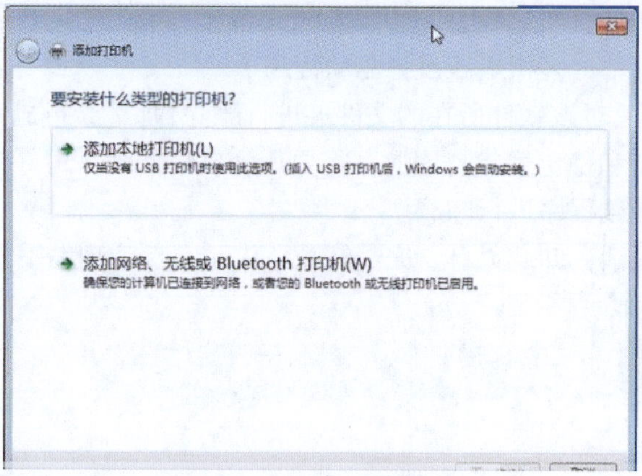

图 1-29　添加本地打印机

（4）在“选择打印机端口”对话框中勾选“使用现有的端口（U）”并点击下一步。（见图 1-30）。

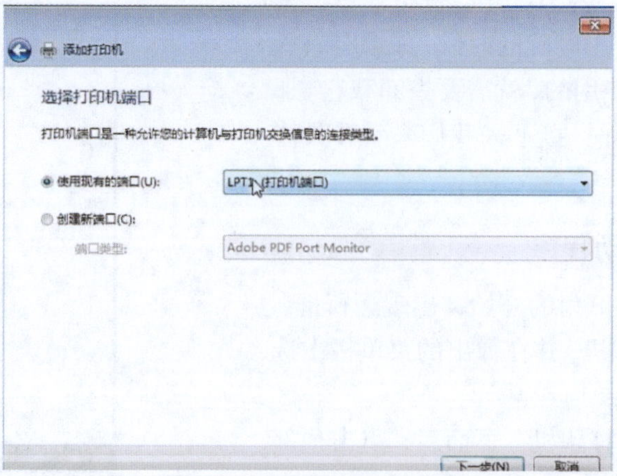

图 1-30　选择打印机端口

（5）在新的页面里选择打印机制造商和型号，并点击下一步（见图 1-31）

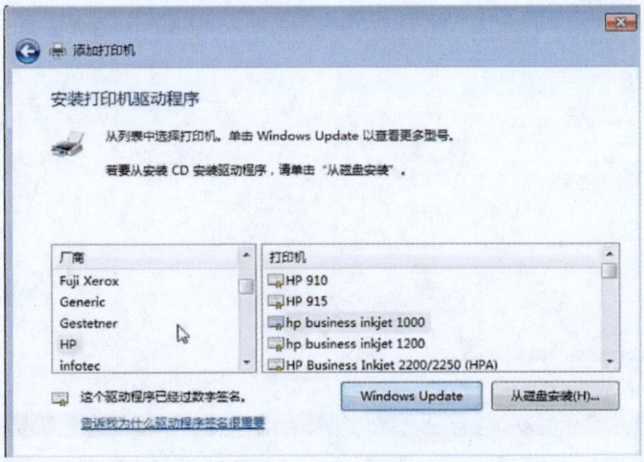

图 1-31　选择打印机制造商和型号

（6）在跳出的窗口里输入正确的打印机名称，点击下一步（见图 1-32）。

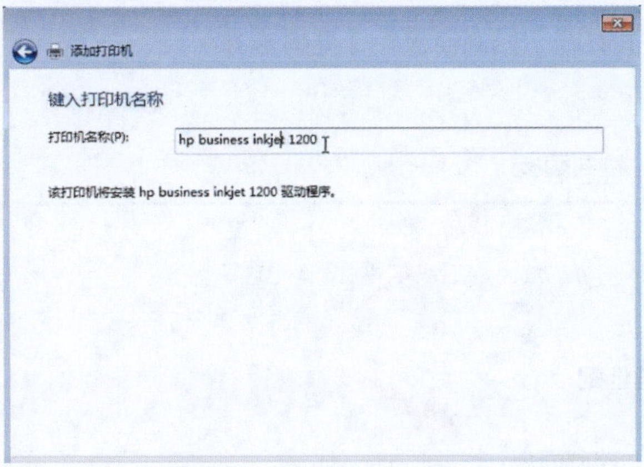

图 1-32　输入打印机名称

（7）接下来，只要一直点击"下一步"按钮，并稍作等待，直到出现"完成"的提示界面，打印机的驱动程序就安装成功了（见图 1-33）。

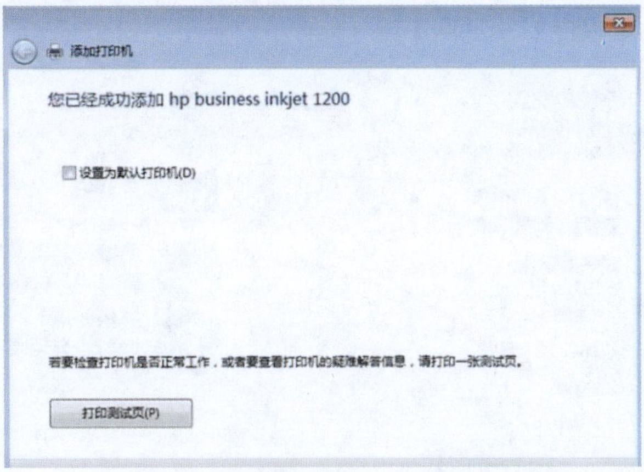

图 1-33　打印机驱动程序安装成功界面

2. **卸载应用程序**

（1）点击底部的 Windows 徽标，即开始菜单按钮（见图 1-34）。

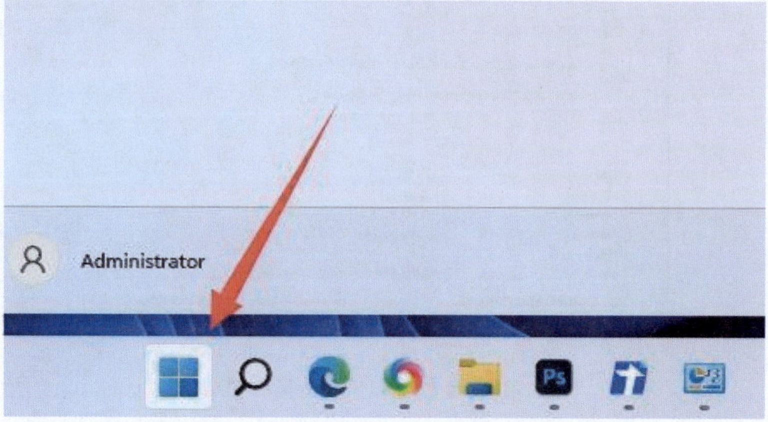

图 1-34　点击 Windows 徽标

（2）在搜索栏输入并打开“控制面板”（见图 1-35）。

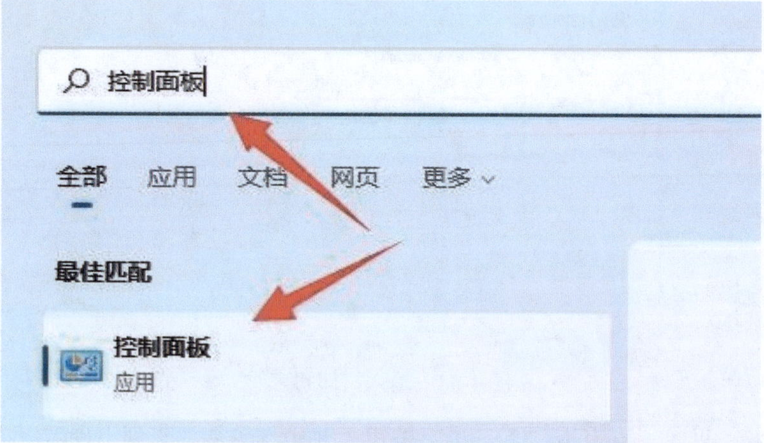

图 1-35　打开控制面板

（3）点击左下角的“程序”（见图 1-36）。

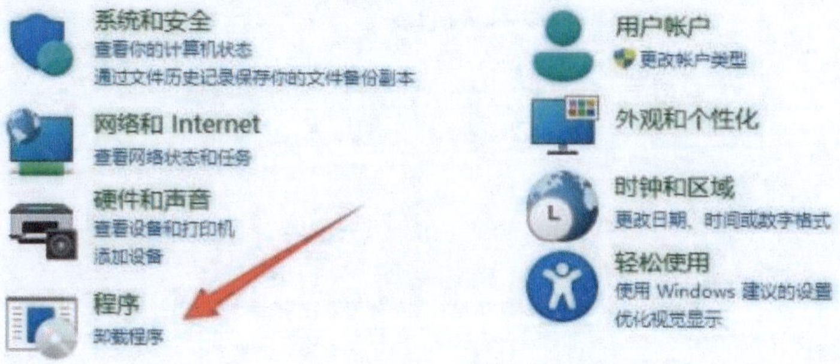

图 1-36　点击“程序”

（4）点击“卸载程序”，如图 1-37 所示（此界面还可以看到“如何安装程序”的选项）。

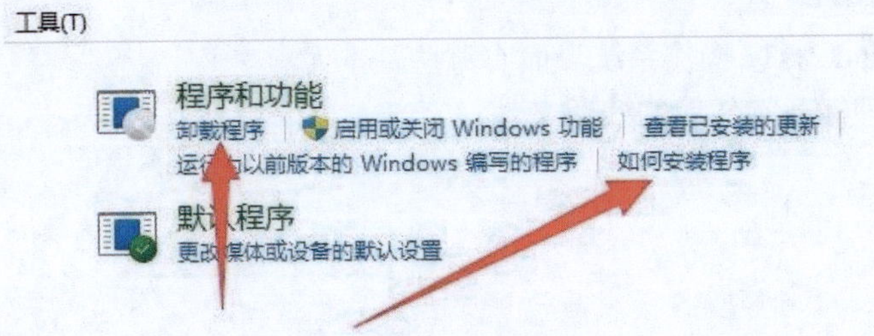

图 1-37　点击“卸载程序”

（5）选中想删除的程序，点击“卸载”即可将它卸载（见图 1-38）。

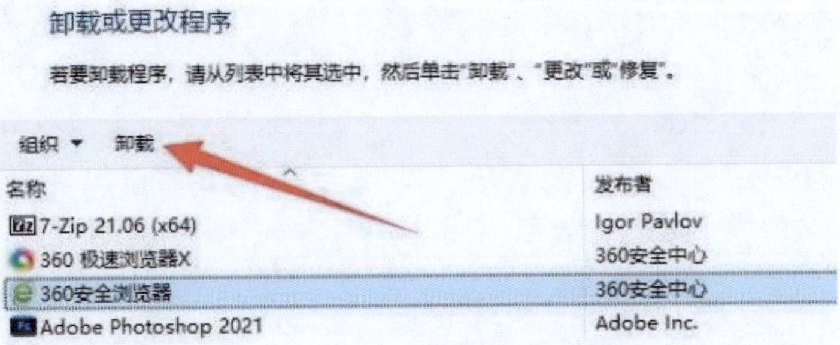

图 1-38　选中想删除的程序

（6）点击“启用或关闭 Windows 功能”（见图 1-39），还可以添加.NET Framework 3.5、Hyper-V 虚拟机、沙盒等众多程序或组件。

除此之外，用户也可以使用一些计算机管理软件来进行软件的安装和卸载，如电脑管家和 360 安全卫士等。

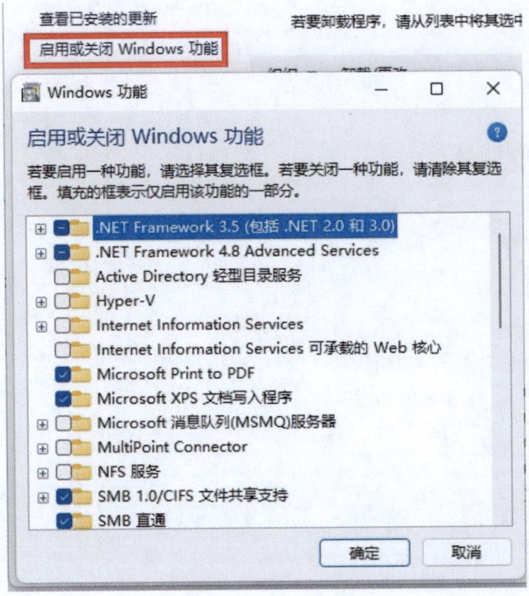

图 1-39　启用或关闭 Windows 功能

讨论交流

讨论 1：探索 Windows11 操作系统界面有哪些基本元素。

讨论 2：如何清理卸载软件后的残留文件？

任务 1.4 管理信息资源

计算机中的各种数据都以文件的形式存储，各种操作都需要调用各类文件，例如：运行游戏需要调用游戏程序文件；播放音乐需要调用音乐文件等。如果将这些文件毫无规律地存放，将直接影响工作效率。接下来就让我们一起学习如何来管理计算机中的各类文件。

学习目标

- ✧ 能描述文件和文件夹的概念和作用，会运用文件和文件夹等对信息资源进行管理操作。
- ✧ 能辨识常见信息资源的类型，会检索和调动信息资源。
- ✧ 会对信息资源进行压缩、加密和备份。

职业素养

- ✧ 让学生理解对信息进行分类管理的重要性，培养应用信息技术的良好习惯。
- ✧ 引导学生使用数字化学习工具解决问题，培养学生运用数字化学习工具的能力。
- ✧ 强化学生有效保护信息资源的意识，培养学生的信息安全意识。

任务实施

在计算机这类信息技术设备中，信息资源主要以文件形式存储在硬盘等外部存储器中，为方便信息资源的组织和管理，通常将文件存放于不同的文件夹中。

一、标记与管理信息

标记与管理信息

（一）文　件

所谓“文件”，就是在我们的计算机中，以实现某种功能或某个软件的部分功能为目的而定义的一个单位。

文件有很多种，运行的方式也各有不同。一般来说我们可以通过文件名来识别这个文件是哪种类型，特定的文件都会有特定的图标，也只有安装了相应的软件，才能正确显示这个文件的图标。

1. 文件的命名规则

完整的文件名格式为：主名.扩展名（主名表达文件内容，扩展名表达文件类型）。

Windows 中文件的命名规定有：

（1）文件名可以是数字、大小写字母、汉字和多个其他的 ASCII 字符，最多可以有 255 个字符（包含空格，忽略文件名开头和结尾的空格）。

（2）不能有以下字符出现：\、/、：、*、?、”、<、>、|。

（3）文件名中可以分别使用大写和小写的英文字母，不会将它们转换为同一种字母，但认为大写和小写字母具有同样的意义。

（4）可以使用多个分隔符的名字，如“abc.examples.2010”。

2. 文件的类型

从用户的角度来看，文件可以是一个 Word 文档、一首 MP3 歌曲、一部 MP4 电影、一个 Flash 动画短片或者是一张图片等，这就是指文件的类型。

文件的类型包括文本、图片、视频、音频、程序等，不同类型的文件具有不同的格式或扩展名，可以通过文件的扩展名来区别其文件的类型，如表 1-1 所示。

表 1-1　文件类型

文件类型	扩展名	图标
Word 文档	doc	
Excel 工作簿	xls	
Powerpoint 演示文稿	ppt	
位图	bmp	
图像文件	gpj、gif	
纯文本	txt	
声音文件	wma、mp3、wav	
影片文件	avi、mpg、wmv、rm、rmvb	
Flash 动画文件	fla、swf	
网页文件	htm、html	
程序文件	exe	
压缩文件	rar、zip	

（二）文件夹

文件夹

1. 文件夹的结构

为了分门别类地有序存放文件，操作系统把文件组织在若干目录（文件夹）中。文件夹一般采用多层次结构（树状结构）。在这种结构中，每一个磁盘有一个根文件夹，它包含若干文件和文件夹。文件夹不但可以包含文件，而且可包含下一级文件夹，这样类推下去形成的多级文件夹结构，既能帮助用户将不同类型和功能的文件分类储存，又方便文件查找，还允许不同文件夹中的文件拥有相同的文件名。

“文件夹”就是一个目录名称，我们可以暂且称之为“电子文件夹”。它提供了指向对应磁盘空间的路径地址，文件夹可以有扩展名，但不具有文件扩展名的作用，也就不像文件那样用扩展名来标识格式。但它有几种类型，如文档、图片、相册、音乐、音乐集等。使用文件夹最大优点是为文件的共享和保存提供了便利。

2. 文件夹加密

随着计算机的普及应用，人们也开始注意其安全问题。若不希望计算机上的文件与资料等隐私被人发现或是盗取，就可以对文件夹进行加密。网络上有许多工具能对文件夹进行加密处理，其中手动简单加密方法有两种：

（1）选中想要加密的文件夹→单击右键选择“添加到压缩文件”→在弹出的“压缩文件名和参数”菜单中设计文件名称，并点击“设置密码”→设置密码并确认→点击“确认”之后就完成了对生成的压缩文件的加密。

（2）选中要加密的文件→右键添加到压缩文件→选高级→设置密码→点击“OK”即完成文件加密。

二、压缩与备份信息

压缩与备份信息

（一）压缩信息

压缩文件，简单地说就是经过压缩软件压缩的文件。压缩文件的基本原理是查找文件内的重复字节，并建立一个相同字节的“词典”文件，并用一个代码表示，比如，在某个文件中多次出现相同的词“中华人民共和国”，就可以将其用一个代码表示并写入“词典”文件，这样就可以达到缩小文件的目的。

1. 压缩方法

（1）安装压缩软件。首先要安装压缩软件，现在比较流行的压缩文件为 WinRAR。

（2）选择压缩文件。点击右键中要制作成压缩包的文件或文件夹（可以多选，方法是按住 Ctrl 或 Shift 再选择文件或文件夹）。

（3）添加到压缩文件。选取完毕之后，在右键弹出的菜单中选择压缩格式（RAR 或 ZIP），如果你想得到较大的压缩率，建议选择 RAR 格式。

（4）单击确定按钮，计算机将自动生成压缩包。

2. 解压缩方法

若下载了带有分卷的 Zip 压缩包，可按以下方法解压文件：

（1）将所有的压缩分卷全部下载完整。

（2）所有分卷必须在同一个文件夹内。

（3）双击解压任意一个分卷即可。

注：分卷解压的文件必须是连续的，若分卷未下载完整，则解压时自然会提示需要下一压缩分卷。

（二）备份信息

如果担心系统的硬件或存储媒体发生故障，可以用“备份”工具保护数据免受意外损失。例如，可以使用“备份”创建硬盘中数据的副本，然后将数据存储到其他存储设备。

备份可以分为系统备份和数据备份。

系统备份指的是用户操作系统因磁盘损伤或损坏，计算机病毒或人为误删除等原因造成的系统文件丢失，从而造成计算机操作系统不能正常引导，因此使用系统备份，将操作系统事先存储起来，用于故障后的后备支援。

数据备份指的是用户将数据包括文件，数据库，应用程序等储存起来，用于数据恢复时使用。

Windows 操作系统提供了内置的备份工具，允许用户轻松备份电脑系统，并恢复到之前的版本，是一种简单且有效的备份解决方案。具体步骤如下：

第一步：在 Windows 操作系统中，点击“开始”菜单，然后选择“设置”，在“设置”窗口中，点击“更新和安全”（见图 1-40），然后选择“备份”选项。

图 1-40　更新和安全

第二步：在“备份”选项中，点击“添加驱动器”按钮（见图 1-41），选择备份目标驱动器。确保备份目标驱动器有足够的空间来存储备份文件。

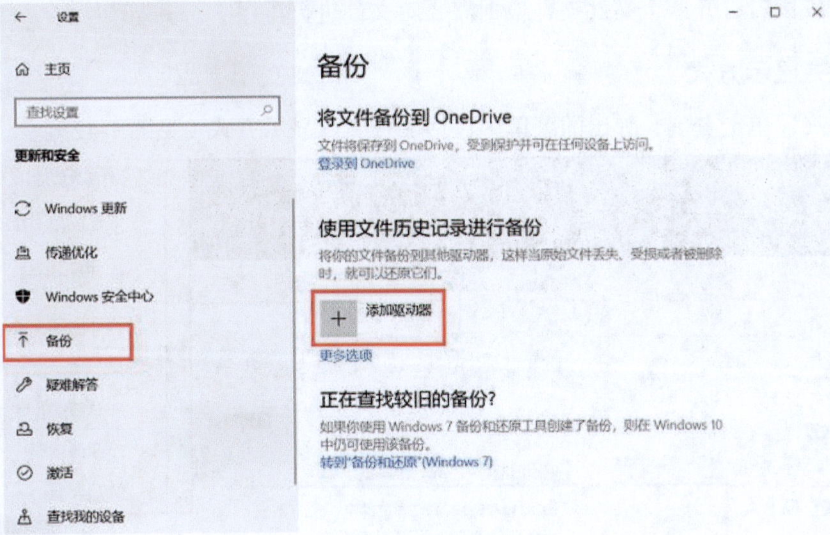

图 1-41　添加驱动器

第三步：在“备份”选项中，点击“立即备份”按钮，系统将开始备份。备份过程可能需要一些时间，取决于系统的大小和性能。

实践体验

文件、文件夹常用操作

1. 排列文件和文件夹

在开始调整文件夹排序之前，我们首先需要了解文件夹排序的基本原则。一般来说，文件夹排序应遵循以下几个原则：

（1）分类明确：将文件按照不同的类型、项目或任务进行分类，确保每个文件夹都包含同一类型的文件。

（2）命名规范：为文件夹和文件命名时，应使用简洁明了、易于理解的名称，避免使用过于复杂或模糊的命名方式。

（3）时间顺序：对于需要按照时间顺序排列的文件，可以按照创建日期或修改日期进行排序。

（4）重要性排序：根据文件的重要性或优先级进行排序，将重要的文件放在更容易访问的位置。

手动排序是一种简单直观的排序方法，可以直接在文件夹中拖动文件或文件夹来改变其顺序。这种方法适用于文件数量较少、排序需求不复杂的情况。

大多数操作系统和文件管理器都提供了自动排序功能，可以通过点击文件夹窗口中的标题栏

（如“名称”“日期”等）来对文件或文件夹进行排序。此外，还可以在设置中自定义排序方式，以满足特定的需求。

同学们可以试着打开一个文件夹，根据需要对文件进行排序。

2. 文件夹显示方式

进入文件夹，单击右键，弹出的菜单中包括多种文件显示方式（见图 1-42）。

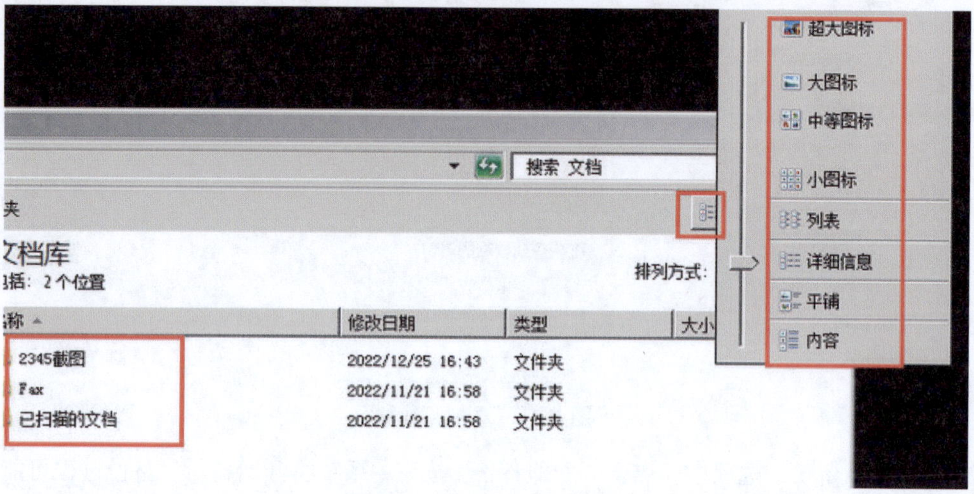

图 1-42　文件显示方式

3. 文件搜索

在文件夹右上角可以输入文件或文件夹名进行搜索（见图 1-43）。

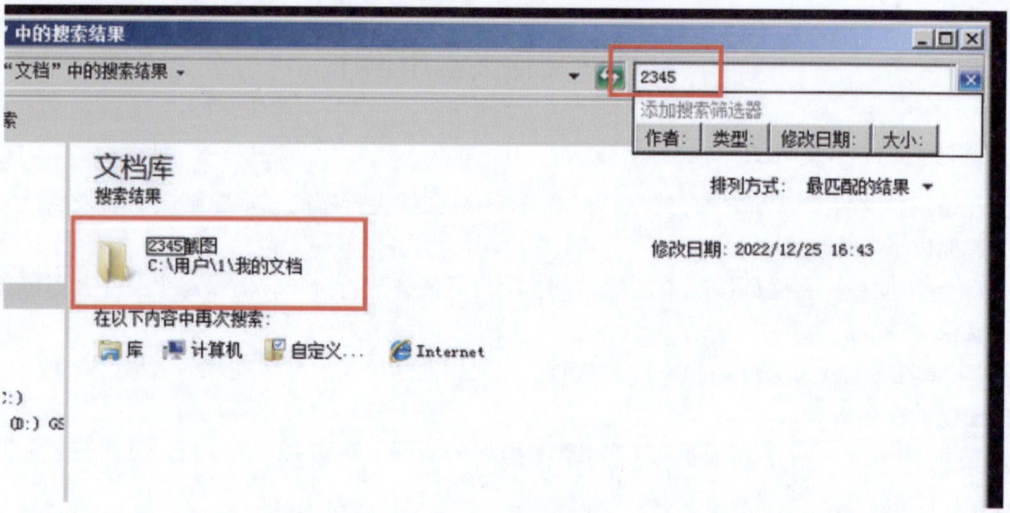

图 1-43　文件搜索

4. 文件操作

选择一个或多个（ctrl+鼠标左键）文件或文件夹，再点击右键即可进行复制、剪切、移动、删除、打开文件等操作（见图 1-44）。

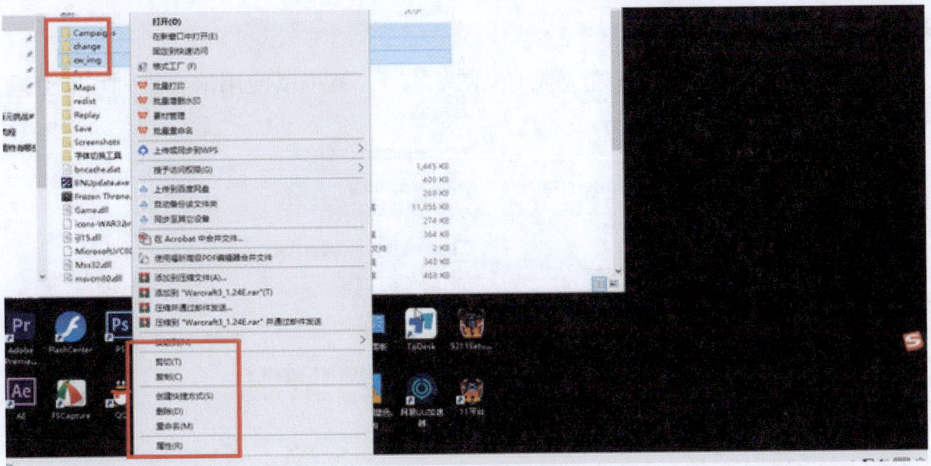

图 1-44　文件操作

5. 保存文件

在文件打开时，可以按 ctrl+s 保存文件（见图 1-45）。

图 1-45　保存文件

6. 新建文件

在计算机桌面单击右键，可以新建文件或文件夹（见图 1-46）。

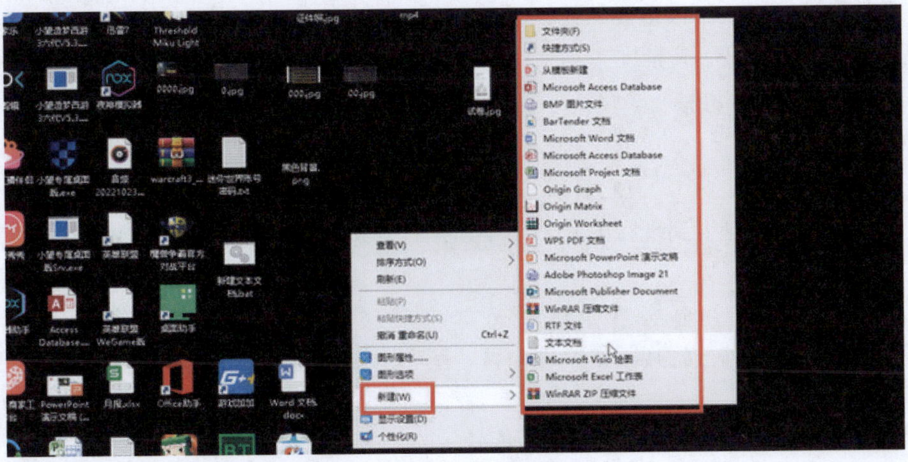

图 1-46　新建文件或文件夹

7. 打开麦克风

在“设置—系统—声音”中打开麦克风（见图 1-47），就可以使用语音识别功能处理文件了。

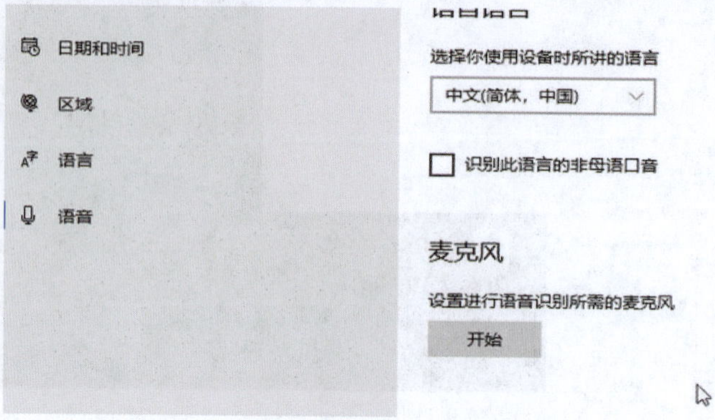

图 1-47　打开麦克风

讨论交流

讨论 1：Windows 和 Linux 操作系统的目录结构有什么不同？

讨论 2：如何使用百度网盘、微云等云存储服务进行信息的备份与同步？

单元测试

一、选择题

1. 巨型计算机指的是（　　）的计算机 。

A. 重量大　　B. 体积大　　C. 功能强　　D. 耗电量大

2. 电子数字计算机工作最重要的特征是（　　）。

A. 高速度　　B. 高精度　　C. 存储程序和程序控制　　D. 记忆力强

3. “CAI”的中文意思是（　　）。

A. 计算机辅助教学　　B. 计算机辅助设计

C. 计算机辅助制造　　D. 计算机辅助管理

4. 从第一台计算机诞生到现在的几十年中，按计算机采用的电子器件来划分，计算机的发展经历了（　　）个阶段。

A. 4　　B. 6　　C. 7　　D. 3

5. 目前大多数计算机，就其工作原理而言，基本上采用的是科学家（　　）提出的存储程序控制原理。

A. 比尔 · 盖茨　　B. 冯 · 诺依曼

C. 乔治 · 布尔　　D. 艾仑 · 图灵

6. 一台完整的计算机由运算器、（　　）、存储器、输入设备、输出设备等部件构成。

A. 显示器　B. 键盘　C. 控制器　D. 磁盘

7. CPU 中的控制器的功能是（　　）。

A. 进行逻辑运算　B. 进行算术运算

C. 控制运算的速度　D. 分析指令并发出相应的控制信号

8. 最基础最重要的系统软件是（　　）。

A. 数据库管理系统　B. 文字处理软件

C. 操作系统　D. 电子表格软件

9. （　　）是指专门为某一应用目的而编制的软件。

A. 系统软件　B. 数据库管理系统

C. 操作系统　D. 应用软件

10. 决定个人计算机性能的主要是（　　）。

A. 计算机的价格　B. 计算机的内存

C. 计算机的 CPU　D. 计算机的电源

11. 绘图仪是计算机的输出图形的输出设备，同属于输出设备的还有（　　）。

A. 打印机和显示器　B. 键盘和显示器

C. 鼠标和显示器　D. 扫描仪和打印机

12. 当前普遍使用的微机硬件系统主要由（　　）电子器件构成。

A. 电子管　B. 晶体管

C. 集成电路　D. 超大规模集成电路

13. 下列描述错误的是（　　）。

A. 计算机可以代替人的脑力劳动　B. 计算机可以存储大量信息

C. 计算机是一种信息处理机器　D. 计算机可实现高性能的运算

14. 个人计算机属于（　　）。

A. 小型计算机　B. 巨型计算机

C. 微型计算机　D. 中型计算机

15. 能使计算机系统软硬件资源得到充分共享的计算机发展趋势是（　　）。

A. 巨型化　B. 智能化　C. 微型化　D. 网络化

16. 下面列出的 4 项中，不属于计算机病毒特征的是（　　）。

A. 潜伏性　B. 激发性　C. 传染性　D. 免疫性

17. 对计算机病毒出现的原因，以下说法正确的是（　　）。

A. 程序执行过程中出错造成的　B. 程序编写过程中出错造成的

C. 程序设计过程中出错造成的　D. 某些人为达到蓄意破坏目的而编写的

18. 计算机中，联结计算机各种部件、起桥梁作用的是（　　）。

A. CPU　B. 主板　C. 外存　D. 内存

19. 冯・诺依曼计算机的基本原理是（　　）。

A. 程序外接　B. 逻辑连接　C. 数据内置　D. 程序存储

20. 决定计算机速度、处理能力和产品档次的关键部件是（　　）。

A. 输入和输出设备　B. CPU　C. 内存　D. 主板

二、填空题

1. CPU 是计算机的核心部件，该部件主要由控制器和________组成。
2. 第一代电子计算机使用的主要元器件是________。
3. 1946 年，美国研制的世界上第一台通用电子数字计算机的名称是________。
4. 知识产权是一种无形财产权，通常分为两部分，即工业产权和________。
5. 计算机术语中，CAD 表示________。
6. 利用计算机模拟专家给病人诊断是属于计算机在________方面的应用。
7. 目前常用的显示器主要有________和________两大类。
8. 在微型计算机中，不能用指令修改其内容的存储器是________。
9. 某工厂的仓库管理软件属于________软件。
10. 计算机的主机系统是由运算器、________和________组成。

三、判断题

1. 计算机软件按其用途及实现的功能不同可分为系统软件和应用软件两大类。（　　）
2. 键盘和显示器都是计算机的输入输出设备，键盘是输入设备，显示器是输出设备。（　　）
3. 任何存储器都有记忆能力，其中的信息不会丢失。（　　）
4. 计算机的硬件系统由控制器、显示器、打印机、主机、键盘组成。（　　）
5. 第二代电子计算机的主要元件是晶体管。（　　）
6. 运算器的主要功能是进行算术运算，不能进行逻辑运算。（　　）
7. 扫描仪是一种输出设备。（　　）
8. 只要有了杀毒软件，就不怕计算机被病毒感染。（　　）
9. 一般情况下，主频越高，计算机运算速度越快。（　　）
10. 使用 CD-ROM 能把硬盘上的文件复制到光盘上。（　　）

四、简答题

1. 什么是计算机病毒，具有哪些特点？
2. 组装一台多媒体计算机，需要哪些部件？
3. 计算机的应用体现在哪些方面？
4. 计算机具有哪些特点？

第二单元

神奇的网络空间

在全球化的舞台上，信息已变得触手可及，科技之光照亮了我们每个人的世界。

当人类的思维边界与知识储备无法再容纳日益增长的信息量时，计算机应运而生。智慧的种子在炽热的电子管和精密的硅片中再次被点燃，历经数十年的飞速发展，在摩尔定律的指引下，我们迎来了一个全新的机器思考时代。在这个时代，全球网络化、信息爆炸、人机合作日益紧密，极大地拓展了人类的认知边界。

如今，人类对信息化、网络化、智能化的依赖已如同呼吸般自然。数字化主宰的网络空间已悄然融入我们的生活，并正在重塑整个人类社会。在这个时代大潮汹涌向前之际，若对网络空间一知半解，无疑将错失无数机遇。因此，让我们共同启程，探索这个充满无限可能的网络世界，领略它带来的精彩与震撼。

情境导入

我国十年来网信事业取得的成就

党的十八大以来，网络安全和信息化各项工作扎实有力推进，网信事业取得历史性成就、发生历史性变革，我国正从网络大国向网络强国阔步迈进。

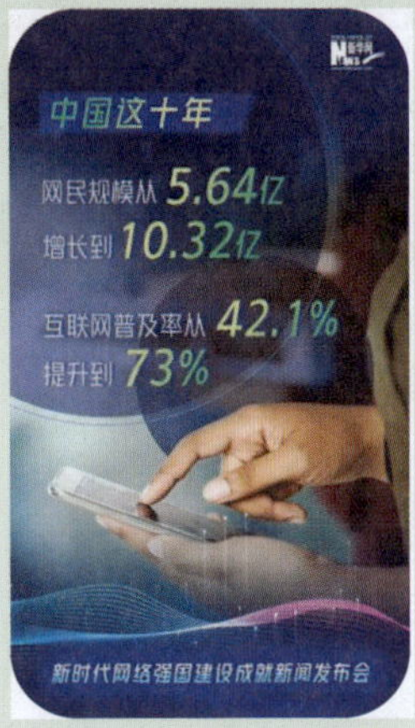

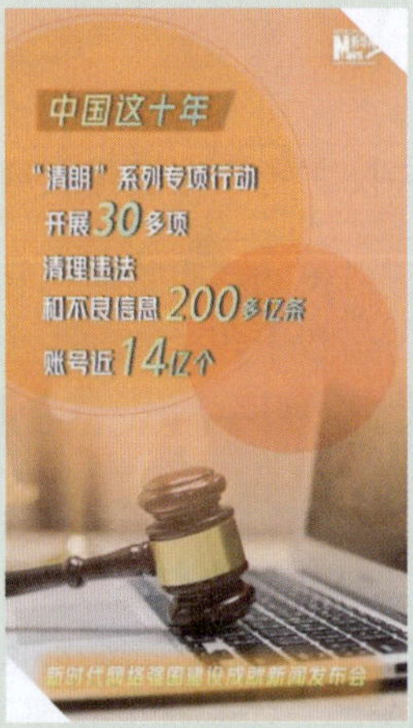

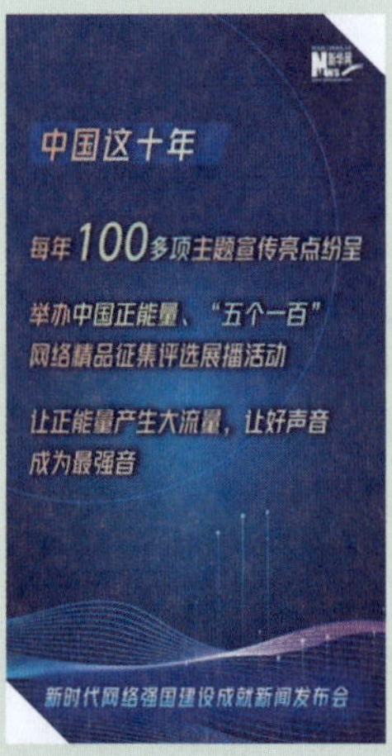

任务 2.1 走进网络世界

现代社会已步入信息时代，而信息技术中最具生命力的是计算机技术和通信技术结合的产物——网络技术。现代人无论是工作、学习还是生活，都越来越离不开网络。可以这么说，现代社会既是信息时代也是网络的时代。

学习目标

- ✧ 理解网络互联的含义。
- ✧ 了解计算机网络的发展历程。
- ✧ 了解计算机网络的应用。

职业素养

- ✧ 通过了解网络技术对社会的影响，培养学生主动运用网络服务解决生活实际问题的能力。
- ✧ 通过了解网络的发展历程，感知互联网对社会的变革性影响，增强学生对国家发展进步的认同感。

任务实施

在互联网（Internet）冲浪，已成为很多人生活的一部分。每每谈到 Internet，必然离不开 WWW、环球网、信息高速公路之类的词汇，那么 Internet 究竟是什么？下面我们可以形象地看到什么是 Internet。

一、Internet 简介

Internet 简介

互联网（Internet），又称网际网络或因特网、因特网，是网络与网络之间所串联成的庞大网络，这些网络以一组通用的协定相连，形成逻辑上的单一巨大国际网络。

这种将计算机网络互相联结在一起的方法可称作“网络互联”，在这个基础上发展出来的覆盖全世界的全球性互联网络称“互联网”，即“互相联结在一起的网络”。

互联网并不等同于万维网（World Wide Web）。互联网始于 1969 年，是指在不同节点（计算机）之间传递信息的网络。而万维网是指在互联网这个网络上用来存储信息（如网页和文档）的空间，是互联网所能提供的众多服务之一。我们有时也将互联网简称为网或网络（the Net），可以在上面进行通信、社交、网上贸易等。

1. 互联网的基本概念

互联网是指广域网、局域网以及单机按照一定的通信协议组成的国际计算机网络（见图

2-1），它将两台或两台以上的计算机终端、客户端、服务端通过计算机信息技术的手段互相联系起来，让人们可以与远在千里之外的朋友相互发送邮件、共同完成一项工作、共同娱乐。

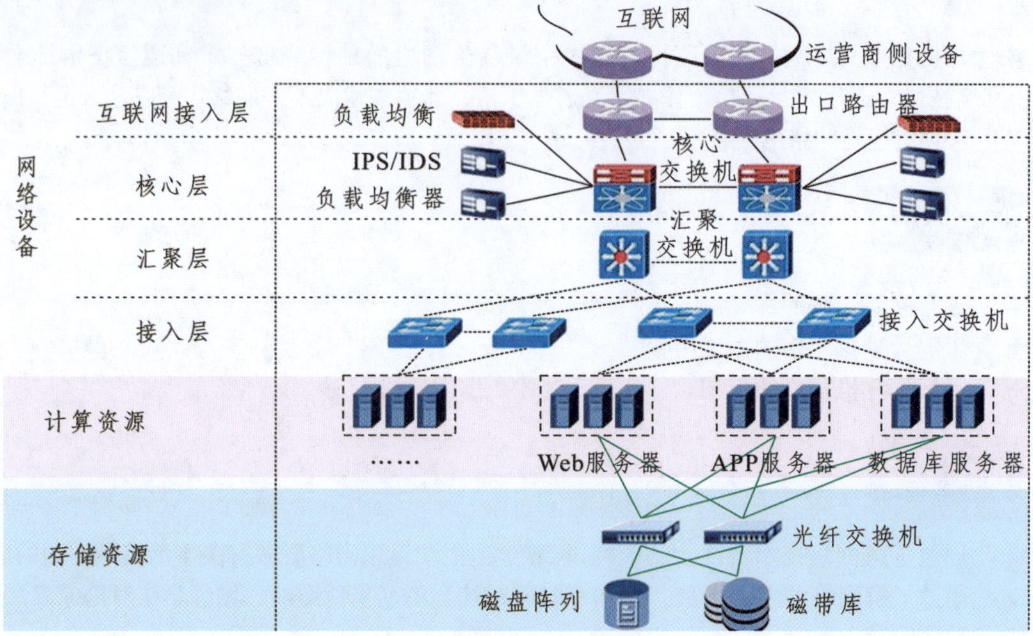

图 2-1　互联网基本概念图

2. 互联网的主要功能

（1）通信（如 MSN、电子邮件、微信、QQ 等）。

（2）社交（如 Facebook、微博、空间、博客、论坛等）。

（3）网上贸易（如网购、售票、农产品贸易等）。

（4）云端化服务（如网盘、云笔记、资源、云计算等）。

（5）资源的共享化（如电子市场、门户资源、论坛资源、媒体、游戏、信息等）。

（6）服务对象化（如互联网电视直播媒体、数据以及维护服务、物联网、网络营销等）。

3. 互联网的现实应用

互联网在现实生活中应用很广泛。我们可以在互联网上聊天、玩游戏、查阅资料，还可以在互联网进行广告宣传或购物。互联网给我们的现实生活带来很大的方便，我们几乎可以从互联网庞大的知识库里寻找到自己学业上、事业上所需的各种信息　。

4. 互联网、因特网、万维网三者的关系

互联网、因特网、万维网三者的关系是：互联网包含因特网，因特网包含万维网。凡是能彼此通信的设备组成的网络就叫互联网。所以，即使仅有两台机器，不论用何种技术使其彼此通信，也叫互联网。国际标准的互联网写法是 internet，字母 i 一定要小写！因特网是互联网的一种。因特网可不是仅有两台机器组成的互联网，它是由上千万台设备组成的互联网。

因特网使用 TCP/IP 协议让不同的设备可以彼此通信。但使用 TCP/IP 协议的网络并不一定是

因特网，一个局域网也可以使用 TCP/IP 协议。判断自己是否接入的是因特网，首先是看自己电脑是否安装了 TCP/IP 协议，其次看是否拥有一个公网地址（所谓公网地址，就是所有私网地址以外的地址）。国际标准的因特网写法是 Internet，字母 I 一定要大写！

因特网是基于 TCP/IP 协议实现的，TCP/IP 协议由很多协议组成，不同类型的协议又被放在不同的层，其中，位于应用层的协议就有很多，比如 FTP、SMTP、HTTP。只要应用层使用的是 HTTP 协议，就称为万维网（World Wide Web）。之所以在浏览器里输入百度网址时，能看见百度网提供的网页，就是因为您的个人浏览器和百度网的服务器之间使用的是 HTTP 协议在交流。

二、Internet 应用

互联网是全球性的。这就意味着无论是谁发明了它，都是属于全人类的。

Internet 实际上是一个应用平台，利用它可以开展多种信息网络应用，这些应用主要包括以下 7 个方面。

Internet 应用和发展

1. 通信服务

人们可以利用电子邮件、网络电话、视频会议、电子公告牌（BBS）和聊天功能交流信息、相互通信。

2. 发布与获取信息

通过 Internet 的新闻系统、搜索引擎和各种检索信息库，人们可以随时获取各个方面的信息，也可以将自己的信息发布到 Internet 上。

3. 电子商务

通过 Internet，可以开展网上购物、网上商品销售、网上拍卖、网上货币支付等。电子商务现在正向一个更加纵深的方向发展，随着社会金融基础设施及网络安全设施的进一步健全，电子商务将在世界上引起一轮新的革命。

4. 网上教学

在知识经济和信息化时代，通过 Internet 提供的 Web 技术、视频传输技术、实时交流等功能可以开展远程学历教育和非学历教育，举办各种培训，提供各种自学和辅导信息。

5. 网上医疗咨询

网上医疗咨询可以为广大医学工作者和患者提供各种网上医疗咨询和信息服务。

6. 生活娱乐

网络可以看成是一个虚拟的社会空间，每个人都可以在这个网络社会上充当一个角色。可以在网上与别人聊天、交朋友、玩游戏、听音乐、看电影等。

7. 企业管理

企业通过建立信息网络并与 Internet 互联，可以实现企业内部、本地与分支机构、企业与客户的全面信息化管理。

三、Internet 发展历程

Internet 是人类历史发展中的一个伟大的里程碑，它是未来信息高速公路的雏形，人类正由此进入一个前所未有的信息化社会。

Internet 的应用范围由最早的军事、国防，扩展到美国国内的学术机构，进而迅速覆盖了全球的各个领域，运营性质也由科研、教育为主逐渐转向商业化。

Internet 的原型是 1969 年美国国防部远景研究规划局（Advanced Research Projects Agency）为军事实验用而建立的网络，名为 ARPANET（阿帕网），初期只有 4 台主机，其设计目标是当网络中的一部分因战争原因遭到破坏时，其余部分仍能正常运行。80 年代初期，ARPA 和美国国防部通信局成功开发了用于异构网络的 TCP/IP 协议并投入使用。1986 年，在美国国会科学基金会的支持下，用高速通信线路把分布在各地的一些超级计算机连接起来，以 NFSNET 接替 ARPANET；进而又经过十几年的发展形成 Internet。

1994 年 4 月 20 日，NCFC 工程通过美国 Sprint 公司连入 Internet 的 64K 国际专线开通，实现了与 Internet 的全功能连接。从此，中国被国际上正式承认为真正拥有全功能 Internet 的国家。此事被中国新闻界评为 1994 年中国十大科技新闻之一，被国家统计公报列为中国 1994 年重大科技成就之一。

Internet 的发展大致经历了以下 4 个阶段：

（1）60 年代：Internet 起源。

（2）70 年代：TCP/IP 协议出现，Internet 随之发展起来。

（3）80 年代：NSFnet 出现，并成为当今 Internet 的基础。

（4）90 年代：Internet 进入高速发展时期，并开始向全世界普及。

Internet 在中国的发展可以追溯到 1986 年。当时，中国科学院等一些科研单位通过国际长途电话拨号到欧洲一些国家，进行国际联机数据库检索。虽然国际长途电话的费用极其昂贵，但是能够以最快的速度查到所需的资料还是值得的。这可以说是我国使用 Internet 的开端。

由于核物理研究的需要，中国科学院高能所（IHEP）与美国斯坦福大学的线性加速器中心一直有着广泛的合作关系。随着合作的不断深入，双方意识到加强数据交流的迫切性。1993 年 3 月，高能所通过卫星通信站租用了一条 64 Kb/s 的卫星线路与斯坦福大学联网。

1994 年 4 月，中国科学院计算机网络信息中心通过 64 Kb/s 的国际线路连到美国，开通路由器（一种连接到 Internet 必不可少的网络设备），我国开始正式接入 Internet 网。

目前，我国已初步建成国内互联网，4 个主干网络分别为中国公用计算机互联网（ChinaNet）、中国教育与科研计算机网（CERNet）、中国科学技术计算机网（CSTNet）、中国金桥互联网（ChinaGBN）。

1999 年，中国联通网、中国网通网等开始运行。

实践体验

360 浏览器使用技巧

1. 复制网站地址

我们在上网过程中经常需要给别人发送网站地址，这时很多人都会在浏览器地址栏全选网址后复制并粘贴网址发给朋友。有了 360 浏览器这件事就变得更简单了。首先，360 浏览器默认点击鼠标左键地址栏会弹出提示框，选择“复制标题与网址”网站地址便已复制成功（见图 2-2），这样发给朋友是不是更方便些呢。

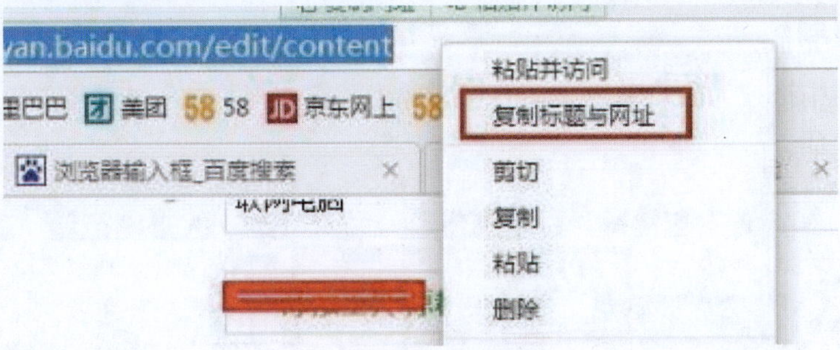

图 2-2　复制标题与网址

2. 侧边栏的使用

360 浏览器侧边栏可以说是一个非常实用的工具箱，里面可以添加邮箱管理器、微博工具、天气、便签等。只需要按操作指导设置即可。例如，如果你经常使用多个邮箱以及微博账号，就可以在这里授权第三方应用，非常方便。设置完成后直接点击就可以使用（见图 2-3）。

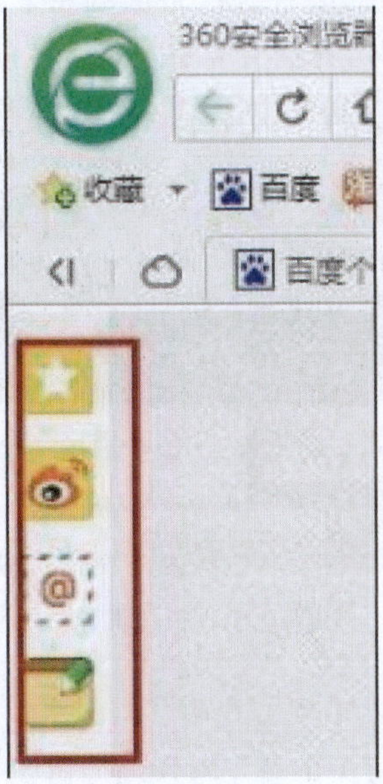

图 2-3　侧边栏

3. 第三方插件的使用

第三方插件包括 12306 抢票、网页翻译、如意淘比价、登录管家。进入拓展中心可以选择自己的需要的应用，在“我的拓展”中可以管理已有的应用。不勾选显示拓展名则只显示应用图标（见图 2-4）。

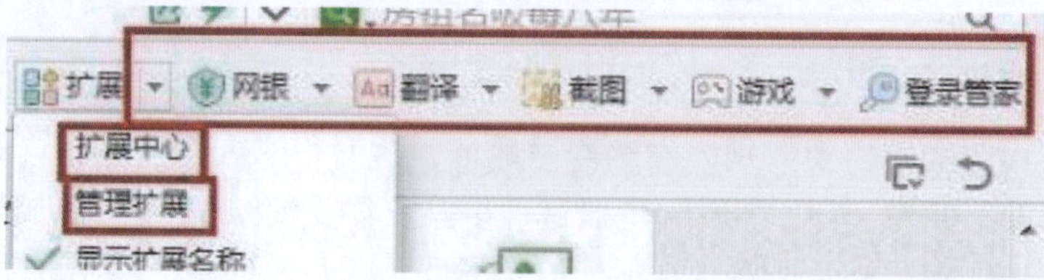

图 2-4　第三方插件

4. 搜索和复制

在 360 浏览器中拖拉为阴影部分文字直接会弹出“搜索与复制”（见图 2-5），搜索默认 360 综合搜索，方便快捷。

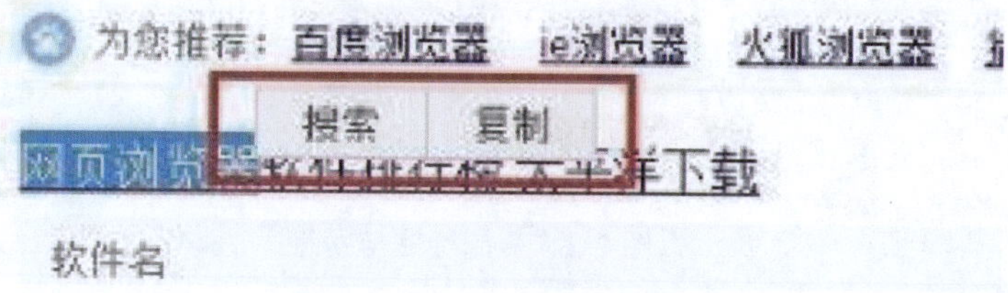

图 2-5　搜索和复制

5. 360 弹幕

最近很火的经典应用就是 360 弹幕，目前在很多网站上都可以看到弹幕评论，发表弹幕评论前需要先登录 360 账号。退出弹幕只需要在弹幕页面的右上角点击 × 号。在 360 浏览器界面的左下角看到一个西红柿的图标点击它即可开启弹幕，如图 2-6 所示。

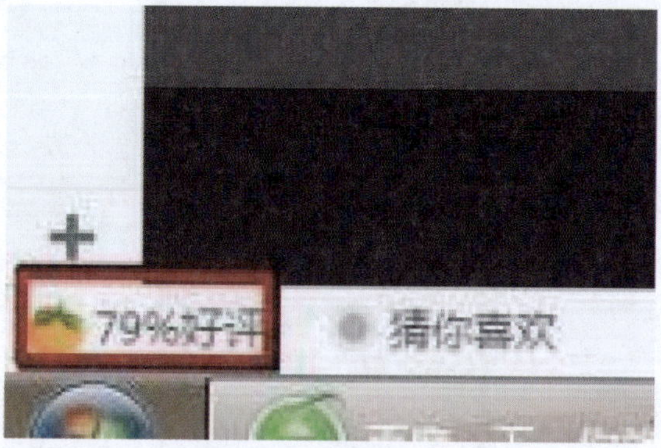

图 2-6　开启弹幕

6. 截　图

使用键盘上的“Print Screen”（打印屏幕）按键，便可对当前窗口截图，然后可以在画图软件或是 qq、微信等聊天软件窗口粘贴截图，最后将图片另存为保存为图片就可以了（见图 2-7）。

图 2-7　截屏按键

7. 添加蓝色书签

使用浏览器的扩展程序可以有效提高工作效率，比如可以实现跨平台在线云书签管理。我们浏览网页时，经常需要收藏很多书签。在多御安全浏览器（https：//www.duoyux.com/）中添加安装蓝色书签扩展程序就能方便地解决这个问题（见图 2-8）。

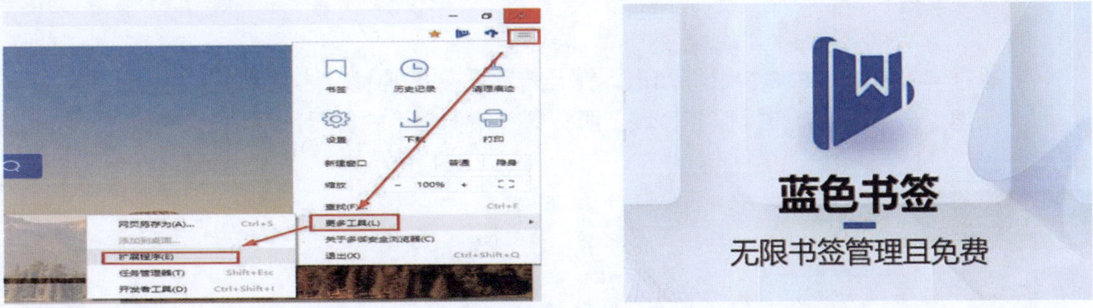

图 2-8　安装蓝色书签扩展程序

蓝色书签（见图 2-9）拥有强大便捷的分类整理、收藏保存、搜索以及书签同步等功能，不管是查阅资料还是阅读其他文献，都可以将阅读过的内容收藏起来，永久保存不会丢失。

讨论交流

讨论 1：搜索引擎的搜索结果中出现的信息可信度不一，如何进行甄别？

讨论 2：“键盘侠”是一个网络流行语，身在网络空间的你如何看待他？

任务2.2 了解网络协议

网络协议是实现互联网的基础。它允许不同类型的设备和系统相互通信，使得人们可以在世界范围内共享信息，网络协议还确保了互联网的可靠性和稳定性。

网络协议是计算机网络的核心。它定义了计算机如何在网络中通信，并确保数据的安全和可靠性。随着网络技术的不断发展，网络协议也在不断进化和更新，以满足不断变化的需求。

学习目标

- ✧ 了解计算机网络的拓扑结构，并能理解其应用领域。
- ✧ 了解 TCP/IP 协议和 IP 地址的相关知识，会进行相关设置。
- ✧ 了解日常使用的网络服务，理解域名系统。

职业素养

- ✧ 通过学习网络 TCP/IP 协议等知识，提升查看设备 IP 地址、体验网络端口等实践技能。
- ✧ 让学生自主体验万维网服务、域名服务等，培养学生的运用数字化学习工具的能力。

任务实施

目前，存在多种局域网技术，我们将通过对网络拓扑结构的分析来了解各个具体技术之间的相对性与区别性。

计算机网络的拓扑结构是引用拓扑学中研究与大小、形状无关的点、线关系的方法，把网络中的计算机和通信设备抽象为一个点，把传输介质抽象为一条线，由点和线组成的几何图形就是计算机网络的拓扑结构。

一、网络拓扑结构

网络拓扑结构

计算机网络拓扑结构是指网络中各个站点相互连接的形式，在局域网中明确一点讲就是文件服务器、工作站和电缆等的连接形式。

网络的拓扑结构反映出网中各实体的结构关系，是建设计算机网络的第一步，是实现各种网络协议的基础，它对网络的性能、系统的可靠性与通信费用都有重大影响。

计算机网络的最主要的拓扑结构有总线拓扑、环形拓扑、树形拓扑、星形拓扑、混合型拓扑以及网状拓扑。其中总线拓扑、环形拓扑、星形拓扑是三个最基本的拓扑结构。在局域网中，使用最多的是星形拓扑结构。

1. 总线拓扑

总线拓扑是一种基于多点连接的拓扑结构，是将网络中所有的设备通过相应的硬件接口直接连接在共同的传输介质上。节点之间按广播方式通信，一个节点发出的信息，总线上的其他节点均可“收听”到。总线拓扑结构使用一条所有 PC 都可访问的公共通道，每台 PC 只要连一条线缆即可，如图 2-9 所示。在总线结构中，所有网上微机都通过相应的硬件接口直接连在总线上，任何一个节点的信息都可以沿着总线向两个方向传输扩散，并且能被总线中任何一个节点所接收。由于其信息向四周传播，类似于广播电台，故总线网络也被称为广播式网络。总线有一定的负载能力，因此，总线长度有一定限制，一条总线也只能连接一定数量的节点。最著名的总线拓扑结构是以太网（Ethernet）。

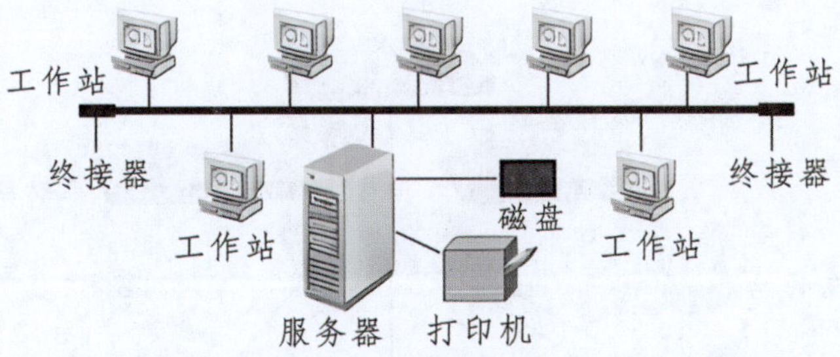

图 2-9　总线拓扑结构

总线布局的特点：结构简单灵活，非常方便扩充；可靠性高，网络响应速度快；设备数量少、价格低、安装使用方便；共享资源能力强，便于广播式工作，即一个节点发送，所有节点都可接收。

总线网络结构是目前使用最广泛的结构，也是最传统的一种主流网络结构，适合于信息管理系统、办公自动化系统领域的应用。

2. 环形拓扑

环形拓扑网中各节点通过环路接口连在一条首尾相连的闭合环形通信线路中，就是把每台 PC 连接起来，数据沿着环依次通过每台 PC 直接到达目的地，环路上任何节点均可以请求发送信息，请求一旦被批准，便可以向环路发送信息（见图 2-10）。环形网中的数据可以是单向也可是双向传输。信息在每台设备上的延时时间是固定的。由于环线公用，一个节点发出的信息必须穿越环中所有的环路接口，信息流中目的地址与环上某节点地址相符时，信息被该节点的环路接口所接收，而后信息继续流向下一环路接口，一直流回到发送该信息的环路接口节点为止。特别适合实时控制的局域网系统。在环形结构中，每台 PC 都与另两台 PC 相连，每台 PC 的接口适配器必须接收数据再传往另一台 PC。因为两台 PC 之间有电缆，所以能获得好的性能。最著名的环形拓扑结构网络是令牌环网（Token Ring）。

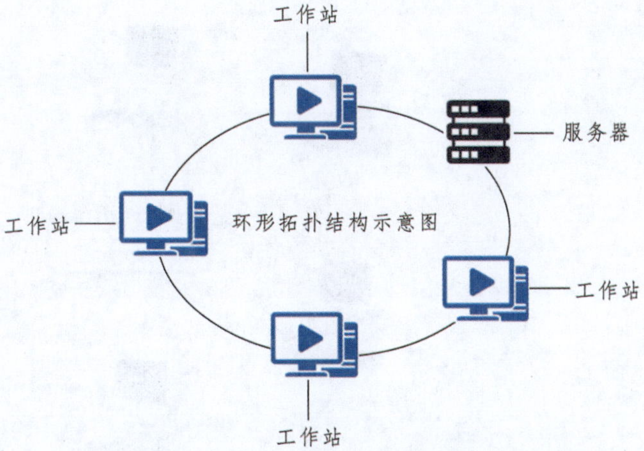

图 2-10　环形拓扑结构示意图

3. 树形拓扑结构

树形拓扑从总线拓扑演变而来，形状像一棵倒置的树，顶端是树根，树根以下带分支，每个分支还可再带子分支（见图 2-11）。树形拓扑是总线结构的扩展，是在总线结构上加上分支形成的，其传输介质可有多条分支，但不形成闭合回路。树形网是一种分层网，其结构可以对称，联系固定，具有一定容错能力，一般一个分支和节点的故障不影响另一分支节点的工作，任何一个节点送出的信息都可以传遍整个传输介质，也是广播式网络。

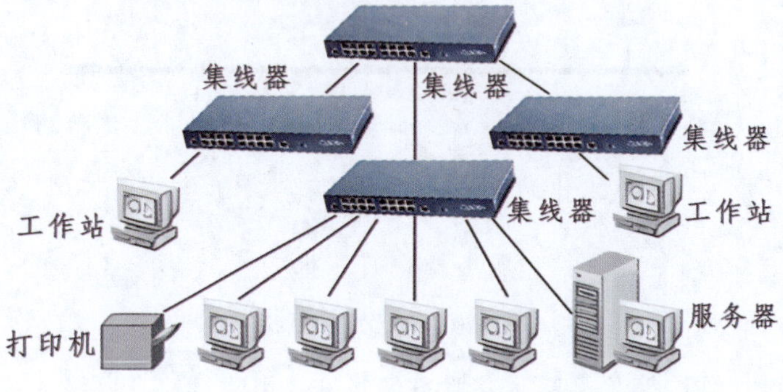

图 2-11　树形拓扑结构

4. 星形拓扑结构

星节拓扑结构是一种以中央节点为中心，把若干外围节点连接起来的辐射式互联结构，各节点与中央节点通过点对点方式连接，中央节点执行集中式通信控制策略，因此，中央节点相当复杂，负担也重（见图 2-12）。

这种结构适用于局域网，特别是近年来连接的局域网大都采用这种连接方式。这种连接方式以双绞线或同轴电缆作连接线路。在中心放一台中心计算机，每个臂的端点放置一台 PC，所有的数据包及报文通过中心计算机来通信，除了中心机外每台 PC 仅有一条连接线路。这种结构需要大量的电缆，星形拓扑可以看作一层的树形结构，不需要多层 PC 的访问权争用。星形拓扑结构在网络布线中较为常见。

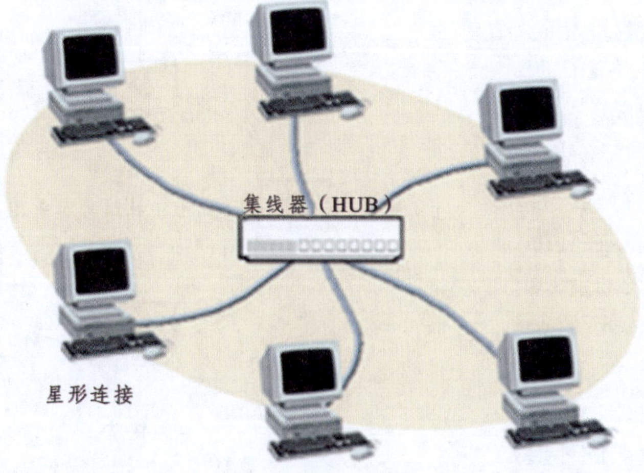

图 2-12　星形拓扑结构

以星形拓扑结构组网，其中任何两个站点要进行通信都要经过中央节点控制。中央节点主要功能有：

（1）为需要通信的设备建立物理连接。

（2）在两台设备的通信过程中维持这一通路。

（3）在完成通信或通信不成功时拆除通道。

5. 网状拓扑结构

网状拓扑结构又称作无规则结构，节点之间的联结是任意的，没有规律，也就是将多个子网或多个局域网连接起来构成网际拓扑结构（见图 2-13）。在一个子网中，集线器、中继器将多个设备连接起来，而桥接器、路由器及网关则将子网连接起来。根据组网硬件不同，主要有三种网际拓扑：网状网、主干网、星状相连网。

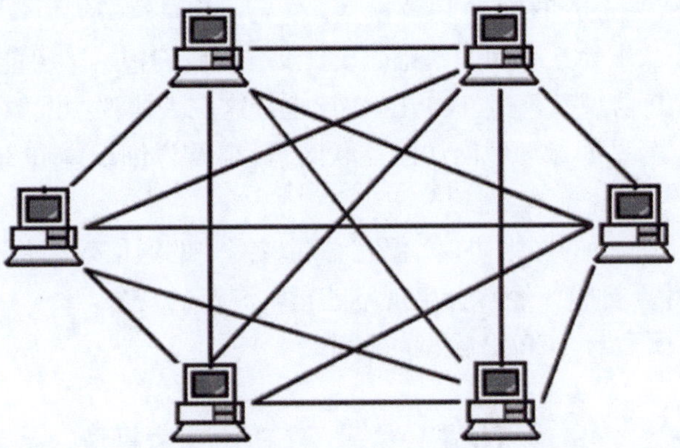

图 2-13　网状拓扑结构

6. 混合型拓扑结构

混合型拓扑结构就是同时使用两种或两种以上的拓扑结构。其优点是可以对网络的基本拓扑取长补短；缺点是网络配置难度较大。

7. 蜂窝拓扑结构

蜂窝拓扑结构是无线局域网中常用的结构。它以无线传输介质（微波、卫星、红外线等）点到点和点到多点传输为特征，是一种无线网，适用于城市网、校园网、企业网，更适合于移动通信。

8. 卫星通信拓扑结构

卫星通信的网络拓扑结构通常采用星形结构，即一颗或多颗地球静止轨道卫星作为中心节点，向周围的用户终端提供服务。

二、网络传输协议

网络传输协议

1. 网络传输协议

网络协议是为计算机网络中进行数据交换而建立的规则、标准或约定的集合。

例如，网络中一个微机用户和一个大型主机的操作员进行通信，由于这两个数据终端所用字符集不同，操作员所输入的命令彼此并不认识。为了能进行通信，规定每个终端都要将各自字符集中的字符先变换为标准字符集的字符后才进入网络传送，到达目的终端之后，再变换为该终端字符集的字符。当然，对于不相容终端，除了需变换字符集字符外，还需转换其他特性，如显示格式、行长、行数、屏幕滚动方式等也需作相应的变换。

协议定义了进程间数据交换的规则。在计算机网络中，两个相互通信的实体处在不同的地理位置，它们之间的两个进程为达成协调一致的动作，必须通过信息的有效交换来实现同步。这一过程的关键在于，所有信息的交换都必须严格遵循双方事先共同商定并确立的规则，即协议，以确保通信的顺利进行与数据的准确传输。

为了使不同计算机厂家生产的计算机能够相互通信，以便在更大的范围内建立计算机网络，国际标准化组织（ISO）在 1978 年提出了“开放系统互联参考模型”，即著名的 OSI/RM 模型。

与因特网发展密切相关的是 TCP/IP 协议模型，毫无疑问是这三大协议（NetBEUI、IPX/SPX、TCP/IP）中最重要的一个，作为互联网的基础协议，没有它我们根本不可能上网。任何和互联网有关的操作都离不开 TCP/IP 协议。不过 TCP/IP 协议也是这三大协议中配置起来最麻烦的一个，单机上网的情况比较简单，若是通过局域网访问互联网，就需要详细设置 IP 地址、网关、子网掩码、DNS 服务器等参数。

TCP/IP 尽管是目前最流行的网络协议，但它在局域网中的通信效率并不高，使用 TCP/IP 协议浏览“网上邻居”中的计算机时，经常会出现不能正常浏览的现象。

图 2-14 所示为 OSI 模型与 TCP/IP 模型的对比。

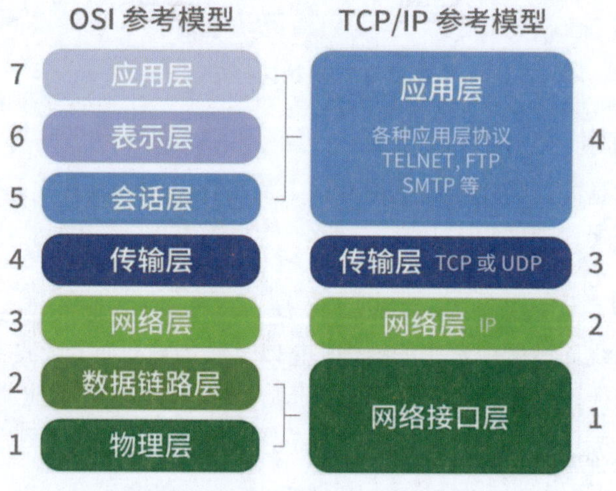

图 2-14　OSI 模型与 TCP/IP 模型的对比

2. IP 地址

互联网协议地址（Internet Protocol Address，又译为网际协议地址）简称 IP 地址（IP Address），是 IP 协议提供的一种统一的地址格式，它为互联网上的每一个网络和每一台主机分配一个逻辑地址，以此来屏蔽物理地址的差异。

在因特网中，IP 协议是连接到网上的所有计算机网络实现相互通信的一套规则。任何厂家生产的计算机系统只要遵守 IP 协议就可以与因特网互联互通。正是因为有了 IP 协议，因特网才得以迅速发展成为世界上最大的、开放的计算机通信网络。因此，IP 协议也可以叫作“因特网协议”。

Internet 上的每台主机（Host）都有一个唯一的 IP 地址。IP 协议就是使用这个地址在主机之间传递信息，这是 Internet 能够运行的基础。IP 地址赋予 Internet 上的主机一个编号。大家日常见到的情况是每台联网的 PC 上都需要有 IP 地址才能正常通信。我们可以把一台 PC 比作一部电话，那么 IP 地址就相当于电话号码，而 Internet 中的路由器，就相当于电信局的程控式交换机。

常见的 IP 地址分为 IPv4 与 IPv6 两大类。IPv4 地址是一个 32 位的二进制数，通常被分割为 4 个“8 位二进制数”（也就是 4 个字节）。IP 地址通常用“点分十进制”表示成（a.b.c.d）的形式。其中，a、b、c、d 都是 0 ~ 255 的十进制整数。例如：点分十进 IP 地址（100.4.5.6）实际上是 32 位二进制数“01100100.00000100.00000101.00000110”。IPv6 是 IPv4 的升级版，它是为了解决 IPv4 的地址空间不足以及安全问题而开发的。IPv6 使用 128 位地址，足以满足未来几十年内互联网的需求。IPv6 的地址格式通常是 8 个“4 位十六进制数”，用冒号分隔，例如“2001：0db8：85a3：0000：0000：8a2e：0370：7334”。

IP 地址编址方案将 IP 地址空间划分为 A、B、C、D、E 五类，适用的类型分别为大型网络、中型网络、小型网络、多播地址、保留备用。其中 A、B、C 是基本类（见表 2-1），由 InternetNIC 在全球范围内统一分配，D、E 类为特殊地址。

表 2-1　A、B、C 三类地址

网络类别	最大网络数	IP 地址范围	最大主机数	私有 IP 地址范围
A	126（2^7-2）	1.0.0.0 ~ 127.255.255.255	16777214	10.0.0.0 ~ 10.255.255.255
B	16384（2^{14}）	128.0.0.0 ~ 191.255.255.255	65534	172.16.0.0 ~ 172.31.255.255
C	2097152（2^{21}）	192.0.0.0 ~ 223.255.255.255	254	192.168.0.0 ~ 192.168.255.255

三、常用网络服务

“网络服务”，是指一些在网络上运行的、面向服务的、基于分布式程序的软件模块，网络服务采用 HTTP 和 XML（标准通用标记语言的子集）等互联网通用标准，使人们可以在不同的地方通过不同的终端设备访问 WEB 上的数据，如网上订票、查看订座情况等。网络服务在电子商务、电子政务、公司业务流程电子化等应用领域有着广泛的应用，被业内人士奉为互联网的下一个重点。

1. 域名系统

域名系统（Domain Name System，DNS）是 Internet 上解决网上机器命名的一种系统。就像拜访朋友要先知道别人家怎么走一样，当 Internet 上一台主机要访问另一台主机时，必须首先获知其地址。

虽然因特网上的节点都可以用 IP 地址唯一标识，并且可以通过 IP 地址被访问，但即使是将 32 位的二进制 IP 地址写成 4 个 0 ~ 255 的十位数形式，也依然太长、太难记。因此，人们发明了域名（Domian Name）。域名可将一个 IP 地址关联到一组有意义的字符上去。用户访问一个网站的时候，既可以输入该网站的 IP 地址，也可以输入其域名，对访问而言，两者是等价的。例如：

微软公司的 Web 服务器的 IP 地址为 207.46.230.229，其对应的域名为 www.microsoft.com，不管用户在浏览器中输入的是 207.46.230.229 还是 www.microsoft.com，都可以访问其 Web 网站。

除了代表各个国家顶级域名之外，ICANN 最初还定义了 6 个顶级类别域名，它们分别是.com、.edu、.gov、.mil、.net、.org。.com 用于企业，.edu 用于教育机构，.gov 用于政府机构，.mil 用于军事部门，.net 用于互联网络及信息中心等，.org 用于非营利性组织。

随着因特网的发展，ICANN 又增加了两大类共 7 个顶级类别域名，分别是.aero、.biz、.coop、.info、.museum、.name、.pro。其中，.aero、.coop、.museum 是 3 个面向特定行业或群体的顶级域名：.aero 代表航空运输业，.coop 代表协作组织，.museum 代表博物馆；.biz、.info、.name、.pro 是 4 个面向通用的顶级域名：.biz 表示商务，.name 表示个人，.pro 表示会计师、律师、医师等，.info 则没有特定指向。

2. 万维网服务

万维网（也称作 Web、WWW、W3，英文全称为 World Wide Web），是一个由许多互相链接的超文本组成的系统，通过互联网访问。在这个系统中，每个有用的事物称为一个“资源”；并且由一个全局“统一资源标识符”（URI）标识；这些资源通过超文本传输协议（Hypertext Transfer Protocol）传送给用户，而后者通过点击链接来获得资源。

超文本（Hypertext）是由一个叫作网页浏览器（Web browser）的程序显示。网页浏览器从网页服务器取回称为“文档”或“网页”的信息并显示（通常显示在计算机显示器上）。用户可以跟随网页上的超链接（Hyperlink）取回档案，也可以提交数据给服务器。通过超链接上网的行为又叫作浏览网页。相关的数据通常排成一组网页，又叫作网站。

万维网的核心部分是由 3 个标准构成的，其作用是使计算机能够在万维网上不同形式的信息间更有效地完成储存和通信。

（1）统一资源标识符（URL），这是一个统一的为资源定位的系统。

（2）超文本传送协议（HTTP），它负责规定客户端和服务器怎样互相交流。

（3）超文本标记语言（HTML），作用是定义超文本文档的结构和格式。

3. 电子邮件服务

SMTP（Simple Mail Transfer Protocol）即简单邮件传输协议，是一组用于由源地址到目的地址传送邮件的规则，由它来控制信件的中转方式。SMTP 协议属于 TCP/IP 协议簇，它帮助每台计算机在发送或中转信件时找到下一个目的地。

SMTP 协议跟大多数应用层协议一样，也存在两个端：在发信人的邮件服务器上执行的客户端和在收信人的邮件服务器上执行的服务器端。SMTP 的客户端和服务器端同时运行在每个邮件服务器上。当一个邮件服务器在向其他邮件服务器发送邮件消息时，它是作为 SMTP 客户在运行。

SMTP 协议与人们用于面对面交互的礼仪之间有许多相似之处。SMTP 客户和服务器首先会执行一些应用层握手操作，就像人们在转手东西之前往往先自我介绍那样，SMTP 客户和服务器也在传送信息之前也会先自我介绍一下。在 SMTP 握手阶段，SMTP 客户向服务器分别指出发信人和收信人的电子邮件地址。彼此自我介绍完毕之后，客户发出邮件消息。电子邮件服务的过程如图 2-15 所示。

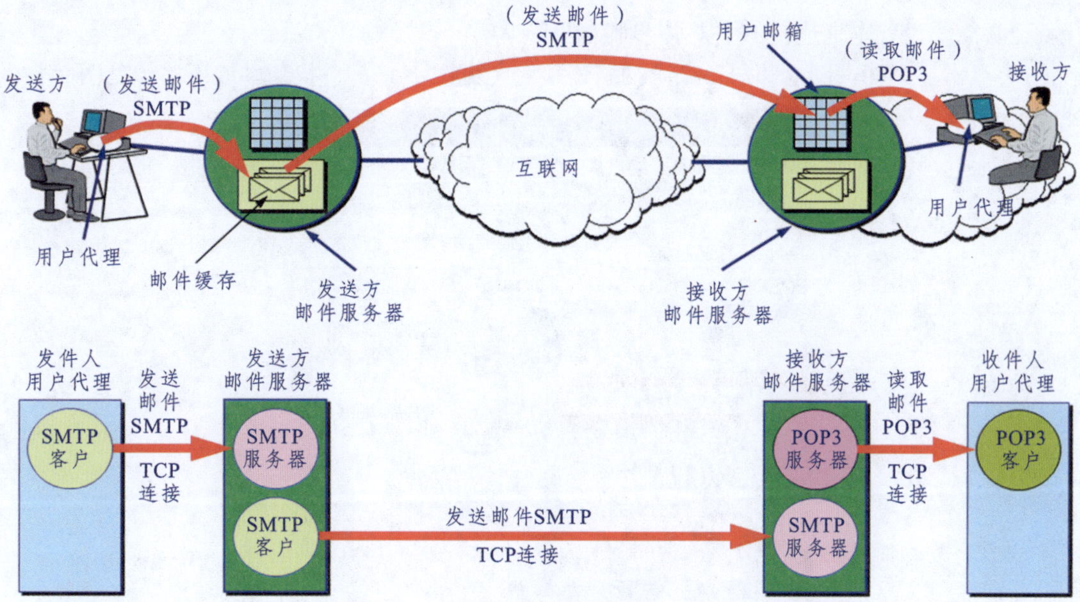

图 2-15　电子邮件服务

4. ISP 和 ICP 服务

ISP 是 Internet Service Provider 的缩写，即 Internet 服务供应商。如同用户安装一部电话要找电信局一样，用户如果要接入 Internet，则要去找 ISP。ISP 是用户接入 Internet 的入口。

通常，个人用户的计算机或集团用户的计算机网络先通过某种通信线路连接到 ISP 的主机，再通过 ISP 的连接通道接入 Internet。ISP 的作用主要有两方面：一是为用户提供 Internet 接入服务；二是为用户提供各类信息服务，如电子邮件服务、信息发布代理服务等。用户可以根据 ISP 所提供的网络宽带、入网方式、服务项目、收费标准以及管理措施等选择适合自己的 ISP。

中国三大基础运营商，其提供的服务如下：

（1）中国电信：拨号上网、ADSL、1X、CDMA1X、EVDO rev.A、FTTx。

（2）中国移动：GPRS 及 EDGE 无线上网、TD-SCDMA 无线上网、一小部分 FTTx。

（3）中国联通：GPRS、W-CDMA 无线上网、拨号上网、ADSL、FTTx。

电信重组之后，中国网通并入中国联通，剔除中国联通 CDMA，组成新联通；中国铁通并入中国移动，为其旗下全资子公司；中国联通 CDMA 并入中国电信组成新电信。

ICP（Internet Content Provider，网络内容服务商）是向广大用户综合提供互联网信息业务和增值业务的电信运营商。其必须具备的证书即为 ICP 证。

除了人民网、百度等大型的内容提供商外，专业机构、企事业单位和个人也可通过互联网提供内容服务。

实践体验

IP 地址设置方法

在内网接入 Internet 一般需要设置本地 IP。例如，在常见的路由器与交换机等组成的网络环境中，就经常需要设置本地连接 IP，具体步骤如下。

（1）点击“桌面—网上邻居—查看网络连接”（见图 2-16），找到本地连接（见图 2-17）。

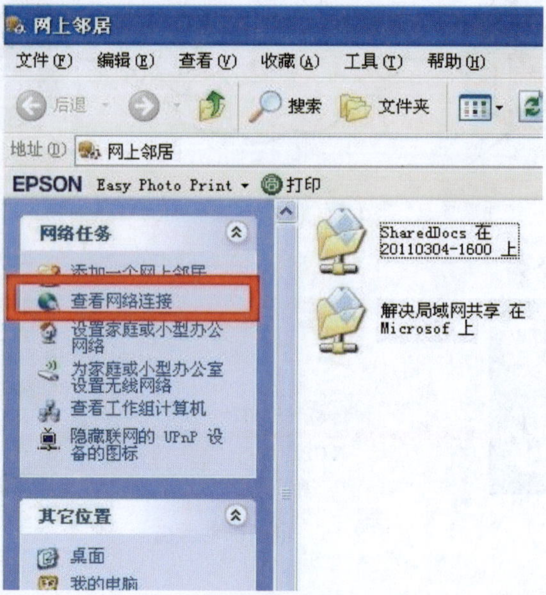

图 2-16　查看网络连接

图 2-17　找到本地连接

（2）将鼠标放在本地连接上，单击右键，选择“属性”即可进入本地连接设置界面（见图 2-18）。

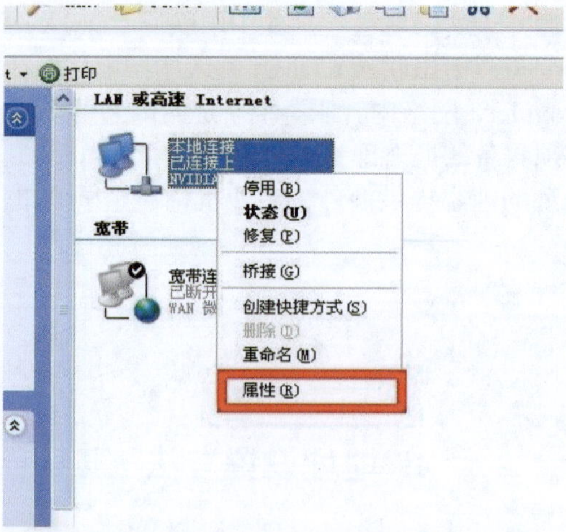

图 2-18　本地连接设置界面

（3）选择 Intel 协议（TCP/IP）（如果是 Windows 7 选择 IPv4），选择这项之后点击属性，进入 IP 地址设置（见图 2-19）。

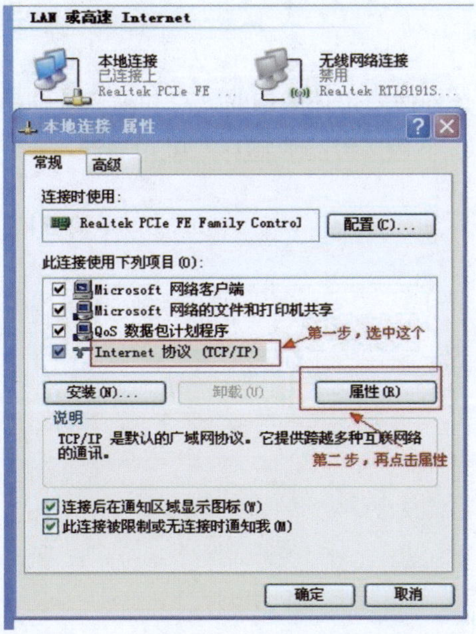

图 2-19　选择 Intel 协议（TCP/IP）

（4）这一设置步骤非常重要，也是本地连接 IP 设置的核心，如图 2-20 所示，在“使用下面的 IP 地址（S）：”选项的 3 个项目中分别填写：本地 IP 地址、子网掩码地址、默认网关（路由器默认地址）。其中，本地地址一般为 192.168.1.×（×可以是 1～254 的任意数字，但不能与同内网的其他计算机地址相同，否则会出现本地 IP 地址冲突）；子网掩码地址和路由器默认地址一般是固定的，不清楚可以查看路由器说明。这一栏最下方的 DNS 服务器主要用于上网，可以联系网络提供商获取 DNS 地址，也可以上网查找离你最近城市的网络商地址。

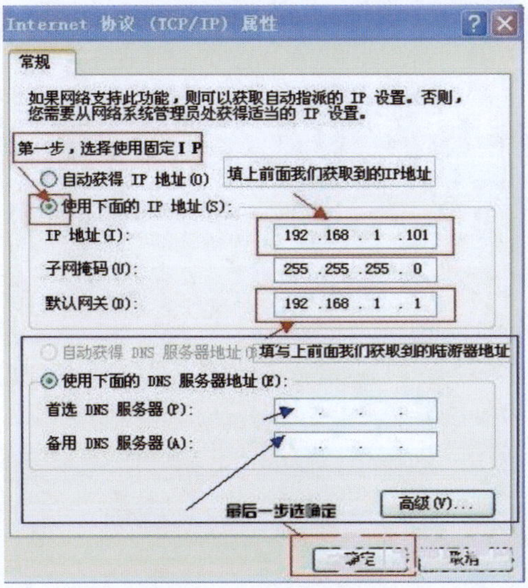

图 2-20　设置 IP 地址

讨论交流

讨论 1：在日常使用中，各种网络拓扑结构的优点和缺点分别是什么？

讨论 2：在 计算机网络的三大协议中，除了 TCP/IP 协议外，还有哪两个协议？其特点是什么？

任务 2.3 配置网络

随着越来越多的人加入并使用互联网，无论是个人计算机、笔记本电脑还是手机等设备，在首次接入网络时，都需要进行网络配置操作，以确保设备能够成功接入互联网。这样的配置过程对于设备的联网使用至关重要。

学习目标

- ✧ 了解常见的网络互联设备并理解其功能。
- ✧ 会进行网络的连接和进行基本的设置。
- ✧ 了解家庭常用网络设备的选配，实施家庭网络规划。

职业素养

- ✧ 通过网络设备知识的学习，培养学生主动适应时代发展的意识。
- ✧ 通过对网络设备性能的了解，能够根据不同需求进行设备的选配，提升学生的操作实践能力。
- ✧ 在配置网络的过程中融入网络安全与操作规范等内容，强化学生的信息社会责任意识。

任务实施

不论是局域网、城域网还是广域网，在物理上通常都是由网卡、集线器、交换机、路由器、网线、RJ45 接头等网络连接设备和传输介质组成的。网络设备还包括中继器、网桥、路由器、网关、防火墙等，它们都有自己特定的作用和功能，承担着网络中的数据处理与传输任务。

一、认识网络设备

认识网络设备

网络设备及部件是连接到网络中的物理实体。网络设备的种类繁多，且与日俱增。基本的网络设备包括：计算机（无论其为个人电脑或服务器）、集线器、交换机、网桥、路由器、网关、网络接口卡（NIC）、无线接入点（WAP）、打印机和调制解调器、光纤收发器、光缆等。

1. 交换机

交换机（Switch，意为“开关”）是一种用于电信号转发的网络设备。它可以为接入交换机的任意两个网络节点提供独享的电信号通路。最常见的交换机是以太网交换机。其他常见的还有电话语音交换机、光纤交换机等。

交换机的主要功能包括物理编址、网络拓扑结构、错误校验、帧序列以及流控。目前交换机还具备了一些新的功能，如对 VLAN（虚拟局域网）的支持、对链路汇聚的支持，甚至有的还具有防火墙的功能。

从广义上来看，网络交换机分为两种：广域网交换机和局域网交换机。广域网交换机主要应用于电信领域，提供通信用的基础平台。而局域网交换机则应用于局域网络，用于连接终端设备，如 PC 机及网络打印机等。

交换机可以按以下方式分类：

（1）根据网络覆盖范围可分为：广域网交换机和局域网交换机。

（2）根据传输介质和传输速度可分为：以太网交换机、快速以太网交换机、千兆以太网交换机、10 千兆以太网交换机、ATM 交换机、FDDI 交换机和令牌环交换机。

（3）根据交换机应用网络层次可分为：企业级交换机、校园网交换机、部门级交换机和工作组交换机、桌机型交换机。

（4）根据交换机端口结构可分为：固定端口交换机和模块化交换机。

（5）根据工作协议层可分为：二层交换机、三层交换机和四层交换机。

（6）根据是否支持网管功能可分为：网管型交换机和非网管型交换机。

图 2-21 和图 2-22 展示了两种类别交换机的外观。

图 2-21　专业工业级交换机

图 2-22　千兆企业级交换机

2. 路由器

路由器（Router，又称为路径器）是一种计算机网络设备（见图 2-23），它能将数据打包，以最佳路径一个个地通过网络传送至目的地（选择数据的传输路径），这个过程称为路由。路由器是连接因特网中的各个局域网、广域网的设备，是互联网络的枢纽（类似“交通警察”）。路由工作在 OSI 模型的第三层，即网络层。

图 2-23　路由器

路由器主要分为本地路由器和远程路由器两种类型。本地路由器主要用于连接各种网络传输介质，如光纤、同轴电缆和双绞线等，以实现局域网内的数据交换和通信。而远程路由器则负责连接远程传输介质，这通常需要配备相应的设备。例如，当使用电话线作为远程传输介质时，需要配合调制解调器；当选择无线方式时，则需要通过无线接收机和发射机来实现数据传输。

在园区内网、地区内网乃至整个 Internet 研究领域中，路由器技术始终占据着核心地位，其发展历程和方向堪称 Internet 研究的缩影。在当前我国网络基础建设和信息化建设如火如荼的背景下，深入探讨路由器在互联网络中的作用、地位及其发展方向显得尤为重要。这不仅有助于推动国内网络技术研究与网络建设的进一步发展，而且对于澄清网络市场上关于路由器和网络互联的诸多模糊概念，同样具有不可忽视的意义。

近年来，出现了很多交换路由器产品，这并非一项全新的技术，而是对现有路由器技术的一种优化，也就是将交换机的原理融合到路由器设计中。交换路由器显著提升了数据传输的能力和效率，使得数据在传输过程中更加快速、稳定且高效。

3. 网　卡

网络适配器又称网卡或网络接口卡（NIC），是使计算机联网的设备。平常所说的网卡就是将 PC 机和 LAN 连接的网络适配器。网卡插在计算机主板插槽中，负责将用户要传递的数据转换为网络上其他设备能够识别的格式，通过网络介质传输（见图 2-24）。

网卡是计算机网络中最基本的元素。在计算机局域网络中，如果有一台计算机没有网卡，那么这台计算机将不能和其他计算机通信，也就是说，这台计算机孤立于网络之外。

图 2-24　网卡

网卡的分类因网络技术的不同而有所区别，具体可归纳如下：

（1）按网络技术分类：ATM（异步传输模式）网卡、令牌环网卡、以太网网卡。

（2）按带宽分类：10 M 网卡，适用于较低带宽需求的网络环境；100 M 网卡，提供更高的数据传输速度，满足一般网络应用需求；10/100 M 自适应网卡，能够自动适应 10 M 或 100 M 的网络环境，灵活便捷；1 000 M 网卡（千兆网卡），适用于高速、大容量的数据传输场景。

（3）按总线类型分类：ISA 网卡，早期计算机中常见的总线类型，现已较少使用；EISA 网卡，扩展工业标准体系结构网卡，是 ISA 的增强版本，但同样已逐渐被淘汰；PCI 网卡，基于 PCI 总线的网卡，是目前计算机中最为常见的网卡类型，因其高性能和广泛的兼容性而广受欢迎。

ISA 总线网卡的带宽一般为 10 M，PCI 总线网卡的带宽为 10 M ~ 1 000 M。同样是 10 M 网卡，因为 ISA 总线为 16 位，而 PCI 总线为 32 位，所以 PCI 网卡要比 ISA 网卡快。

4. 调制解调器

调制解调器（Modem）是调制器（Modulator）与解调器（Demodulator）的简称。根据 Modem 的谐音，又有个昵称“猫”。它是在发送端通过调制将数字信号转换为模拟信号，而在接收端通过解调再将模拟信号转换为数字信号的一种装置（见图 2-25）。

（a）无线调制解调器

（b）工业级光纤调制解调器

图 2-25　调制解调器

调制解调器是模拟信号和数字信号的“翻译员”。电子信号分两种：一种是“模拟信号”，一种是“数字信号”。我们使用的电话线路传输的是模拟信号，而 PC 机之间传输的是数字信号。所以当我们需要通过电话线把自己的计算机接入 Internet 时，就必须使用调制解调器来“翻译”两种不同的信号。连入 Internet 后，当 PC 机向 Internet 发送信息时，由于电话线传输的是模拟信号，所以必须要用调制解调器来把数字信号“翻译”成模拟信号，才能传送到 Internet 上，这个过程叫作“调制”。当 PC 机从 Internet 获取信息时，由于通过电话线从 Internet 传来的信息都是模拟信号，所以必须借助调制解调器这个“翻译”，这个过程叫作“解调”。总的来说就称为“调制解调”。

调制解调器的分类方式如下：

（1）外置式调制解调器：这种调制解调器位于机箱外部，通过串行通信口与主机相连。其设计方便灵巧，易于安装，并且配备了闪烁的指示灯，便于用户实时监控其工作状态。然而，使用外置式调制解调器需要额外的电源和电缆连接。

（2）内置式调制解调器：内置式调制解调器在安装时需要打开机箱，并进行终端和 COM 口的相应设置，安装过程相对烦琐。它占用主板上的一个扩展槽，但无须额外的电源和电缆，因此价格相较于外置式调制解调器更为亲民。

（3）PCMCIA 插卡式调制解调器：这种调制解调器专为笔记本电脑设计，体积小巧，便于携带。配合移动电话，用户可以轻松实现移动办公，极大地提高了工作效率。

（4）机架式调制解调器：机架式调制解调器是将一组调制解调器集中在一个箱体或外壳内，通过统一的电源进行供电。它主要应用于 Internet/Intranet、电信局、校园网、金融机构等网络的中心机房，以满足这些场所对大量数据传输和管理的需求。

（5）USB 接口调制解调器：USB 接口调制解调器通过 USB 接口与计算机连接，无须额外的串行通信口或扩展槽。它提供了即插即用的便利，使用户能够轻松地在计算机上安装和使用调制解调器。

5. 防火墙

防火墙（Firewall）技术是一种重要的安全策略，它通过集成各类软件和硬件设备，在计算机网络的内、外网之间构建一道保护屏障，以确保用户资料与信息的安全性。所谓“防火墙”，实质上是一种将内部网络与公众访问网（如 Internet）隔离的方法（见图 2-26），它基于现代通信网络和信息安全技术，为专用网络与公用网络的互联环境提供了安全保障，特别是在接入 Internet 网络时显得尤为重要。

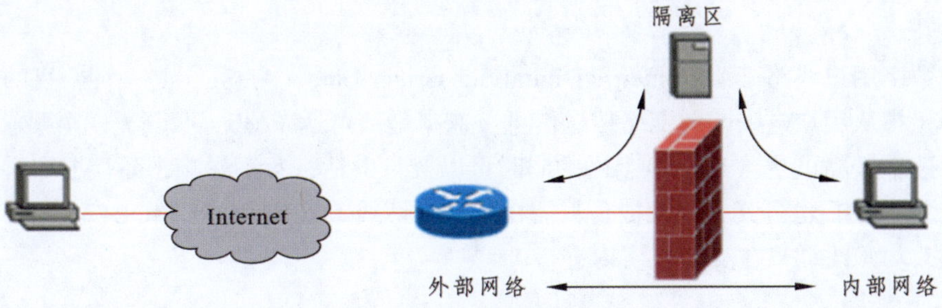

图 2-26　防火墙技术示意图

防火墙作为网络通信的访问控制尺度，其主要功能是阻止网络中的潜在威胁访问内部网络。它设置在不同网络（如企业内部的可信任网络与外部的公共网络）或网络安全域之间，作为信息的唯一出入口。根据企业的安全策略，防火墙可以控制信息的出入（允许、拒绝或监测），并具备强大的抗攻击能力。在逻辑上，防火墙既是分离器，又是限制器和分析器，它有效地监控内部网与 Internet 之间的所有活动，确保内部网络的安全。

作为现代网络安全防护技术的核心组成部分，防火墙技术可以有效地抵御外部侵扰和威胁。根据其工作原理和特性，防火墙主要分为过滤型防火墙、应用代理类型防火墙和复合型防火墙。这些不同类型的防火墙在保护网络安全方面发挥着重要作用。

二、连接网络

网络接入技术是网络中与用户相连的最后一段线路上所采用的技术，接入技术已成为网络技术的一大热点，为了提供端到端的宽带连接，宽带接入是必须要解决的一个问题。

连接网络

（一）因特网的接入方式

接入因特网的方式多种多样，一般都是通过提供因特网接入服务的 ISP 接入因特网，主要接入方式如下。

1. 局域网接入

目前，许多单位都已将局域网与 Internet 连接，使得局域网用户能够直接通过局域网接入 Internet。局域网接入的一大优势在于其传输容量大，能够提供高速、高效、安全且稳定的网络连接，极大提升了用户的网络体验。如今，不仅企事业单位，连许多住宅小区也开始利用局域网提供宽带接入服务，为居民提供更为便捷的上网方式。

2. 电话拨号接入

电话拨号入网可分为两种：一是个人计算机经过调制解调器和普通模拟电话线，与公用电话网连接；二是个人计算机经过专用终端设备和数字电话线，与综合业务数字网（Integrated ServiceDigital Network，ISDN）连接。通过普通模拟电话拨号入网的方式数据传输能力有限，传输速率较低（最高 56 kb/s），传输质量不稳，上网时不能使用电话。通过 ISDN 拨号入网的方式信息传输能力强，传输速率较高（128 kb/s），传输质量可靠，上网时还可使用电话。

3. ADSL 接入

非对称数字用户线路（Asymmetric Digital Subscriber Line，ADSL）是一种新兴的高速通信技术。其上行（指从用户电脑端向网络传送信息）速率最高可达 1 Mb/s，下行（指浏览 www 网页、下载文件）速率最高可达 8 Mb/s。上网的同时可以拨打电话，互不影响，而且上网时不需要另交电话费。安装 ADSL 也极其方便快捷，只需在现有电话线上安装 ADSL MODEM 即可，而用户现有线路无须改动（改动只在交换机房内进行）。

4. Cable Modem 接入

基于有线电视的线缆调制解调器（Cable Modem）接入方式可以达到下行速率 8 Mb/s、上行速率 2 Mb/s 的高速率接入。要实现基于有线电视网络的高速互联网接入业务还要对现有的 CATV 网络进行相应的改造。基于有线电视网络的高速互联网接入系统有两种信号传送方式，一种是通过 CATV 网络本身采用上、下行信号分频技术来实现，另一种通过 CATV 网传送下行信号，通过普通电话线路传送上行信号。

（二）典型家庭上网连接方式

目前，家用网络线路入户的类型主要有电话线、光纤和网线，下面分别介绍对于不同的入户线路，路由器、计算机和宽带线的接线方法。

1. 光纤入户

运营商提供的入户线路为光纤，需要配合光调制解调器（俗称光猫）使用，按照以下方式进行连接，这也是目前使用最广泛的连接方式，其连接方式如图 2-27 所示。

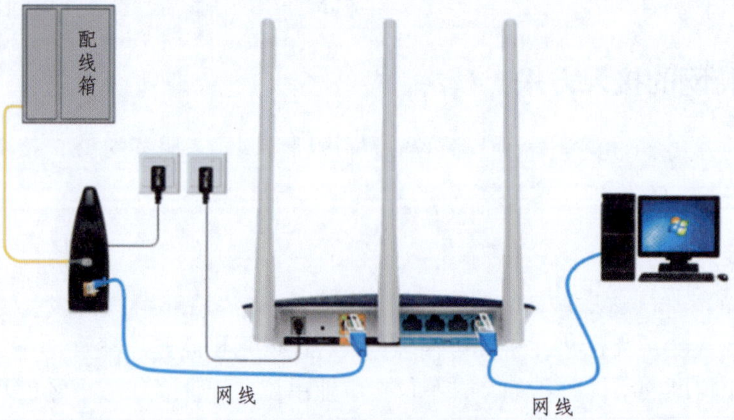

图 2-27　光纤入户连接方式

2. 电话线入户

运营商提供的入户线路为电话线，需要配合 Modem（猫）使用，使用较多的是中国电信的宽带线路，按照图 2-28 所示方式连接。

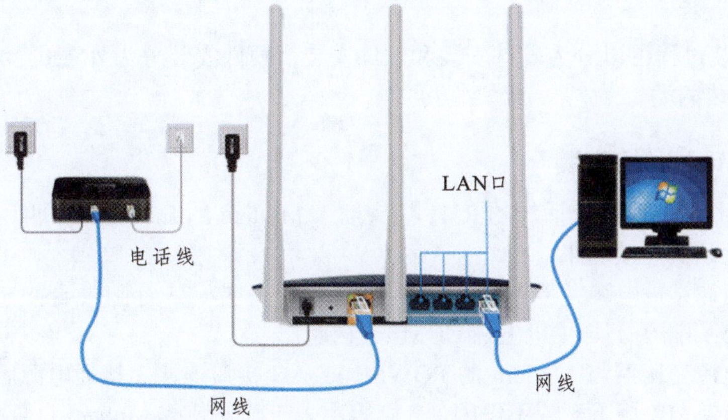

图 2-28　电话线入户连接方式

注意：如果有电话线分离器，请将入户电话线接入分离器后再连接 Modem。

这种方式在没有通光纤的地区是最常见的连接方式。

3. 网线入户

这种方式下，运营商（如电信宽带）或小区宽带通过网线直接给用户提供服务，连接方式如图 2-29 所示。

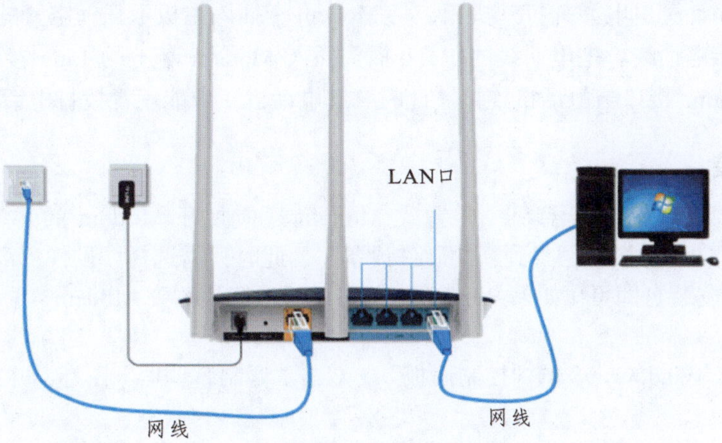

图 2-29　网线入户连接方式

这种方式又叫作小区宽带，一般是非电信运营商提供的，通常较为便宜，但网络稳定性可能不太理想。

实践体验

调制解调器的安装方法

Modem 的安装过程可以分为硬件安装和软件安装，硬件安装分为外置式 Modem 的安装和内置式 Modem 的安装两类。

1. 外置式 Modem 的安装

第一步：连接电话线。将电话线的 RJ11 插头插入 Modem 的 Line 接口，再用电话线将 Modem 的 Phone 接口与电话机连接起来。

第二步：关闭计算机电源，将 Modem 所配的电缆的一端（25 针阳头端）与 Modem 连接，另一端（9 针或者 25 针插头）与主机上的 COM 口连接。

第三步：将电源变压器与 Modem 的 POWER 或 AC 接口连接。接通电源后，Modem 的 MR 指示灯应长亮。如果 MR 灯不亮或不停闪烁，则表示未正确安装或 Modem 自身故障。对于带语音功能的 Modem，还应把 Modem 的 SPK 接口与声卡上的 Line In 接口连接，当然也可直接与耳机等输出设备连接。

另外，Modem 的 MIC 接口用于连接驻极体麦克风，但出于音质和稳定性的考虑，通常建议将麦克风直接连接到计算机的声卡上，以获得更好的音频效果。

2. 内置式 Modem 的安装

第一步：根据说明书的指示，设置好有关的跳线。由于 COM1 与 COM3、COM2 与 COM4 共用一个中断，因此通常可设置为 COM3/IRQ4 或 COM4/IRQ3。

第二步：关闭计算机电源并打开机箱，将 Modem 卡插入主板上任一空置的扩展槽。

第三步：连接电话线。把电话线的 RJ11 插头插入 Modem 卡上的 Line 接口，再用电话线把 Modem 卡上的 Phone 接口与电话机连接。此时拿起电话机，应能正常拨打电话。

3. 软件安装

硬件安装完成后，打开计算机（外置式 Modem 还应打开 Modem 的开关）。对于大多数 Modem，Windows 98 会报告“找到新的硬件设备”，此时只需选择“硬件厂商提供驱动程序”，并插入 Modem 的安装盘即可。如果 Windows 98 启动后未能侦测到 Modem，也可以按以下步骤完成安装：

第一步：进入 Windows 98 的“控制面板”，双击“调制解调器”图标，并在属性窗口中单击“添加”按钮。

第二步：选中“不检测调制解调器，而将从清单中选定一个”，然后单击“下一步”。

第三步：在 Modem 列表中选择相应的厂商与型号，然后单击“下一步”，或者插入 Modem 的安装盘后，选择“从磁盘安装”即可。要验证 Modem 是否安装成功，可使用 Windows 98 附件中的电话拨号程序随便拨打一个电话，如果拨号成功，说明 Modem 已被正确安装。对于上网用户，还需要安装拨号网络和协议。

讨论交流

讨论 1：日常的网络设备保养是不可忽视的重点，俗话说的“六防”指的是什么？

讨论 2：调制解调器上有很多的指示灯，分别代表什么含义？

任务 2.4 网络工具

随着家庭宽带网络和无线 5G 网络的迅速普及，网络平台上的创新应用不断涌现，这些多样化的网络工具和平台极大地改变了我们利用网络工具进行学习、交流、协作和生活的方式，显著缩短了现实与网络之间的距离，使得网络世界与现实生活更加紧密相连。

学习目标

✧ 能够运用网络工具进行信息资料的传送、同步与共享。
✧ 初步掌握网络学习的类型与途径，具备数字化学习能力。
✧ 了解网络对生活的影响，能够熟练运用生活类网络工具。

职业素养

✧ 引导学生深入了解云存储、网络学习以及网络生活在不同场景中的应用，以培养学生主动运用信息技术工具优化日常生活的积极态度，从而增强其信息意识。
✧ 通过引导学生探索网络学习的内容与模式，旨在增强学生的自主性和协作性，能够更加主动地运用互联网进行学习和交流。
✧ 使学生更深刻地理解网络对社会的影响，提高他们的分辨能力，增强网络安全意识，进一步强化对信息社会的责任。

任务实施

随着科技的不断进步，各大科技公司纷纷推出了创新的服务平台。例如，中国电信、腾讯、百度等企业推出了云存储平台，为用户提供安全、便捷的云端存储服务；网易等公司也推出了云笔记平台，助力用户实现随时随地的笔记记录与分享；微信平台等社交媒体工具也在不断发展和优化，为人们提供了更加便捷、丰富的社交和信息服务。这些平台不仅极大地提升了数据存储和管理的效率，也逐步改变了人们的工作、生活和学习习惯。

一、云存储

云存储

云存储（Cloud storage）是一种基于云计算概念发展而来的在线存储模式。云计算作为分布式处理、并行处理和网格计算的演进形态，通过网络将庞大的计算任务自动拆解为无数个小型子程序，并交由由多部服务器构成的庞大系统进行处理分析，最终将结果回传给用户。这种技术使得网络服务提供者能够在极短时间内处理数以千万计甚至亿计的信息，提供与“超级计算机”相媲美的网络服务。

简而言之，云存储是将存储资源放置在云端，供用户随时随地进行存取的一种新型解决方案。用户可以通过任何联网设备，在任意时间、任意地点方便地访问和存储数据。云盘架构如图2-30所示。

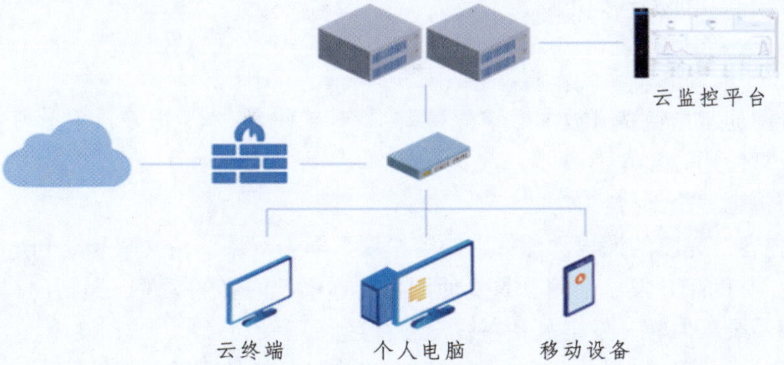

图 2-30 云盘架构图

云存储具有以下优势：

（1）可以实现自动化和智能化，所有的存储资源被整合到一起，客户看到的是单一存储空间。

（2）提高了存储效率，通过虚拟化技术解决了存储空间的浪费，可以自动重新分配数据，提高了存储空间的利用率，同时具备负载均衡、故障冗余功能。

（2）能够实现规模效应和弹性扩展，降低运营成本，避免资源浪费。

二、网络学习

所谓网络学习，就是指通过计算机网络进行的一种学习活动，它主要采用自主学习和协商学习的方式进行。

相对传统学习活动而言，网络学习有以下三个特征：一是共享丰富的网络化学习资源；二是以个体自主学习和协作学习为主要形式；三是突破了传统学习的时空限制。

与面对面交流相比，网络交互具有一系列独特的特性：

（1）高度的空间和时间灵活性：网络交互打破了地理限制，使得学习者和教师无须在同一地点也能进行交流。同时，它也具有相对的时间灵活性，小组学习可以在约定的时间范围内进行。

（2）文本主导的特性：基于网络的讨论主要依赖于文本，这导致了身体语言、目光接触、手势和模仿等非语言交流信息的缺失，而这些都是面对面交流的重要组成部分。

（3）持久性：网络交互具有显著的持久性。学习者讨论的观点被保存在数据库中，可以随时被提取、重复使用，并持续激发学习者的思考。

（4）技术依赖性：技术媒体是网络交互中不可或缺的中介。通过技术媒体，远程教育能够将时空分离的师生重新连接起来，实现教与学的过程。不同的媒体在交互中扮演不同角色，可以根据交互需求选择适合的媒体，如异步交互、同步交互、文本交互或音视频交互等。

（5）对任务的依赖性：网络交互能否有效支持协作学习及对媒介在交互方面的要求，很大程度上取决于要协作完成的具体任务。对于信息收集、资源共享等任务，计算机网络异步交互是理想的媒介；而对于复杂的任务，特别是需要谈判或解决冲突时，同步网络交互或面对面交流可能更为有效。

（6）开放性：网络支持平台可以方便地设置讨论区，向学习者开放，既可以设置为仅供浏览，也可以允许学习者参与讨论，这体现了网络交互的开放性。

网络学习常用的几种形式如下。

1. 利用开放教育资源

开放教育资源通常指免费开放的数字化材料，教育工作者、学生以及自主学习者可以在教学、学习和研究中反复使用。

这里的资源包含三个部分：

（1）学习内容：完整的课程、课件、内容模块、学习对象、论文集和期刊。

（2）工具：有助于开发、使用、重复使用及传递学习内容的软件，包括内容的搜索与组织、内容与学习管理系统、内容开发工具和在线学习社区。

（3）实施资源：促进材料公开发布的知识产权许可，最佳实践的设计原则和本地化内容。

2. 利用付费学习资源

在线付费课程越来越多地得到人们的认可，通过内容提供者和运营者的设计，课程获得途径多样、内容形式丰富，以知识服务为核心，帮助用户完成知识升级。

3. 远程指导

远程指导是为求学者提供远程辅导和个性化学习支持。简单来说，就是突破了时间和地域的限制，针对学习者进行辅导的一种教育模式。通过网络平台，辅导教师可以在任何时间、任何地点进行辅导。这种模式往往借助于在线教学平台，应用也越来越广泛。

三、网络生活

网络生活

随着网络世界的发展，网络生活逐渐成为人们生活的一部分。一般来说，网络生活包括的范围很广，狭义地讲就是上网；广义地讲包括和网络有关的所有非正式工作内容，如网上聊天、打游戏、看电影等。近年来比较流行的“宅一族”人群，大部分都是以网络生活为主要生活内容。

1. 网络金融

网络金融又称为电子金融，从狭义上讲是指在国际互联网（Internet）上开展的金融业务，包括网络银行、网络证券、网络保险等金融服务及相关内容；从广义上讲，网络金融就是以网络技术为支撑，在全球范围内的所有金融活动的总称，它不仅包括狭义的内容，还包括网络金融安全、网络金融监管等多个方面。

网络金融不同于传统的以物理形态存在的金融活动，它是存在于电子空间中的金融活动，其存在形态是虚拟化的、运行方式是网络化的。它是信息技术特别是互联网技术飞速发展的产物，是适应电子商务发展需要而产生的网络时代的金融运行模式。

电子银行系指在银行与客户间，通过网络连线或 Internet 传输金融资讯与交易，主要包括网上银行、电话银行等。电子银行借助个人电脑、自动提款机等工具提供服务，缩短银行与客户间的距离，并同时达到提高效率的目的。支付宝和微信支付就是国内知名的第三方支付工具。

广义的电子金融服务主要包括以下 4 个方面的内容：

（1）电子银行，又称为网上银行，是借助计算机和互联网技术为客户提供全面、实时的银行服务。相较于传统银行，网上银行是一种创新的银行服务方式或企业组织形式，为客户带来更加便捷和高效的体验。

（2）网上保险，指的是保险公司或专业的网上保险中介机构利用互联网和电子商务技术来支持其保险经营管理活动。这种形式使得保险业务更加灵活和高效，便于客户随时随地进行保险查询、购买和理赔等操作。

（3）电子化的资本市场，主要体现在现代信息技术在资本市场，特别是证券市场的广泛应用。这涵盖了各种证券电子交易系统、网上经济业务、电子通信网络，以及网上公开发行和相关综合信息服务等多个方面，极大地提升了市场的透明度和交易效率。

（4）网上个人理财，是指利用 Internet 技术为客户提供一系列的个人理财服务。这包括理财信息查询、理财分析工具、个性化的理财计划制定，以及理财投资工具的交易服务等，旨在帮助客户更好地管理和增值自己的财富。

提供上述服务的主体包括：网上银行、网上保险及中介、网上券商，以及那些专注于提供个人理财信息增值服务的网络服务公司等。

2. 网上购物

网上购物，是指通过互联网搜索和浏览商品信息，然后提交电子订购单以表达购买意愿。在订购过程中，消费者需要提供个人支票账户或信用卡的详细信息以完成支付。一旦订单确认，厂商会选择邮寄方式或直接通过快递公司将商品送至消费者指定的地址。

在我国，网上购物的付款方式多样，其中最常见的是款到发货，即消费者通过直接银行转账或在线汇款的方式先行支付，随后商品才会发货。此外，还有担保交易方式，如货到付款，即在收到商品后再进行支付。

值得一提的是，为了保护消费者权益，中国国家工商总局于 2014 年 3 月 15 日颁布了《网络交易管理办法》。根据该办法，消费者在购买商品后，享有在 7 天内无理由退货的权利，这为网上购物提供了更加坚实的法律保障。

下面讲讲网购的一些技巧。

购买前：

（1）利用网购导航进行购物，以便更快捷地找到所需商品和可靠的网店。

（2）选择网店时，务必与卖家进行充分的沟通，提出你的疑问和需求。同时，观察店铺首页是否带有 ITM（Interactive Trading Mode，互动交易模式）标识，并确认其是否提供 OVS（Open vSwitch，一款基于软件实现的虚拟化以太网交换机）服务，这些都能为你提供额外的购物保障。

（3）在购买商品时，确保付款人与收款人的资料填写准确无误，以避免在收发货过程中出现任何错误或延误。

（4）当使用银行卡付款时，建议不要在卡里存放过多的金额，以防不诚信的卖家擅自扣除过多款项。

（5）若遭遇欺诈或其他侵权行为，你可以在网上寻找网络警察或相关机构进行投诉和处理。

购买中：

（1）看：仔细查看商品图片，注意分辨是否为商业照片或实物拍摄。注意图片上的水印和店铺名，以防范图片被其他店家盗用。同时，再次确认店铺是否带有 ITM 标识，并确认其 OVS 服务。

（2）问：通过向卖家询问产品相关问题，你可以了解他们对产品的了解程度以及他们的服务态度。一个态度良好、对产品有深入了解的卖家将为你提供更好的购物体验。

（3）查：查看店主的信用记录以及其他买家对此产品或相关产品的评价。中差评尤其需要关注，并仔细阅读店主对这些评价的解释。这将帮助你更全面地了解商品的真实情况。

买家自助购物流程如图 2-31 所示。

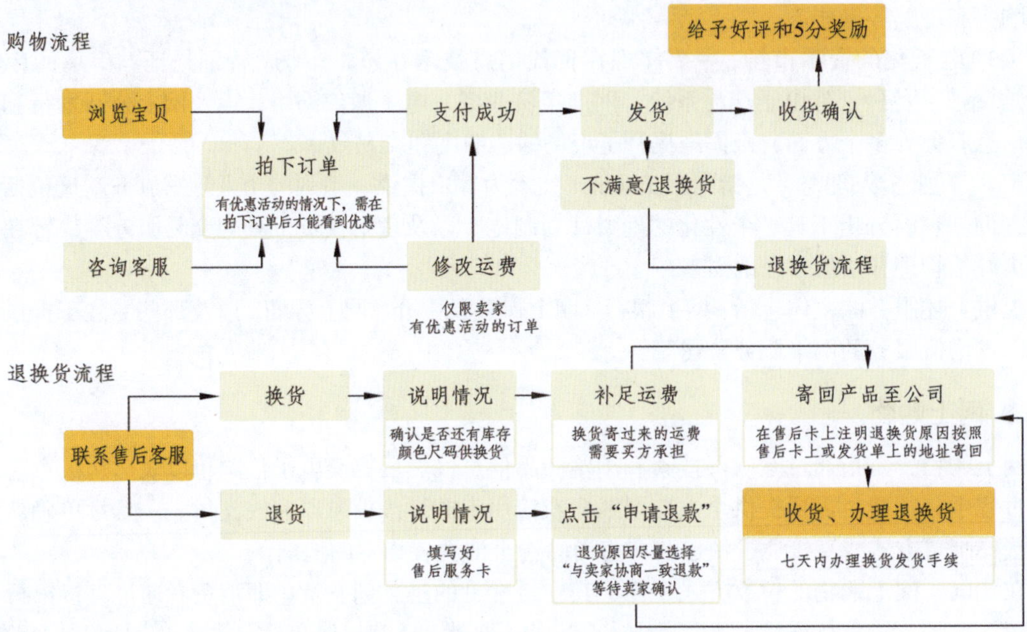

图 2-31　买家自助购物流程

3. 网上求职

网上求职是指求职者利用计算机网络进行求职的方式。这种方法要求求职者具备一定的计算机操作知识，以便充分利用网络的便捷性和互动性。

网上求职的首要步骤是在各大人才网站上搜集信息，浏览与自身专业相关的招聘公告。一旦发现感兴趣的职位，求职者应记录下该单位人事部门的电子邮件地址和官方网址。如果该单位拥有自己的网站，求职者可进一步访问以深入了解其内部情况，再决定是否通过电子邮件发送个人简历。

此外，许多人才网站都提供个人简历发布的功能。为了扩大求职机会，求职者可以选择将自己的简历发布在网上，以便潜在雇主能够更快地联系到你。这样做将使求职者处于更为主动的地位，提高求职成功的概率。

4. 网上生活

网络中提供了众多与人们日常生活紧密相连的服务，涵盖了交通出行、旅游餐饮等多个领域。

地图和出行类应用软件为人们的交通出行带来了极大的便利。根据出行的具体情况和需求，人们可以选择不同的方案以提高出行效率。例如，进行中远距离出行时，可以根据行程安排提前在线购买机票、火车票或大巴车票，确保行程的顺畅。而近距离出行时，可以通过网上查询公交车的实时路线、预约出租车或网约车等方式，灵活选择最适合自己的交通方式。更进一步，对于短途出行，共享单车成为了一个便捷、环保的选择，满足了人们短途出行的快速、低碳需求。

此外，旅游类应用软件和网站的出现也为人们的生活带来了极大的便利。它们提供了信息查询、产品预订以及服务评价等一系列功能，使旅游消费者能够在出行前、出行中和出行后都能享受到互联网带来的优质服务。这些平台不仅方便了人们的生活，还丰富了人们的旅游体验。

实践体验

如何使用云存储

云储存简单来说就是把数据资料由互联网传输到网络服务器云端进行相关储存服务，那么具体如何使用云存储？下面以百度网盘为例介绍有关云存储使用经验以供参考。

1. **登录注册**

通过百度搜索或者直接输入网站地址打开百度网盘，同时注册登录该网站（见图 2-32）。

图 2-32　登录百度

2. **文档选择栏**

进入百度网盘后，可以看到如图 2-33 所示的文档栏（云存储文件夹）和回收站（清理不用的资料）。

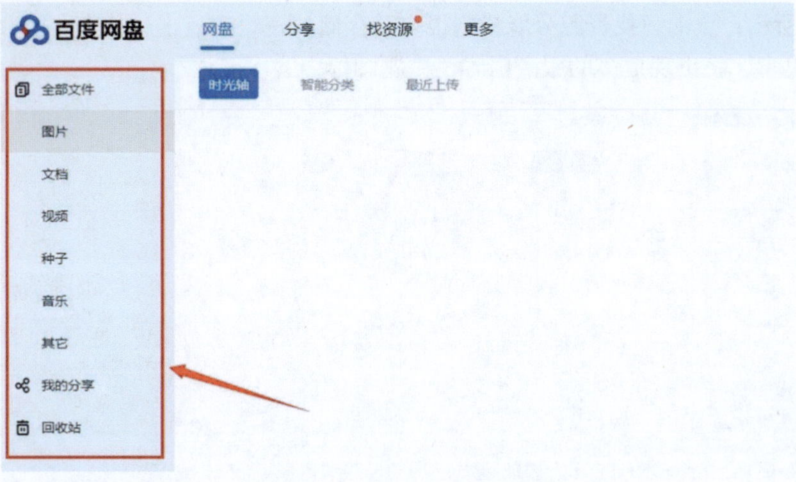

图 2-33　进入百度网盘

3. 数据上传云储存

如图 2-34 所示，在百度网盘主界面上点击“上传”，选择上传文件，完成上传后可在“云存储文件夹”找到该资源。

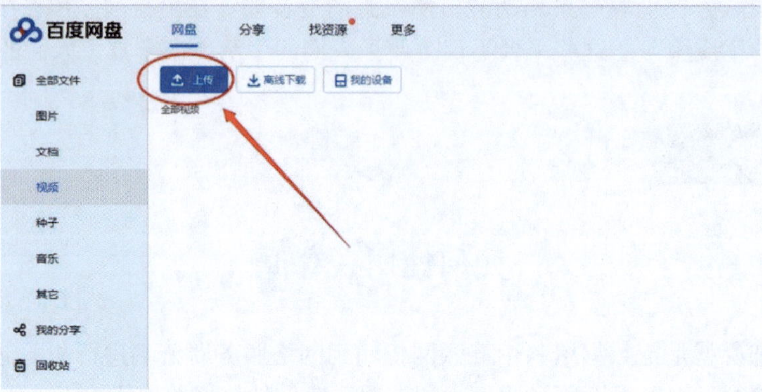

图 2-34　上传文件

4. 下载云存储内容

如图 2-35 所示，在“云存储文件夹”选择资源，点击“下载”图标即可进行文件下载。

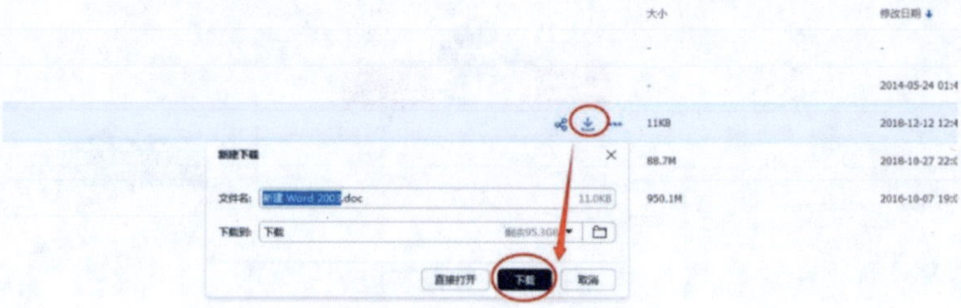

图 2-35　下载文件

5. 查找和分享资源

如图 2-36 所示，点击“找资源”能找到很多云存储的资料，点击“分享”能共享你的云存储资源，点击“更多”将出现更多的服务内容（主题图标内容）。

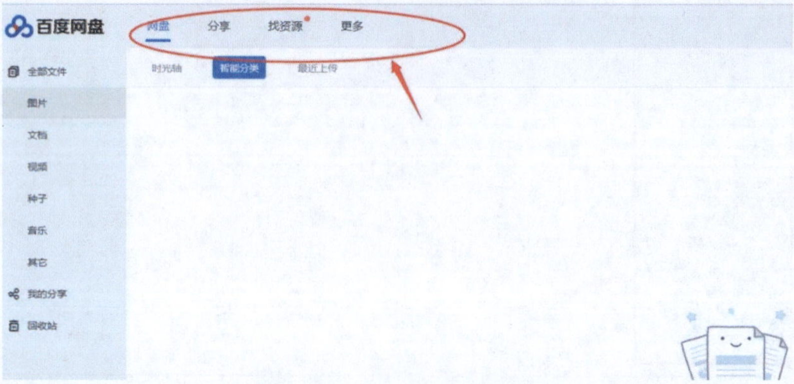

图 2-36　查找和分享资源

6. 其他云服务

在百度网盘主界面右上角有“客户端下载”“会员中心”等按键（见图 2-37）。加入会员后能享受到更优质的云存储服务，如更大的云存储容量和在线观看视频服务等。

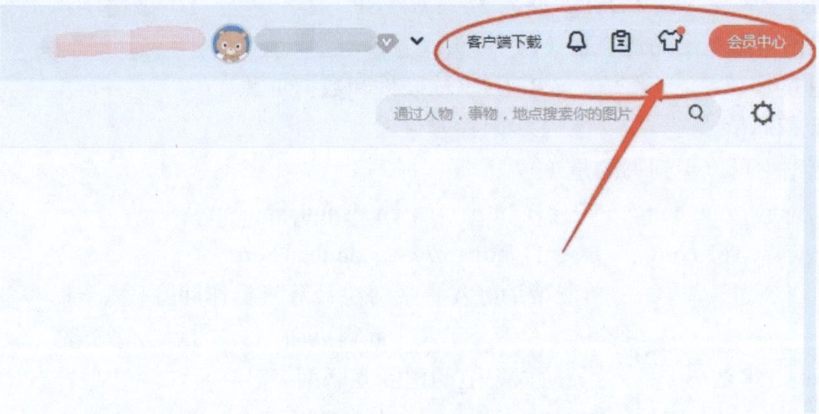

图 2-37　其他云服务

讨论交流

讨论 1：云存储技术在安防领域应用会存在哪些问题？

讨论 2：在网络购物发达的今天，它存在哪些陷阱？如何才能更好地保护自己？

单元测试

一、选择题

1. Internet 的意译为（　　）。

A. 中国电信网　　B. 国际互联网

C. 中国金桥网　　D. 中国科教网

2. 电子邮件地址的一般格式为（　　）。

A. 域名@用户名　　B. IP 地址@域名

C. 用户名@域名　　D. 域名@ IP 地址名

3. 下面可提供云存储服务的是（　　）。

A. 微云　　B. 百度贴吧　　C. 迅雷　　D. Foxmail

4. Internet 的前身是（　　）。

A. 令牌环网　　B. Intranet　　C. LAN　　D. ARPANET

5. 网上购物平台类型很多，淘宝网属于（　　）。

A. C2B　　B. C2C　　C. B2B　　D. B2C

6. 下面属于网络交易第三方支付工具的是（　　）。

A. 银联在线支付　B. 工行网上银行　C. 建行网上银行　D. 支付宝

7. 下面为即时通信工具的有（　　）。

A. Express　B. ADSL　C. PSP　D. 微信

8. 计算机网络最突出的优点是（　　）。

A. 运算速度快　B. 共享软硬件和数据资源

C. 可以互相通信　D. 内存容量大

9. 下面网站中可以买到书的是（　　）。

A. http：//www.sohu.com　B. http：//www.dangdang.com

C. http：//www.163.com　D. http：//www.douban.com

10. QQ 上可通过（　　）功能帮助好友直接解决计算机操作问题。

A. 音频　B. 视频　C. 远程桌面　D. 分享屏幕

11. Internet 是建立在（　　）协议集上的国际互联网络。

A. IPX　B. NetBEUI　C. TCP/IP　D. AppleTalk

12. 下面不属于计算机网络应用的是（　　）。

A. 电子邮件的收发

B. 用“写字板”写文章

C. 用计算机传真软件远程收发传真

D. 用浏览器浏览“上海热线”网站

13. 网上银行是（　　）上的虚拟银行柜台，功能实现同真实银行柜台一致。

A. WAN　B. LAN　C. Internet　D. Intranet

14. 下列选项中，（　　）是将单个计算机连接到网络上的设备。

A. 显示卡　B. 网卡　C. 路由器　D. 网关

15. 管理计算机通信的规则称为（　　）。

A. 网络操作系统　B. 介质　C. 服务　D. 协议

16. 城域网英文缩写是（　　）。

A. LAN　B. WAN　C. MEN　D. MAN

17. 对于计算机网络，以下说法正确的是（　　）。

A. 只要接入了计算机网络，网络信息的共享没有任何限制

B. 计算机网络是由通信线路连接多台计算机以及相关的硬件设备组成的

C. 目前在计算机网络中传输的都是文本信息，其他类型的信息传输时容易丢失

D. 网络之间的连接必须是同类型的网络，不同类型的网络目前还无法连接

18. 在 OSI 参考模型中，（　　）处于最高层。

A. 传输层　B. 网络层　C. 数据链路层　D. 应用层

19. 用双绞线组成的局域网最常用到（　　）拓扑结构。

A. 星形　B. 环形　C. 树形　D. 总线

20. 环形拓扑结构最适合的传输介质是（　　）。

A. 光纤　B. 同轴电缆　C. 双绞线　D. 无线电

二、填空题

1. WWW 又称__________，中文称为_____________。

2. 目前较常用的宽带上网方式有_______________、_______________两种方式。

3. 常见的网上购物平台有_____________、_____________、_____________和 O2O。

4. Modem 是_____________________的简称。

5. 小区宽带一般指的是____________+_____________的形式。

6. 网络金融就是网络技术和____________的相互结合，包括____________、_____________、网上支付、网络证券和_____________等。

7. 网络速度中的 1 Kb/s=_____________b/s。

8. 计算机网络是____________与____________相结合的产物。

9. OSI 的中文含义是________________。

10. 目前，因特网上使用最广泛的应用是________________。

三、判断题

1. 建立计算机网络的目的只是为了实现数据通信。(　　)

2. 计算机网络拓扑定义了网络资源在规律上或物理上的连接方式。(　　)

3. 对于利用调制解调器接入到 Internet 上的小型用户来说，进入 Internet 需要通过 ISP 来实现。(　　)

4. 计算机网络按通信距离只能分为广域网、城域网。(　　)

5. TCP/IP 协议是一组国际网协议，用于实现不同的硬件体系布局和各种操作系统的互联。(　　)

6. 文件传输服务是 Internet 中最早供给的服务功能之一。(　　)

7. 由于因特网上的 IP 地址是唯一的，所以每个人只能有一个 Email 账号。(　　)

8. 当你在网上修改密码时，密码可以由全部字母组成。(　　)

9. 电子商务是 Internet 上新兴的商业模式。(　　)

10. 上网速度取决于所用的 Modem，Modem 速度越快，上网速度也就越快。(　　)

四、简答题

1. 结合生活实际，写出淘宝网购物流程，如果需要退换货需要做哪些处理。

2. 写出至少 3 种搜索引擎地址，并写出用“哈尔滨冰雪大世界”作为关键词进行搜索的步骤。

3. 在“互联网+”时代如何利用网络进行求职？有哪些注意事项？

第三单元

文字处理软件的应用

文字处理软件，顾名思义是一款专门用于处理文字的软件，是常见的办公软件。其主要功能包括文字的格式化、排版以及打印等，文字处理软件的发展和完善是信息社会发展的重要标志之一。

随着时代的进步，文字处理软件的功能愈发强大。除了基本的文字处理功能外，还能轻松插入图形图像、表格等元素，为用户提供了制作图文并茂海报的便利。

目前人们在日常生活中常用的文字处理软件包括：微软公司的 Word、金山公司的 WPS、永中 Office 和开源为准则的 OpenOffice 等。

本章我们将学习运用 Word 进行文字处理、图文混排等操作。

情境导入

一年一度的中考开始了，学校进入了新一轮的招生宣传，小天在看到学校精美的宣传海报后，询问老师是用什么软件制作出来的。老师告诉他，可以采用专业的海报设计软件，如 PS、UI 等，也可以运用 Word 软件制作简单的宣传海报。

于是小天在信息技术课上勤奋练习，终于运用所学知识帮助学校设计了一张宣传海报。

任务 3.1 初识文字处理软件

本项目将了解常用的文字处理软件，了解 Word 2016 的操作界面，掌握 Word 2016 软件的基本操作。

初识 Word 文档

学习目标

- ✧ 了解常用的文字处理软件；
- ✧ 了解 Word 2016 软件的操作界面；
- ✧ 了解 Word 2016 中不同视图的功能。
- ✧ 掌握 Word 2016 的基本操作。

职业素养

- ✧ 了解信息技术在日常生活、学习和工作中的应用。
- ✧ 激发学生的学习兴趣。

任务实施

一、常见的文字处理软件

文字处理软件顾名思义就是可以对文字进行处理的软件，是常见办公软件的一种，一般用于实现文字的录入、编辑、格式化、图文排版、打印等功能。常见的文字处理软件有微软的 Word 和金山办公的 WPS，本章节我们将重点学习运用 Word 2016 进行文字处理。使用该软件创建的文档，默认扩展名为.docx。常见文字处理软件图标如图 3-1 所示。

图 3-1　常见文字处理软件图标

二、Word 2016 的操作界面

Word 2016 的操作界面如图 3-2 所示。

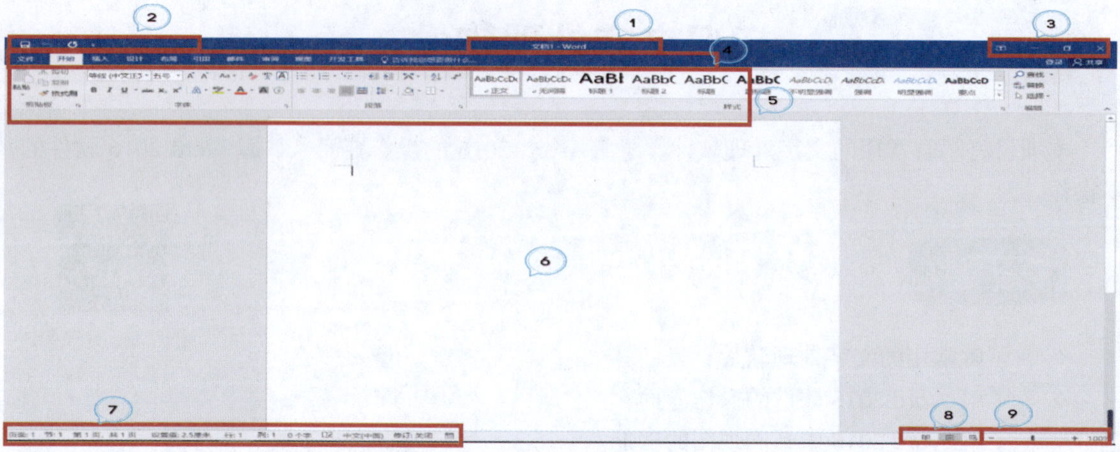

图 3-2　Word 2016 软件界面

（1）标题栏：显示当前文档的名称。

（2）快速访问工具栏：包含一些常用操作的命令按钮，比如保存、撤销等，用户可以根据自己的需求进行自定义。

（3）窗口控制按钮：用于对于当前窗口进行最大化、最小化、关闭等操作。

（4）选项卡：在以前的版本中称为菜单栏，包含了用户使用 word 软件时需要的几乎所有功能。“开始”选项卡是我们最常用的选项卡，且选项卡是动态的，例如我们插入表格后，会出现“表格设计”和“布局”选项卡。

（5）功能区：选择不同的选项卡，会对应出现相应的功能区，是一些命令按钮的组合。

（6）用户编辑区：界面中最大的空白区域，是我们的主要工作区，用户进行文字录入、编辑、插入图片、表格等都在此区域完成。

（7）状态栏：用于显示文档信息，比如文档中共有几页、字数等。

（8）视图切换区：通过单击视图切换区的按钮，可以切换视图模式。

（9）显示比例：放大或缩小编辑区。

小贴士：Word 文档视图类型

页面视图：Word 文档的默认视图，它的页面与打印时的完全相同，有利于编辑操作。

阅读视图：这个视图是为了方便文档的阅读而设置的，可以调节页面比例等，但不能进行编辑。

Web 版式视图：以网页的形式查看文档。

大纲视图：以大纲的形式查看文档，便于检查文档结构。

草稿视图：快速编辑文本，但是不会显示页眉和页脚等信息。

三、Word 2016 的基本操作

（一）新建文档

Word2016 基本操作

方法一：打开软件后，在开始界面选择“空白文档”即可创建一个新的文档。也可按照实际需求，选择软件中提供的其他模板创建文档（见图 3-3）。

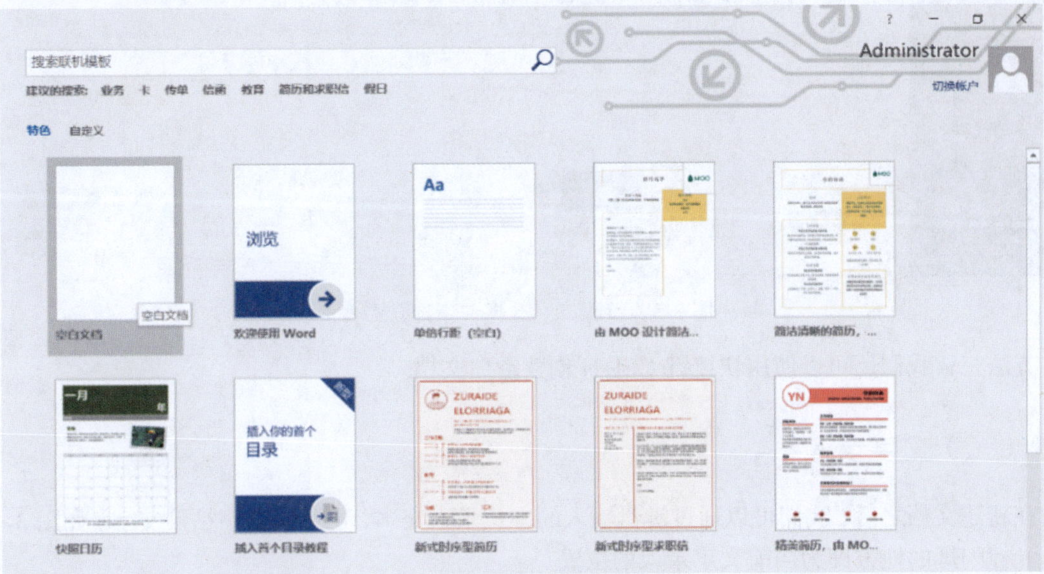

图 3-3　在“开始”界面新建文档

方法二：如果在 Word 2016 中已经打开文档，我们可以在“文件”菜单中选择“新建”命令，进行新文档的创建，如图 3-4、图 3-5 所示。

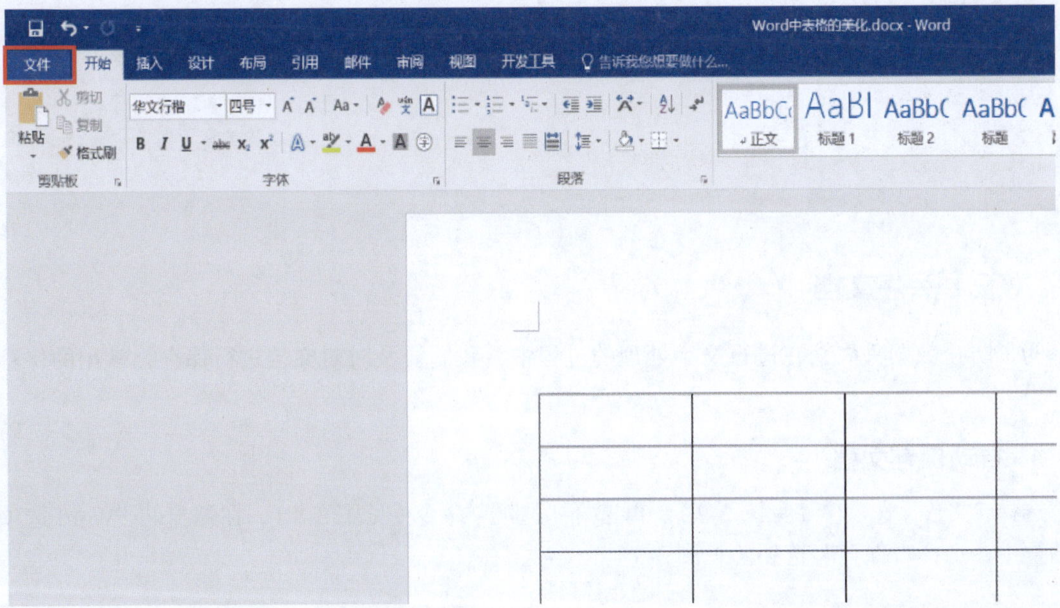

图 3-4　步骤一：点击“文件”菜单

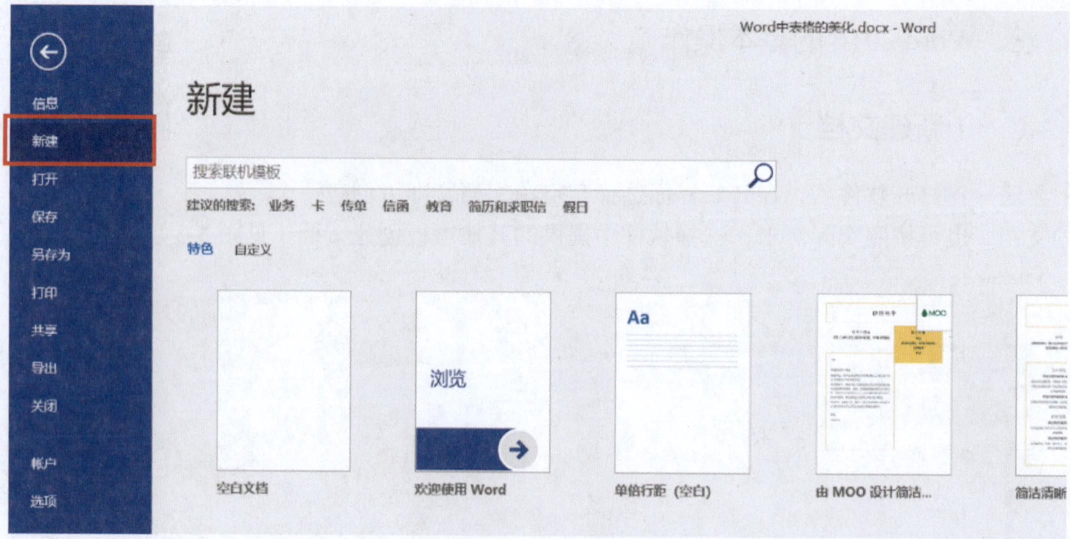

图 3-5　步骤二：选择“新建”命令

方法三：我们还可以使用快捷键 Ctrl+N 创建空白文档。

（二）文字录入

在新建文档之后，我们可以通过键盘输入的方式录入文本，也可以复制粘贴文字。如图 3-6 所示，光标闪烁的地方即为当前文字录入的位置。

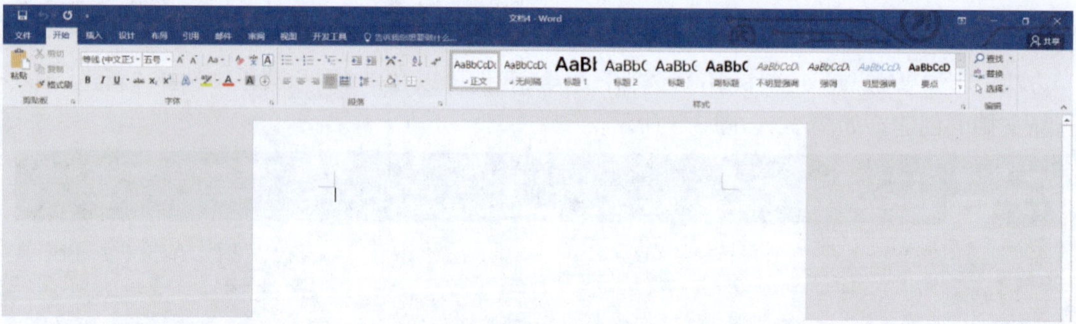

图 3-6　文字录入

（三）保存文档

为了防止数据丢失，在进行文字处理的过程中，我们要及时对文档进行保存，常用的保存方法如下。

1. 自动保存文档

选择“文件”选项卡（见图 3-7），再选择“选项”命令（见图 3-8），在弹出的“Word 选项”对话框中，选择“保存”选项（见图 3-9）。

图 3-7　选择“文件”选项卡

图 3-8　选择“选项”命令

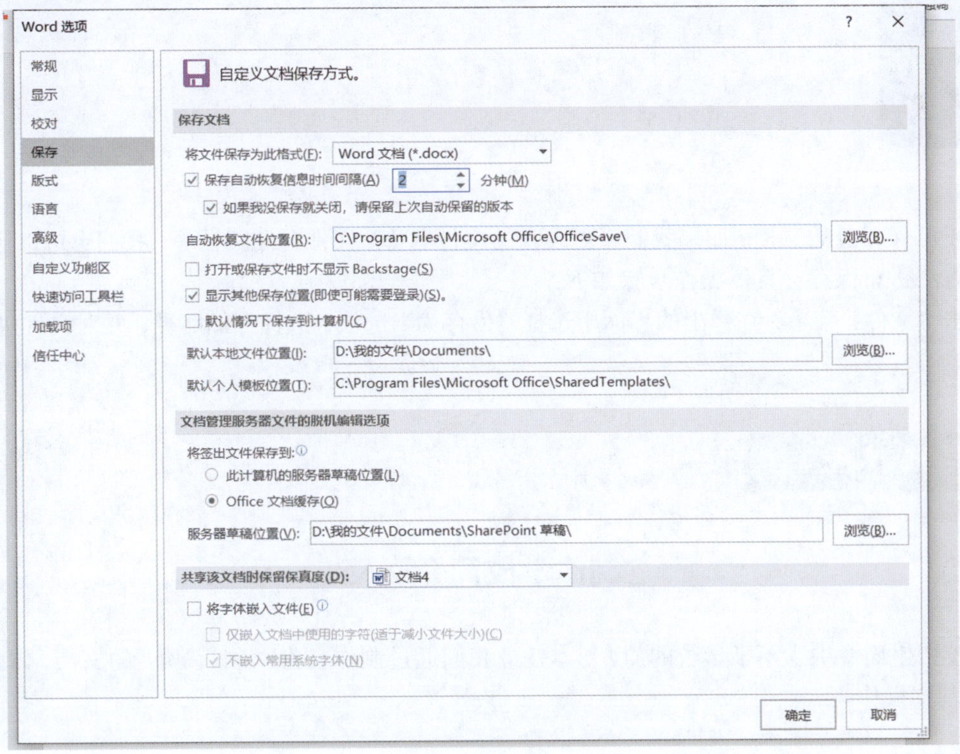

图 3-9　选择“保存”选项

设置“保存自动恢复信息时间间隔”并单击确定按钮，设置好时间后，软件会自动进行保存。

2. 保存文档

对于已经存在的文档对其进行再次编辑后，需要对文档进行保存，可以使用快捷键 Ctrl+S 或者单击“快速访问工具栏”中的“保存”按钮进行保存；也可以单击“文件”菜单，选择“保存”命令，其文件名、保存路径等均不变。

3. 另存为文档

对于初次创建、编辑的文档，在进行保存时会自动跳出“另存为”界面（见图 3-10），需要在此界面设置文档的存储路径和文件名。

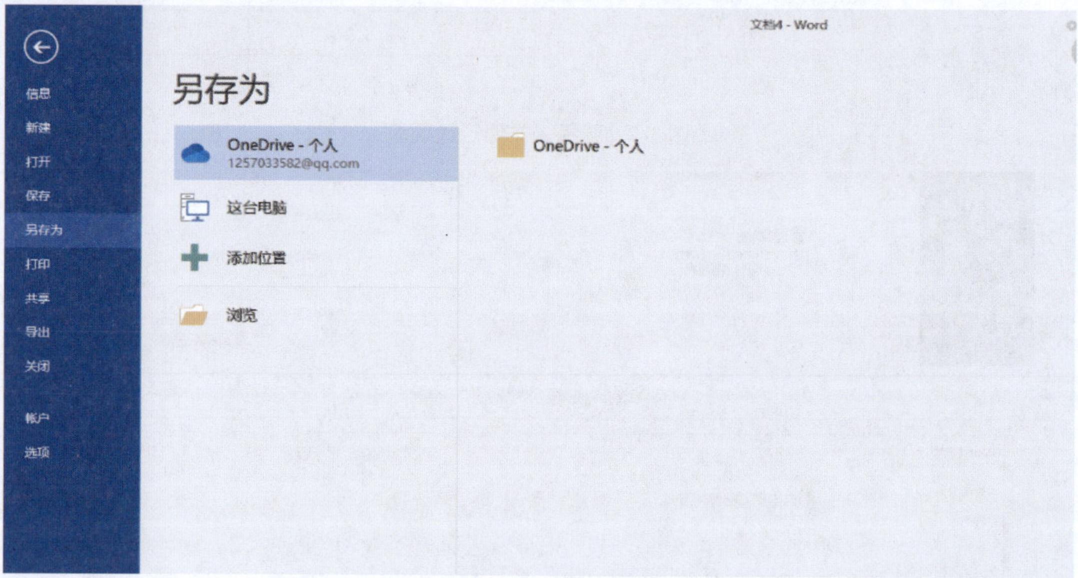

图 3-10 “另存为”界面

对于已保存过的文档，如果我们想更改它的文件名称、文件存储路径等，我们也可以通过“另存为”方法进行保存，具体操作步骤如下：

单击“文件”菜单，在弹出的界面中选择“另存为”选项，选择存储路径，并对文件进行重命名即可。

实践体验

制作学校简介文档

学校招生简章中少不了学校的简介，本任务我们通过制作名为“学校简介”的文档，体验 Word 2016 的基本操作。

1. 新建空白文档

打开软件，在开始界面，选择“空白文档”，新建一个空白的 Word 文档。

2. 复制学校简介文本

打开名为“学校简介”的文本文档，复制其中的文字（见图 3-11）。

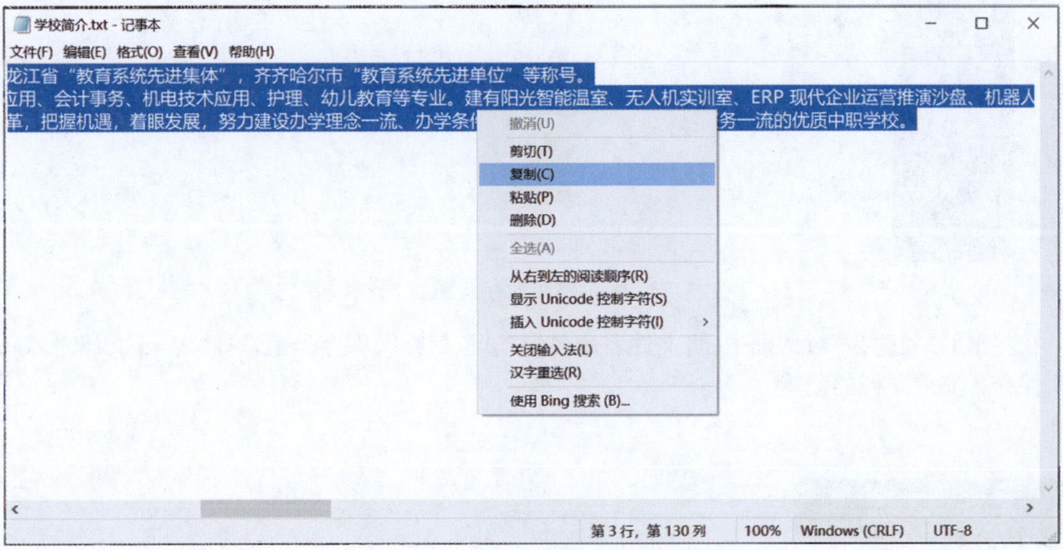

图 3-11　在文本文档中复制文字

返回到 Word 文档中，使用 Ctrl+V 快捷键，将文本复制到 Word 文档中（见图 3-12）。

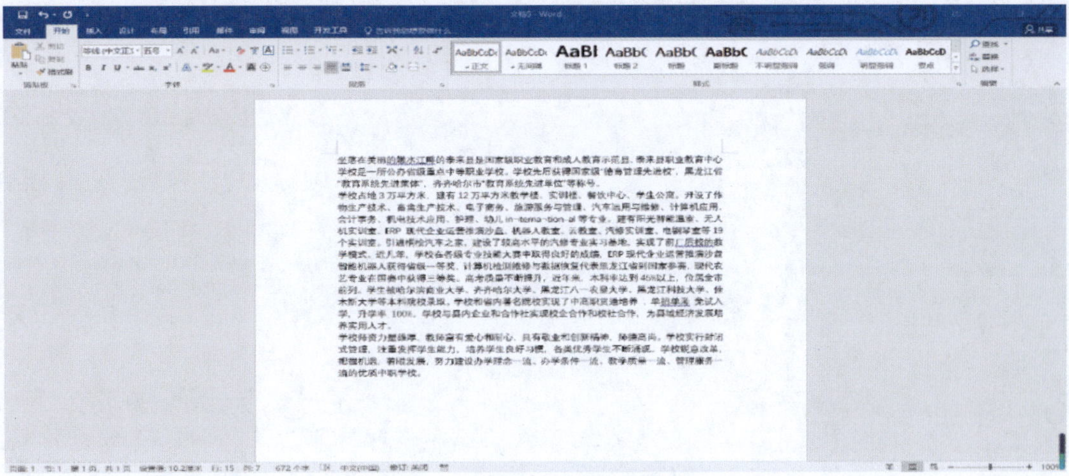

图 3-12　在 Word 文档中粘贴文字

3. 保存文档

单击“文件”菜单，选择“保存”命令，在弹出的“另存为”界面中，选择“这台电脑”，单击“桌面”路径（见图 3-13）。

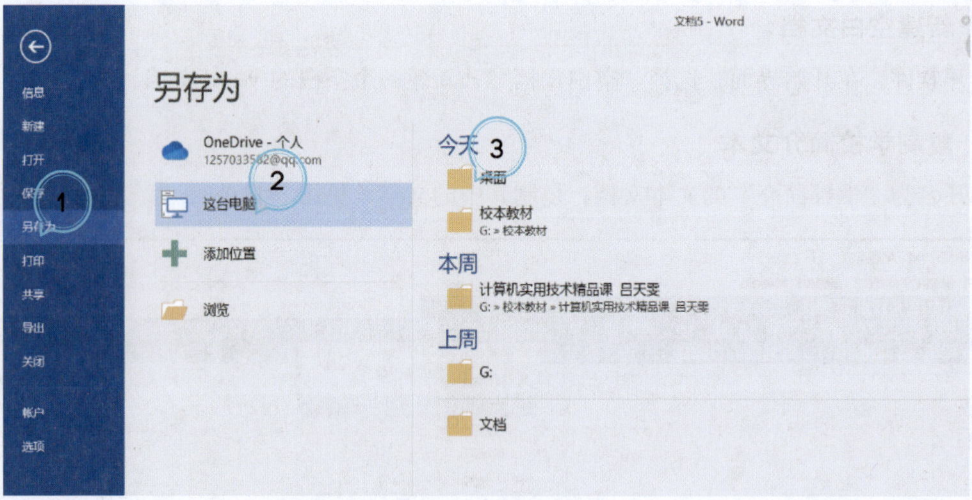

图 3-13　保存文档

在弹出的“另存为”对话框中，将文件名命名为“学校简介”，保存类型选择“Word 文档(*.docx)”，单击保存，完成文档的创建。

讨论交流

讨论 1：请将“学校简介”Word 文档的文件类型更改为 PDF。

讨论 2：文本文档是 Windows 系统中自带的文字处理软件，请讨论文本文档与 Word 文档的区别。

任务 3.2 编辑文档格式

本项目将了解“开始”选项卡中各个功能区的功能，掌握对文档中的内容进行文字格式的设置、段落设置等操作。

学习目标

✧ 了解“开始”选项卡中各个功能区的功能。
✧ 掌握设置文档中文字格式、段落格式的操作。

职业素养

✧ 初步体验文字处理软件的功能。
✧ 激发学生的学习兴趣。

任务实施

一、文本的基本操作

文本的基本操作

1. 文本的选取

如果想对文档中的文字进行格式设置、复制、移动等操作之前，需要先选取相关的操作对象。

（1）选取任意数量的文本：按住鼠标左键，从开始位置拖动到结束位置即可。

（2）选取一行文本：将鼠标指针移动到该行的左侧，当鼠标指针变为 向右的箭头时，单击即可选中一行。

（3）选取一段文本：将鼠标指针移动到该段的左侧，当鼠标指针变为 向右的箭头时，双击即可选中一段，或者在段落中的任意一个位置三击鼠标左键即可。

（4）选取全部文本：使用快捷键 Ctrl+A 或者将鼠标移动到文档的左侧，三击鼠标左键即可。

2. 文本的删除

删除单个字符：按下 Backspace 键可以删除光标前的文字，按下 Delete 键可以删除光标后的文字。

删除多个字符：选中需要删除的文本内容，按下 Backspace 键或 Delete 键均可实现删除。

3. 文本的复制

方法一：选中需要复制的文本，用右键在弹出的快捷菜单中选择“复制”命令，将光标移动至需粘贴文本处，单击右键在弹出的快捷菜单中选择“粘贴”命令。

方法二：选中需要复制的文本，使用快捷键 Ctrl+C 复制文本，将光标移动至需粘贴文本处，使用快捷键 Ctrl+V 粘贴文本。

方法三：选中需要复制的文本，按住 Ctrl 键，将鼠标放至选中文本处，按住鼠标左键拖动到相应位置即可。

4. 文本的查找与替换

在进行文字处理的过程中，我们经常需要快速定位或将文档中多次出现的词语替换为另一个词语，这就使用到了 Word 中的查找和替换功能。

方法一：单击“开始”选项卡，选择编辑功能组中的“替换”或“查找”命令（见图 3-14）。

图 3-14　查找与替换

方法二：使用快捷键 Ctrl+F（替换）或 Ctrl+H（查找），即可打开“查找和替换”对话框（见图 3-15）。

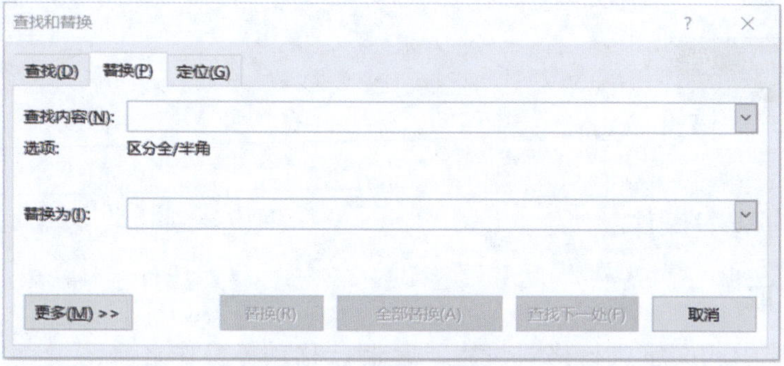

图 3-15　查找和替换对话框

5. 撤销操作与恢复操作

在文字处理过程中如果误操作想要恢复至上一步，可以单击“快速访问工具栏”中的撤销按钮  取消操作；也可以使用快捷键 Ctrl+Z 取消操作。

如果想要恢复撤销的操作，可以单击“快速访问工具栏”中的恢复按钮  进行恢复；也可以使用快捷键 Ctrl+Y 恢复撤销。

二、文档的格式设置

Word 文档中的格式设置一般分为字体格式设置和段落格式设置，需要运用到“开始”选项卡中的“字体”组和“段落”组中的功能按钮。

文档的格式设置

1. 字体格式设置

常见的字体格式设置包括字体、字号、颜色、效果、字形等，主要使用“开始”选项卡“字体”组中的按钮进行设置，如图 3-16 所示。

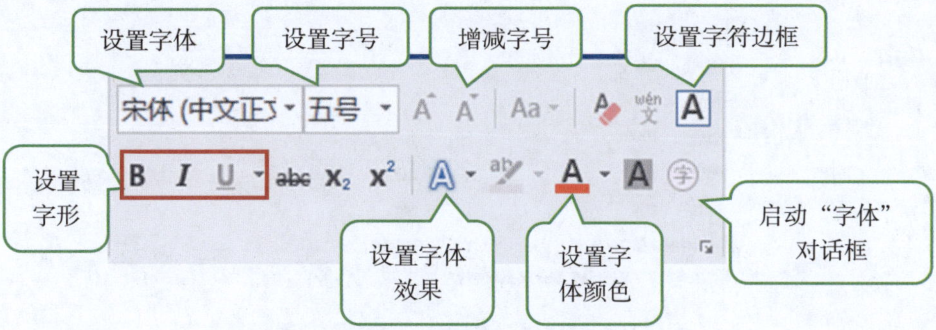

图 3-16　“字体”功能区

在“字体”对话框中也可以对文本格式进行设置，包含“字体”和“高级”两个选项卡。

“字体”选项卡的功能与“字体”组的功能类似，与之相比多了添加“着重号”功能，如图 3-17 所示。

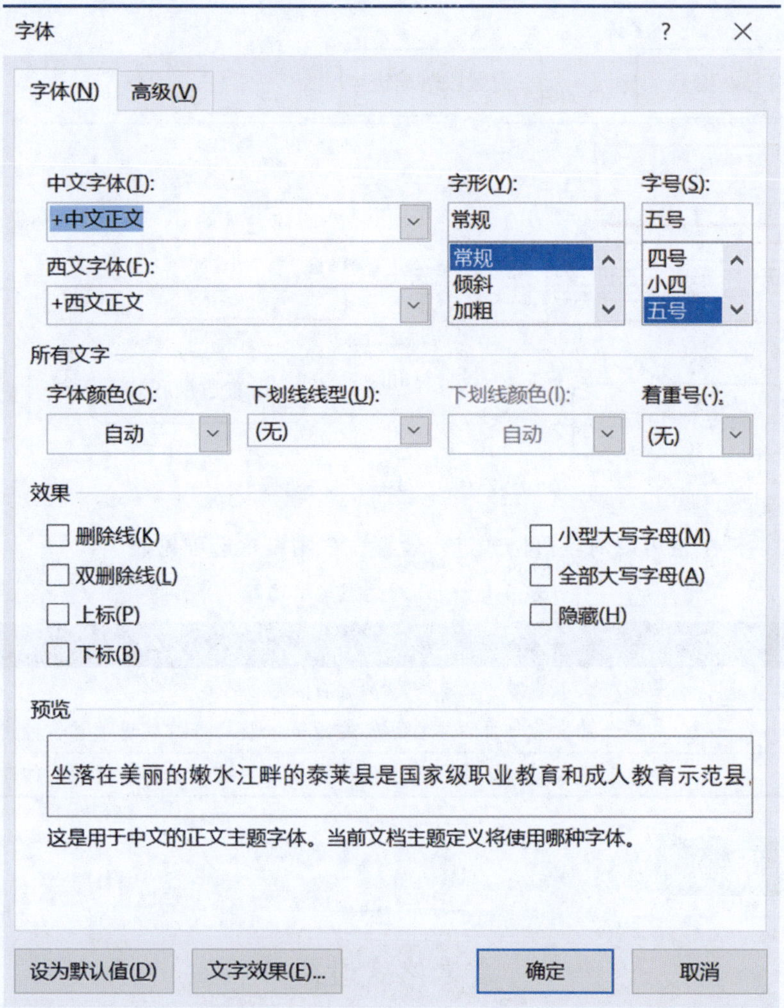

图 3-17　“字体”对话框“字体”选项卡

“高级”选项卡用于调整字符间距，包括缩放、间距、位置等，如图 3-18 所示。

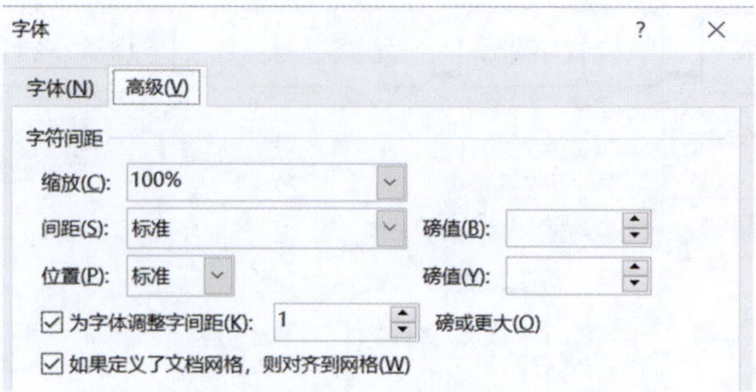

图 3-18　“字体”对话框“高级”选项卡

2. 段落格式的设置

段落格式的设置能够让整个文档看起来更有条理，常用的段落格式设置包括对齐方式、行间距、段落间距、段落缩进等，主要使用“开始”选项卡“段落”组中的按钮进行设置，如图 3-19 所示。

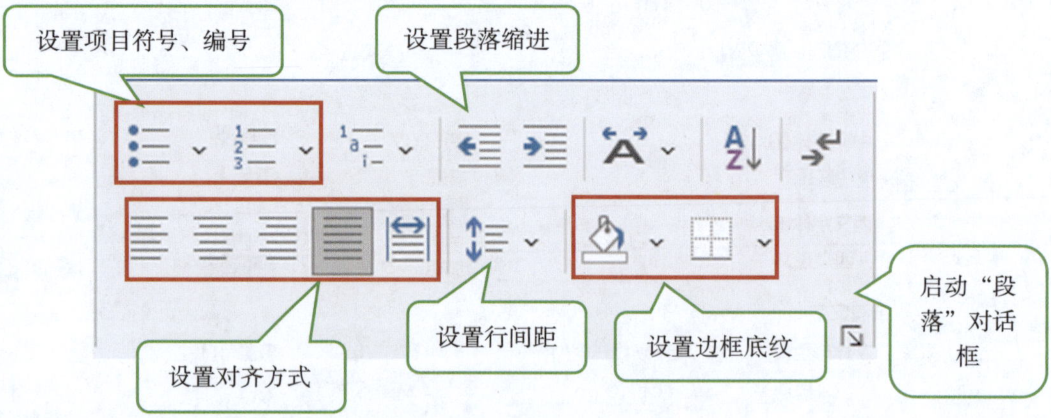

图 3-19　“段落”功能区

“段落”对话框中也可以对段落格式进行设置，常用设置选项见表 3-1。

表 3-1　段落对话框常用功能

名称	功能
常规	主要对文本的对齐方式和级别进行设置
缩进	主要设置段落与页面左右两侧的距离以及特殊的缩进（首行缩进、悬挂缩进）
间距	设置段落之间的距离，包括段前和段后两种以及行与行之间的距离

实践体验

文档格式设置

小天已经完成了“学校简介”文档的制作，但文档的格式不够美观，本任务我们来和小天一起对“学校简介”文档进行格式设置。

1. **打开文档**

在 Word 2016 中打开“学校简介”文档。

2. **替换文字**

单击“开始”选项卡，选择“编辑”组中的“替换”命令，在弹出的“查找和替换”对话框中，将文档中所有的“泰莱”替换为“泰来”，如图 3-20 所示。

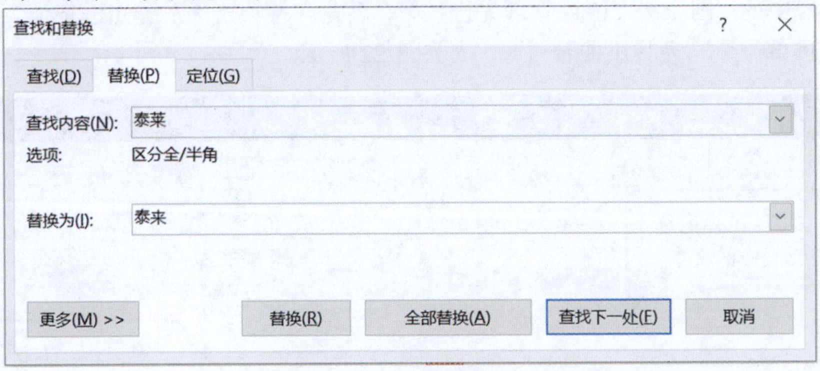

图 3-20　文字替换

具体步骤为：

（1）在“查找内容”中输入“泰莱”。

（2）在“替换为”中输入“泰来”。

（3）单击“全部替换”按钮，完成替换。

3. **设置正文格式**

将正文字体设置为“仿宋”，字号设置为“三号”，行间距设置为“固定值 28 磅”，操作步骤如图 3-21 所示。

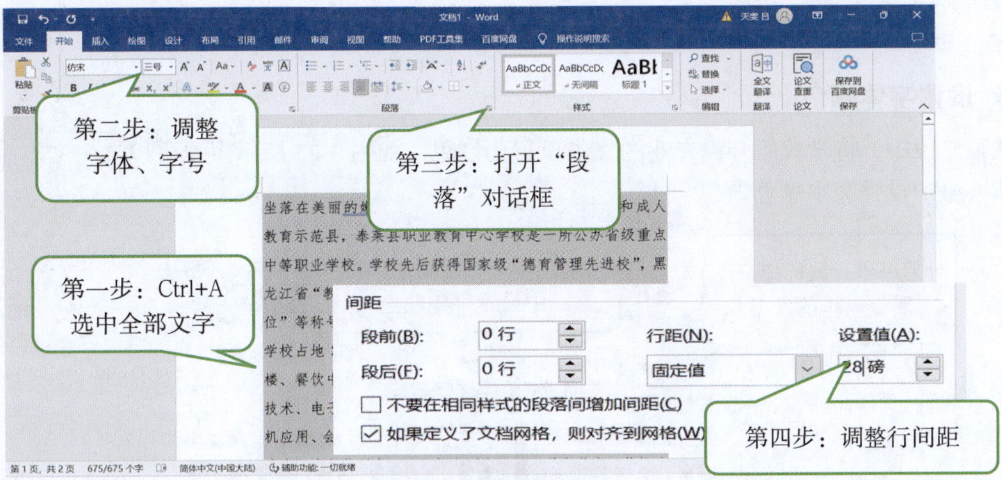

图 3-21　设置正文格式

4. **设置缩进**

设置正文第一段和第三段为首行缩进 2 字符，第二段为悬挂缩进 2 字符。

选中第一段文字，按住 Ctrl 键，从第三段起始位置拖选至结束位置，打开“段落”对话框，在缩进中选择首行缩进，缩进值设置为 2，单击确定即可。

选中第二段文字，打开“段落”对话框，在缩进中选择悬挂缩进，缩进值设置为 2，单击确定即可。

5. 添加着重号

选择第一段中的“国家级‘德育管理先进校’，黑龙江省‘教育系统先进集体’，齐齐哈尔市‘教育系统先进单位’”为其添加着重号，如图 3-22 所示。

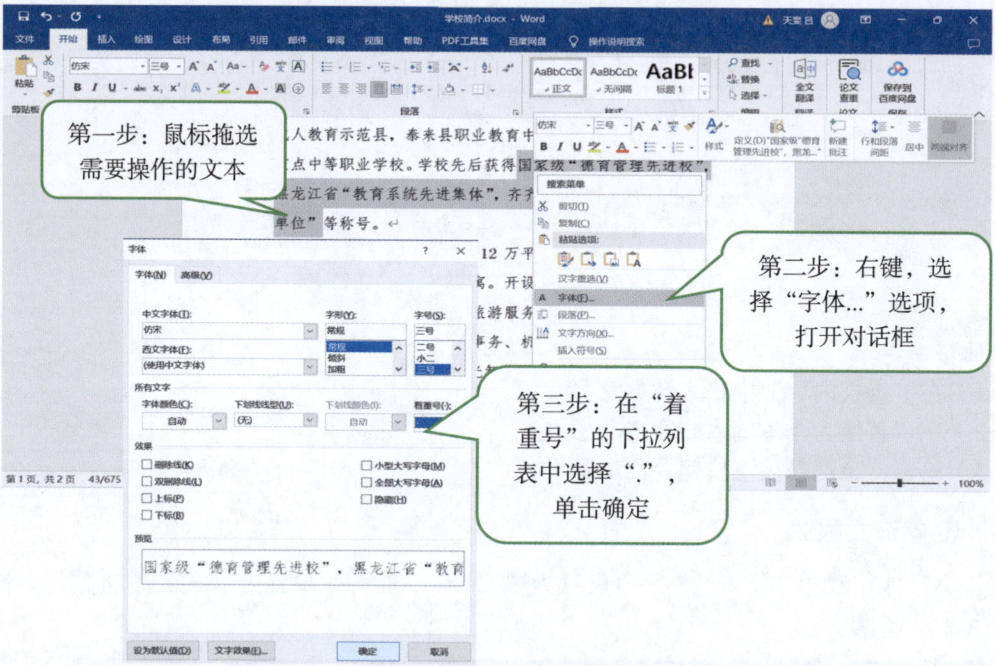

图 3-22　为文字添加着重号

6. 设置字体颜色

在第二段中，将学校所开设专业的文本设置为红色，如图 3-23 所示。也可以选中文本后，在“字体”组中设置文本颜色。

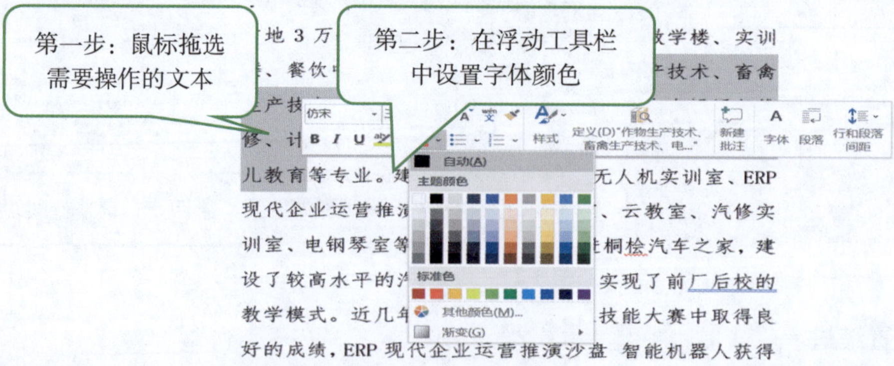

图 3-23　设置字体颜色

7. 添加边框

为第二段中的哈尔滨商业大学等高校名称加上边框，如图 3-24 所示。

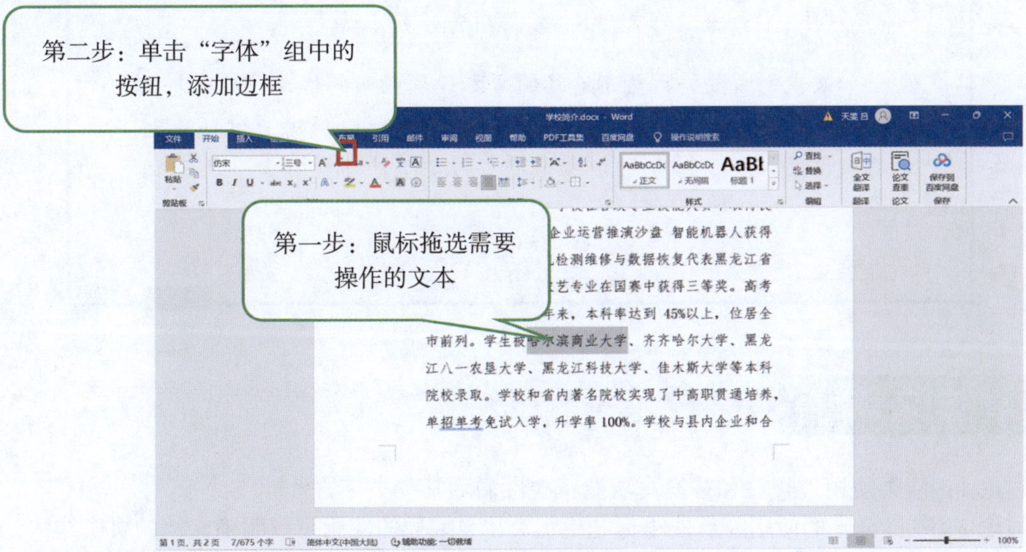

图 3-24　为文字添加边框

以此为例，为其他的高校名字均添加边框，最终效果如图 3-25 所示。

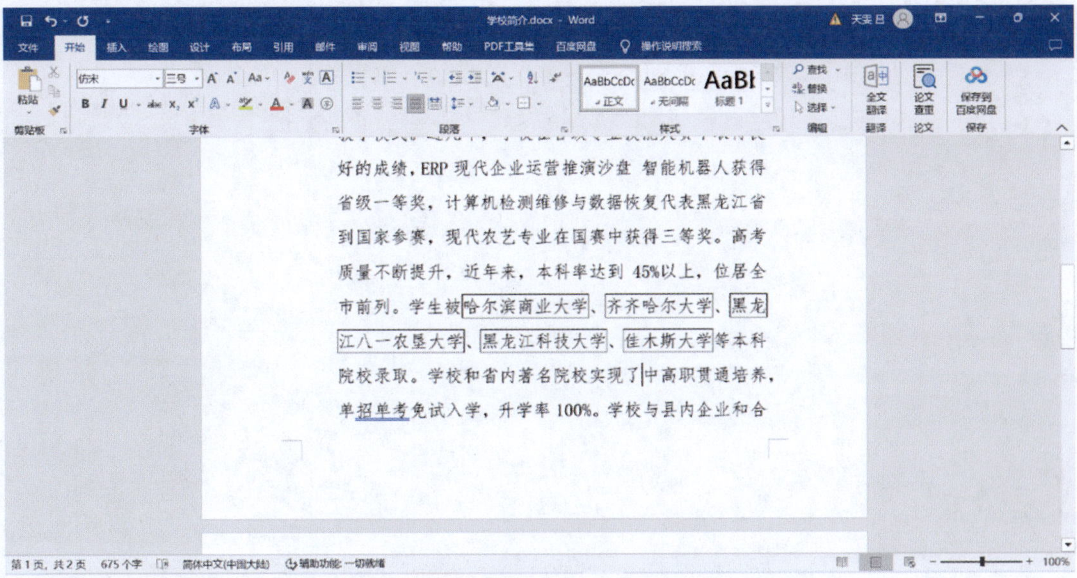

图 3-25　添加文字边框效果图

8. 保存文档

单击“快速访问工具栏”中的保存按钮，保存文档，关闭软件，完成任务。

小贴士：格式刷的使用

如果我们需要将大量不连续的文本设置相同的格式，可以先设置一处，然后使用“开始”选项卡下的格式刷工具完成其他文本的格式设置。

讨论交流

讨论 1：能否使用“查找和替换”功能一次性删除某一类字符？

讨论 2：项目符号的使用能够使小标题更加突出，编号的使用可以明确文档的层次结构，尝试使用这两个功能美化文档。

任务 3.3 表格的应用

本项目将掌握在 Word 文档中插入表格的方法，掌握表格中的基本操作，掌握修改表格、美化表格的方法。

Word 中表格的应用

学习目标

- ✧ 了解行、列、单元格的概念。
- ✧ 掌握 Word 中插入表格的方法。
- ✧ 掌握 Word 表格的基本操作。
- ✧ 掌握 Word 中修改表格的方法。
- ✧ 掌握 Word 中美化表格的方法。

职业素养

- ✧ 培养学生运用所学知识解决实际问题的能力。
- ✧ 激发学生学习信息技术的兴趣。

任务实施

一、表格的基本知识

在多媒体技术盛行的今天，大段的文字通常无法激发人们阅读的欲望，合理地使用图表能够更好地呈现重点内容，让人一目了然。

一个表格通常由行和列构成，行列交叉便形成了单元格，如图 3-26 所示。

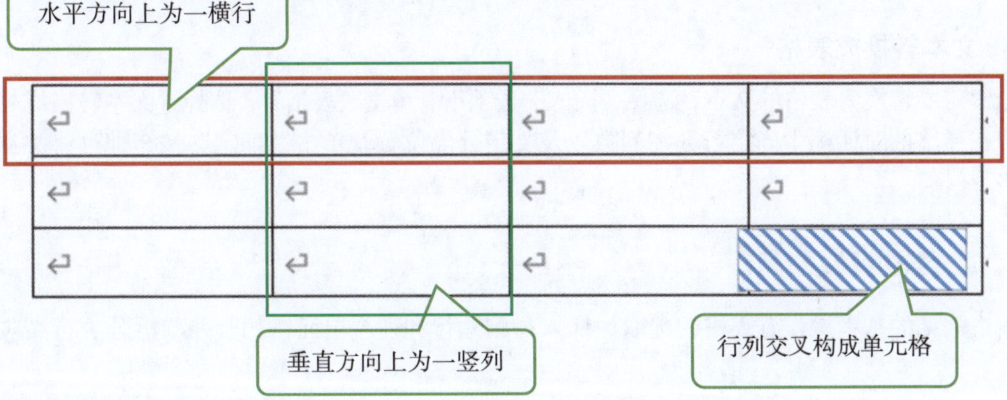

图 3-26　表格的基本知识

二、插入表格的方法

Word 文档中插入表格的方法共有 4 种，主要在“插入”选项卡的“表格”组中。

1. 图示法

单击“插入”选项卡，单击“表格”下拉列表，可以通过鼠标拖选的方式选择行数、列数，创建表格（见图 3-27）。注意使用这种方法最多只能创建出 10 列 8 行的表格。

2. 确定行列数法

单击“插入”选项卡，单击“表格”下拉列表，单击“插入表格...”选项，在弹出的“插入表格”对话框中输入列数、行数，单击“确定”按钮即可创建表格（见图 3-28）。

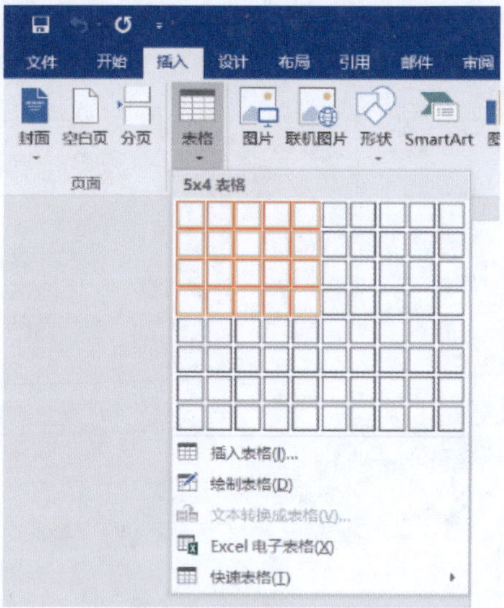

图 3-27　图示法插入表格

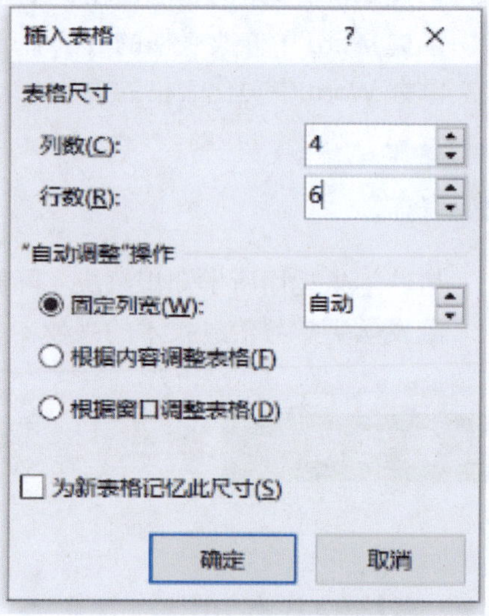

图 3-28　确定行列数插入表格

3. 绘制表格

单击“插入”选项卡，单击“表格”下拉列表，选择“绘制表格”，当鼠标变为铅笔头的样式时，在相应区域拖动鼠标可以绘制出一个大的“单元格”，再拖动鼠标绘制行线、列线即可。

4. 文本转换成表格

选中需要转换为表格的文本，选择“插入”选项卡，单击“表格”，选择“文本转换成表格”选项，在弹出的对话框中确定行数和列数以及文字分隔位置，单击“确定”按钮即可将文本转换为表格。

三、表格的基本操作

表格常见的基本操作有表格的选取、插入与删除行和列、单元格的合并与拆分、行高与列宽的调整。

（一）表格的选取

与文本操作一样，想要对表格进行操作，我们要先选取操作对象。

1. 选取整个表格

将鼠标移动到表格左上角的全选按钮处，当鼠标指针变为 ⊞ 时，单击全选按钮即可选中整个表格。也可以将光标定位在第一个单元格处，按住鼠标左键拖选至最后一个单元格，如图 3-29 所示。

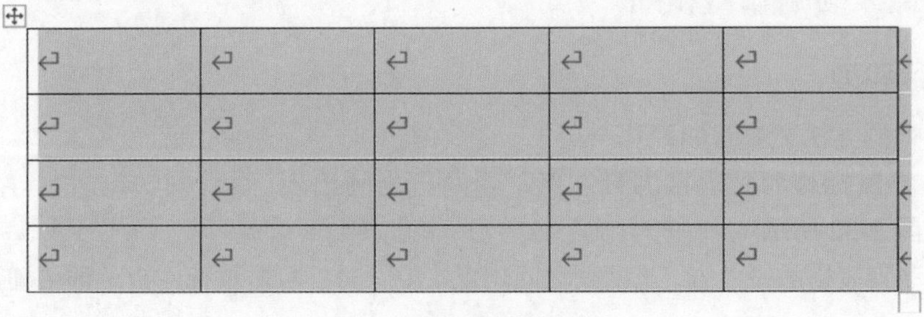

图 3-29　选取整个表格

2. 选取一行

将鼠标移动至该行的左侧，当鼠标指针变为向右的箭头时，单击鼠标左键即可选中一行。也可以将光标定位在第一个单元格处，按住鼠标左键拖选至该行的最后一个单元格，即可选中一行，如图 3-30 所示。

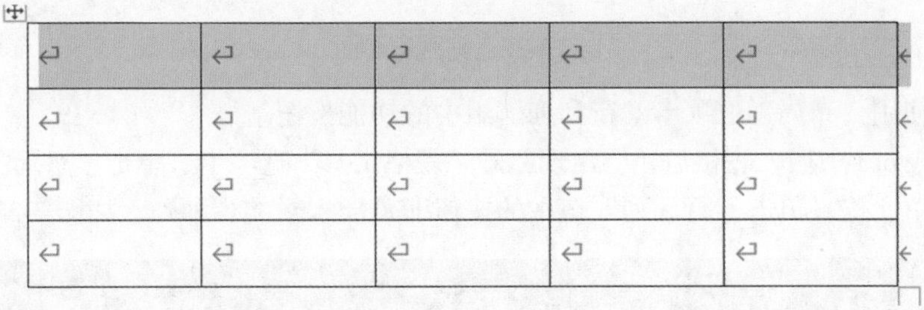

图 3-30　选取一行

3. 选取多行

将鼠标移动至该行的左侧，当鼠标指针变为向右的箭头时，按住鼠标左键，向下拖动即可选取多行，如图 3-31 所示。

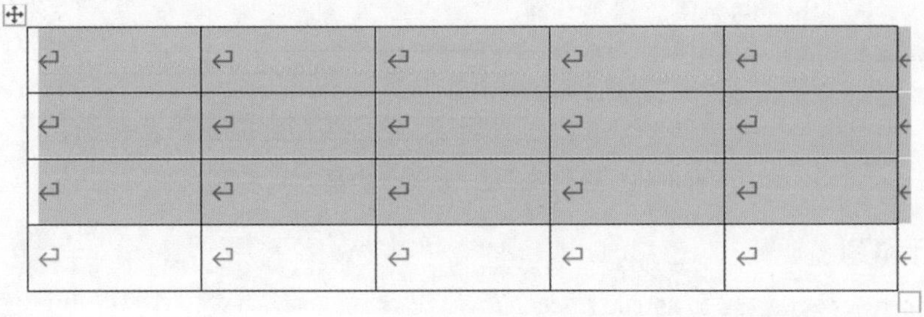

图 3-31　选取多行

4. **选取一列**

将鼠标移动至该列的上方，当鼠标指针变为向下的箭头 ⬇ 时单击鼠标，即可选中一列。

5. **选取多列**

将鼠标移动至该行的上列，当鼠标指针变为向下的箭头 ⬇ 时，按住鼠标左键向右拖动即可选中多列。

（二）插入与删除行和列

1. **插入行和列**

插入行和列的方法主要有两种。

方法一：将鼠标移动到表格的最左侧，当两行之间出现 ⊕ 时，单击鼠标左键，即可插入新的一行，如图 3-32 所示。

将鼠标移动到表格的最上方，当两列之间出现 ⊕ 时，单击鼠标左键，即可插入新的一列。

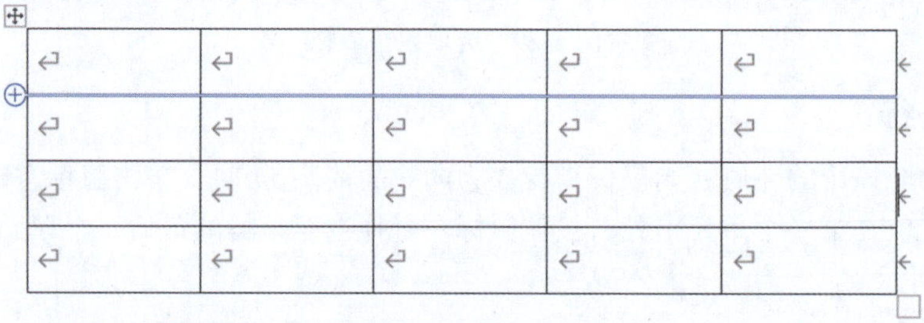

图 3-32　插入行和列

方法二：使用“布局”选项卡“行和列”组中的功能按钮。

当我们在 Word 中插入表格后，会出现新的“表格工具”选项卡，单击“布局”选项卡，将光标定位在某一单元格，单击“行和列”组中的按钮即可插入新的行和列，如图 3-33 所示。

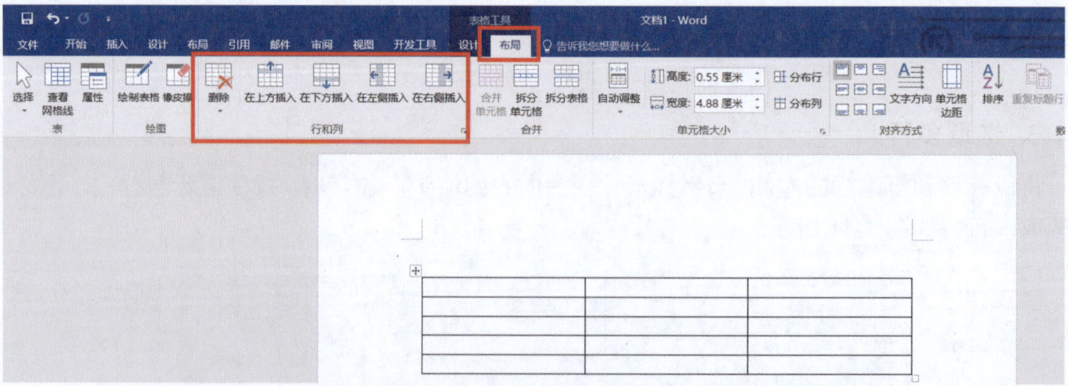

图 3-33　在“布局”选项卡中插入行和列

2. **删除行和列**

删除行和列的方法主要有三种。

方法一：使用快捷菜单，选中需要删除的行或列，单击鼠标右键，在弹出的快捷菜单中选择

“删除行”或“删除列”即可，如图 3-34 所示。

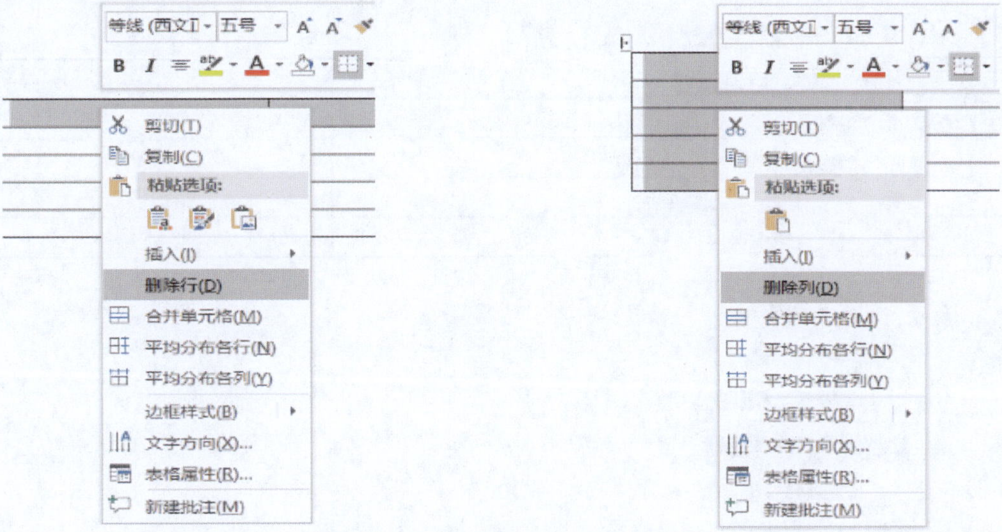

图 3-34　在快捷菜单中删除行和列

方法二：选中需要删除的行或者列，按下键盘上的 Backspace 键即可删除一行或一列。

方法三：选中需要删除的行或者列，单击“布局”选项卡，单击“行和列”组中的“删除”按钮即可，如图 3-35 所示。

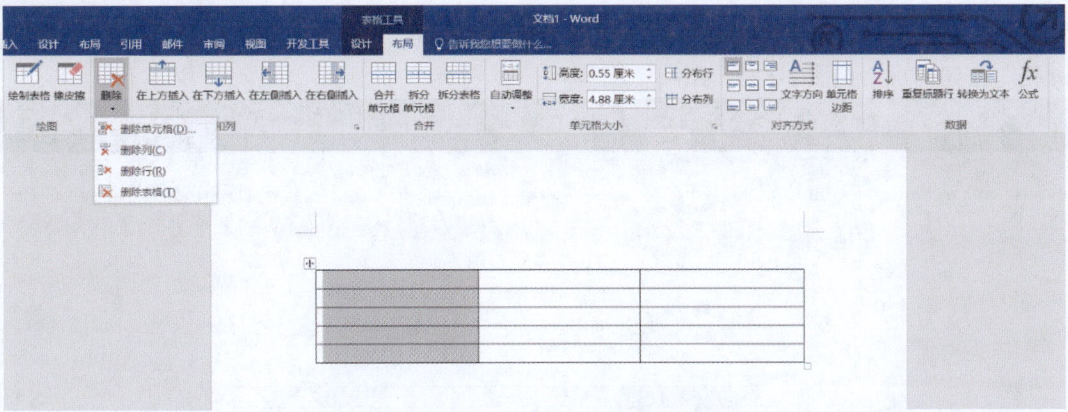

图 3-35　在“布局”选项卡中删除列

（三）单元格的合并与拆分

插入的表格每行和每列的单元格数量均相同，但在日常生活中我们经常会遇到需要将多个单元格合并为一个单元格的情况，或需要将一个单元格拆分为多个单元的情况。

1. 单元格的合并

方法一：在表格中选中需要合并的单元格，单击鼠标右键，在弹出的快捷菜单中选择“合并单元格”命令即可，如图 3-36 所示。

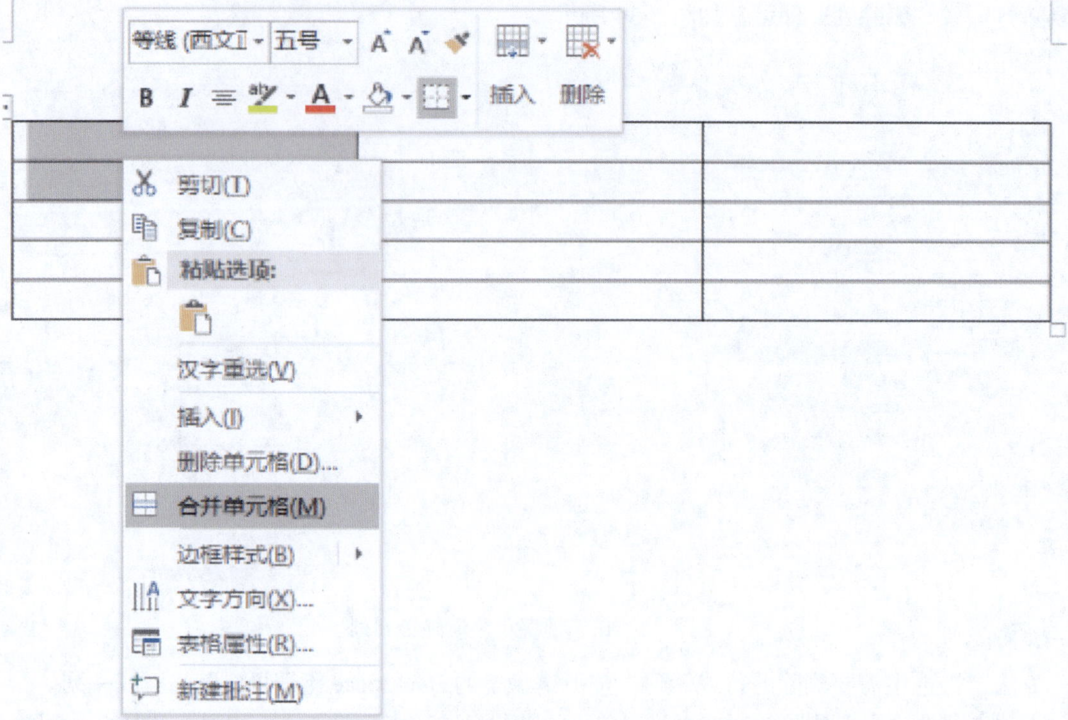

图 3-36 在快捷菜单中合并单元格

方法二：在表格中选中需要合并的单元格，选择“布局”选项卡，单击“合并”组中的“合并单元格”按钮即可，如图 3-37 所示。

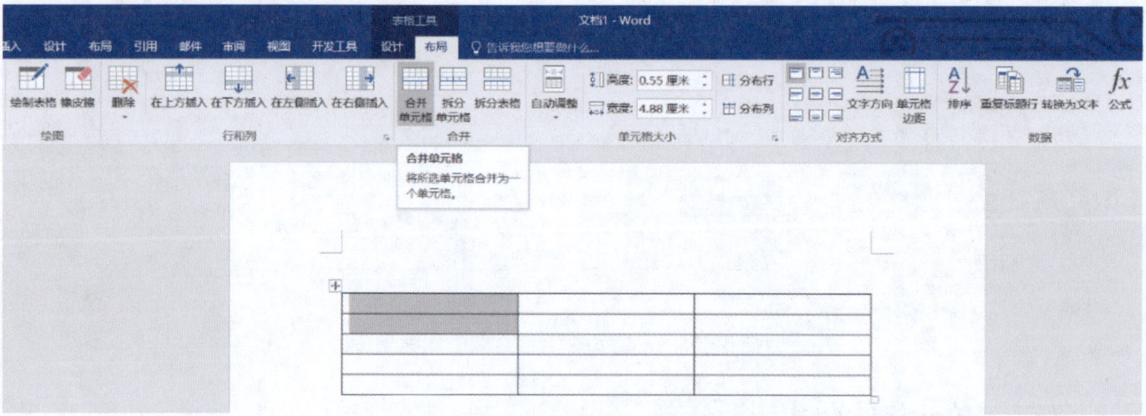

图 3-37 在“布局”选项卡中合并单元格

2. 单元格的拆分

方法一：将光标定位到需要拆分的单元格中，单击右键，在弹出的快捷菜单中选择“拆分单元格”命令，在弹出的“拆分单元格”对话框中设置需要拆分出来的行数和列数，单击“确定”按钮即可。操作步骤如图 3-38 所示。

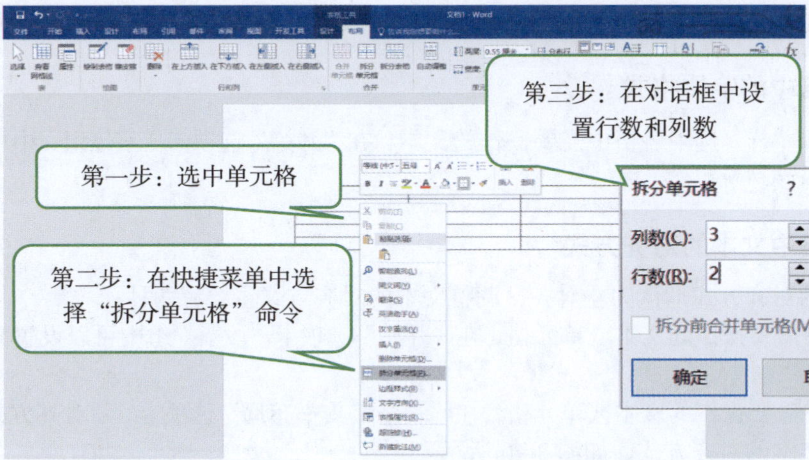

图 3-38　在快捷菜单中拆分单元格

方法二：在表格中选中需要合并的单元格，选择“布局”选项卡，单击“合并”组中的“拆分单元格”按钮，在弹出的“拆分单元格”对话框中输入行数和列数，单击“确定”按钮即可。

（四）行高与列宽的调整

表格的行高与列宽需要根据输入内容的不同进行适当的调整，调整行高和列宽的方法主要有两种：

方法一：将光标定位到需要调整行高或列宽的任一单元格中，选择“布局”选项卡，在“单元格大小”组中设置高度和宽度的数值即可，如图 3-39 所示。

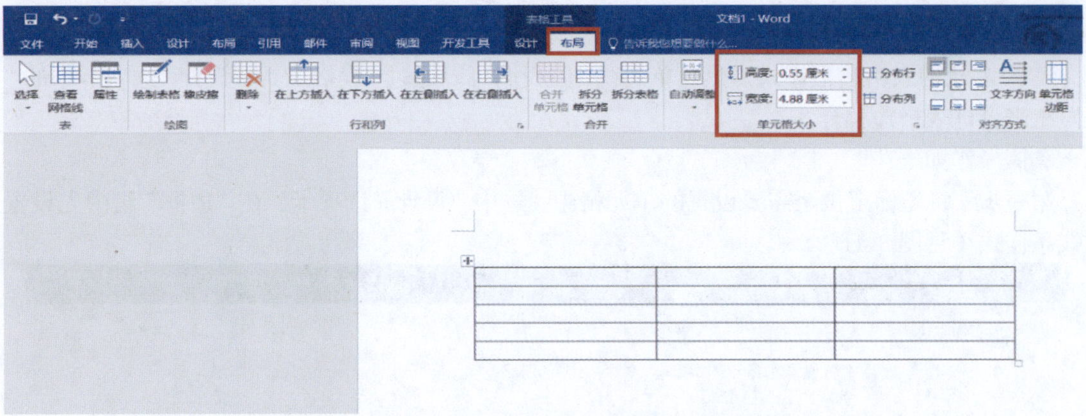

图 3-39　在“布局”选项卡中调整行高和列宽

方法二：将鼠标移动到两行或两列的分割线上，当鼠标指针变为左右箭头或上下箭头时，按住鼠标左键拖动即可调整行高和列宽。

四、表格的美化

如果想让文档变得引人注目，我们还需要对表格进行美化，表格的美

Word 中表格的美化

化包括表格中字体格式的设置、设置表格的边框和底纹以及运用 Word 中提供好的表格样式。

1. 设置表格中的字体格式

与正常的文本一样，选中表格中需要操作的文本，在“开始”选项卡“字体组”中可以更改文字的字体、字号、颜色等。

2. 设置表格中文本的对齐方式

表格中文本的对齐方式默认为左对齐，调整文本的对齐方式主要有两种：

方法一：选中需要操作的文本或单元格，在“开始”选项卡“段落”组中可以设置文本的对齐方式。

方法二：选中需要操作的文本或单元格，在“表格工具—布局”选项卡，“对齐方式”组中可以根据需求设置文本的对齐方式，如图 3-40 所示。

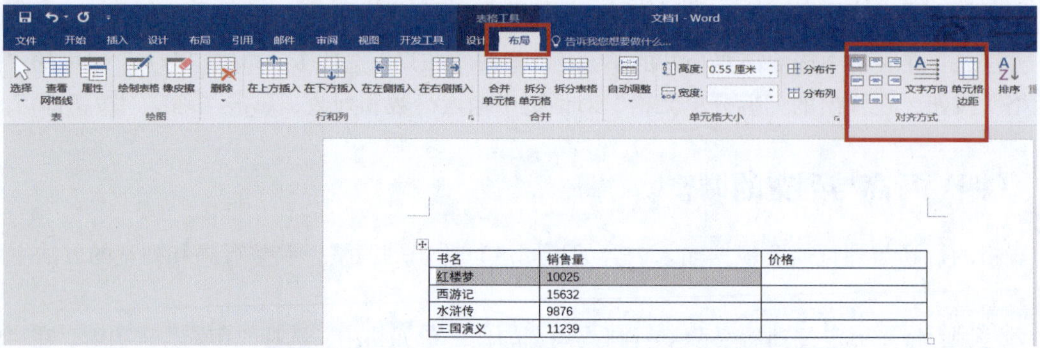

图 3-40　在“布局”选项卡中调整文本对齐方式

3. 设置表格边框和底纹

（1）默认的表格边框样式为黑色单实线，但我们可以通过“表格工具—设计”选项卡中的“边框”组来设计表格边框样式。

具体操作如下：

第一步：将光标定位至需要设置的单元格中，选中“设计”选项卡，在“边框”组中先设置边框线条样式（见图 3-41）。

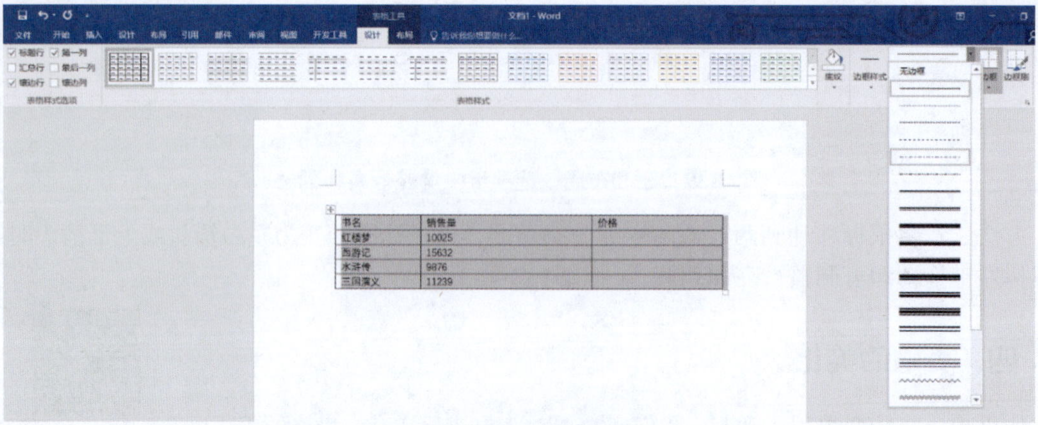

图 3-41　设置边框线条样式

第二步：设置线条的粗细（见图 3-42）。

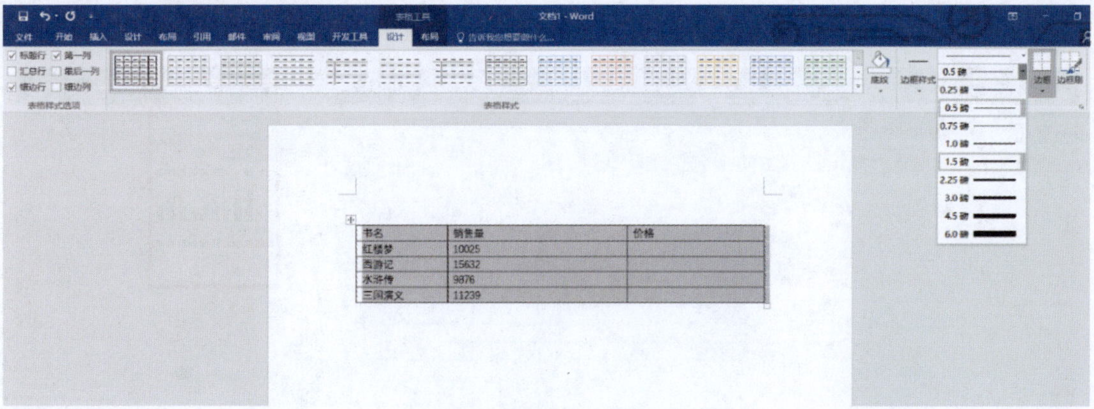

图 3-42　设置线条的宽度

第三步：设置边框颜色（见图 3-43）。

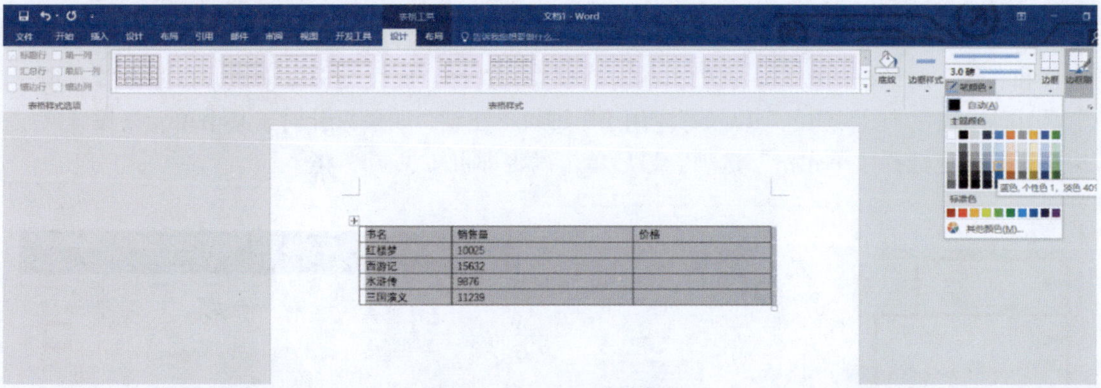

图 3-43　设置边框线颜色

第四步：选择边框样式，即可完成单元格边框样式的美化（见图 3-44）。

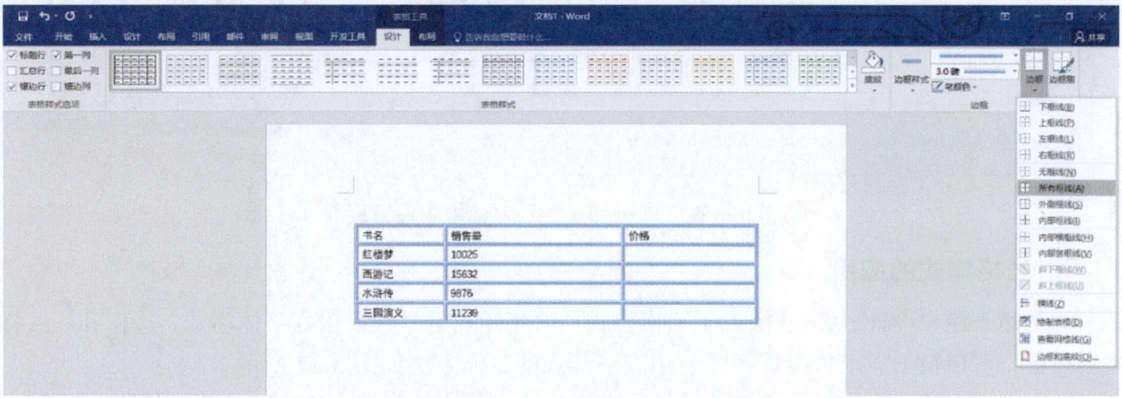

图 3-44　选择边框样式

（2）Word 表格中的底纹默认为无颜色，底纹的使用可以使表格中的内容更突出，色彩丰富更加美观。

设置表格底纹的方式主要有两种：

方法一：将光标定位在需要设置底纹的单元格内，在“设计”选项卡中单击“底纹”，选择想要填充的颜色即可（见图 3-45）。这种方式只能填充纯色的底纹，我们还可以设置带图案的底纹。

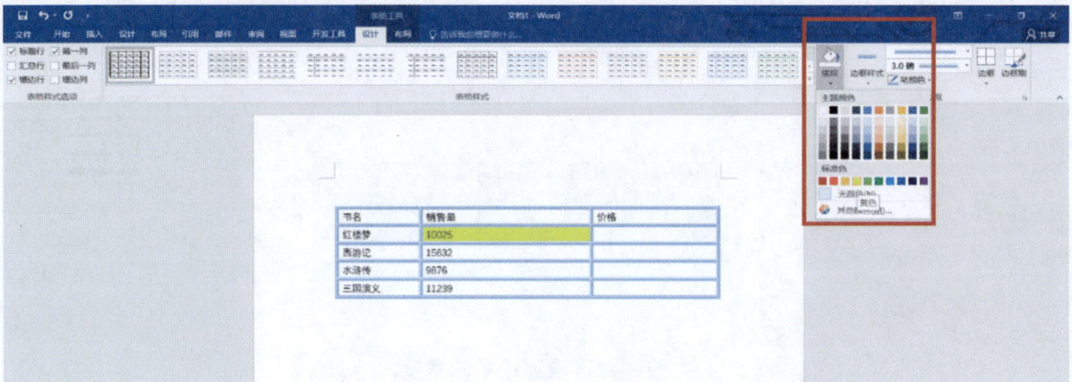

图 3-45　填充纯色底纹

方法二：将光标定位在需要设置底纹的单元格内，在“设计”选项卡“边框”组中，单击打开“边框和底纹”对话框的按钮，在弹出的对话框中，选择“底纹”选项卡，并以此设置“填充颜色”“图案样式”“图案颜色”以及“应用于”即可。注意，如果只针对于某个单元格设置底纹，“应用于”处应选择“单元格”选项。最后单击确定即可（见图 3-46）。

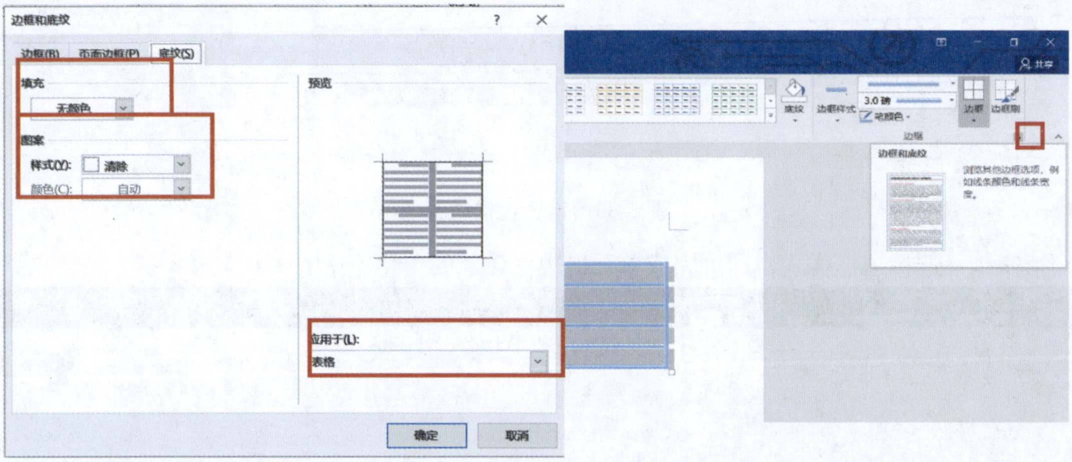

图 3-46　在“边框和底纹”对话框中设置底纹

4. 表格样式的应用

为了便于用户设计，Word 提供了表格样式。这些样式是一些设置好字体格式、边框和底纹样式的模板，可以根据需求自由选择，使用表格样式的具体方法如图 3-47 所示。

选中文档中的整个表格，选择“设计”选项卡，在“表格样式”组中，选择表格样式即可。

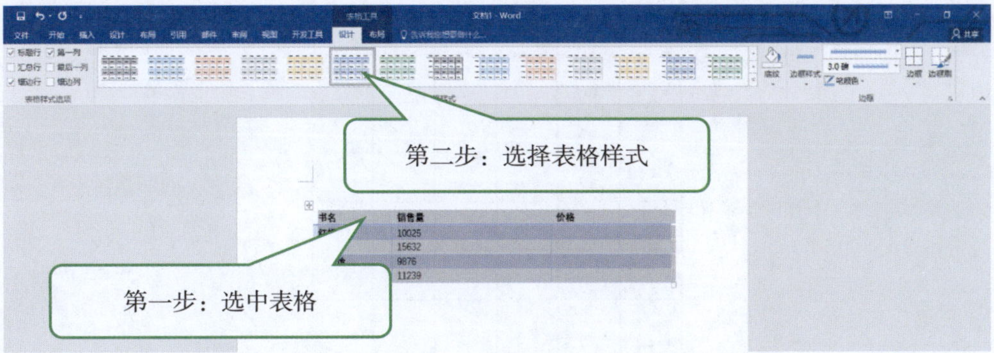

图 3-47　使用表格样式

实践体验

用表格介绍学校开设专业

在“学校简介”文件中插入专业介绍的表格，向大家简洁明了地介绍我校所开设的专业。

1. 插入表格

打开“学校简介.docx”文档，插入一个 6 列 12 行的表格。

单击“插入”选项卡，选择“表格”组中的表格，在下拉列表中选择“插入表格”选项，在弹出的对话框中将列数设置为 6，行数设置为 12，单击“确定”按钮插入表格。操作步骤如图 3-48 所示。

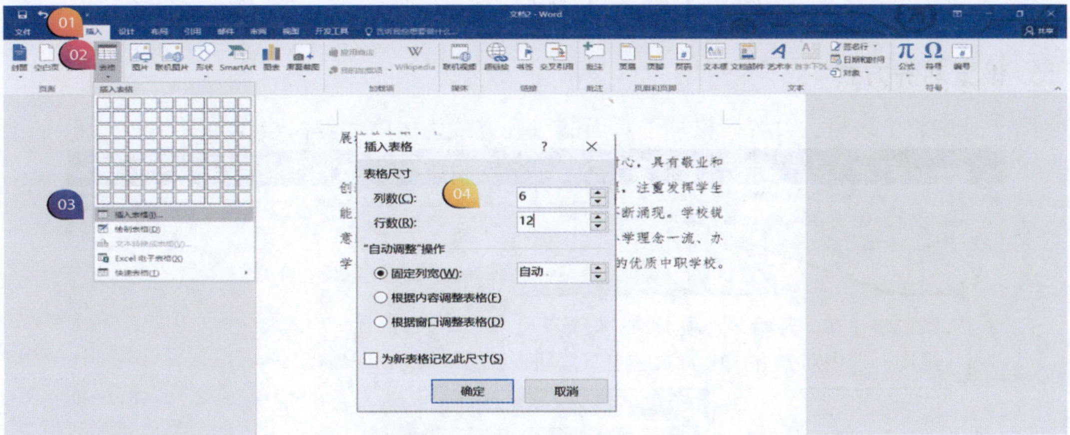

图 3-48　插入 6 列 12 行的表格

2. 输入表格中文字

向表格中输入如图 3-49 所示的文字。

序号	专业名称	招生人数	类别	学制/年	学费（元/年）
1	作物生产技术	40	中职	3	免费
2	畜禽生产技术	40			
3	计算机应用	40			
4	会计事务	40			
5	电子商务	40			
6	旅游服务与管理	40			
7	汽车运用与维修	40			
8	机电技术应用	40			
9	焊接	40			
10	学前	40	技工		
11	护理	40			

图 3-49　表格中的文字

3. 调整字体格式

选中整个表格，在“开始”选项卡下，设置字体为“宋体”，字号为“四号”。选中表格第一行，将字形设置为“加粗”。

4. 调整列宽和行高

将第一列和第四列的列宽设置为 1.6 厘米，将第二列的列宽设置为 4.1 厘米，将第三列和第五列的列宽设置为 2.4 厘米，将第六列的列宽设置为 4 厘米。

5. 设置对齐方式

（1）选中整个表格，设置表格基于页面的对齐方式为居中。具体步骤如图 3-50 所示。

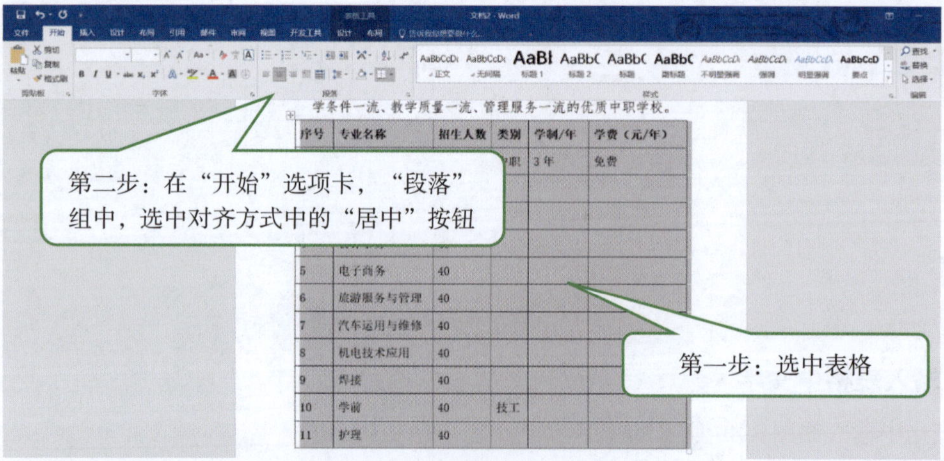

图 3-50　设置表格的对齐方式

（2）选中整个表格，设置表格中文本的对齐方式为“水平居中”。具体步骤如图 3-51 所示。

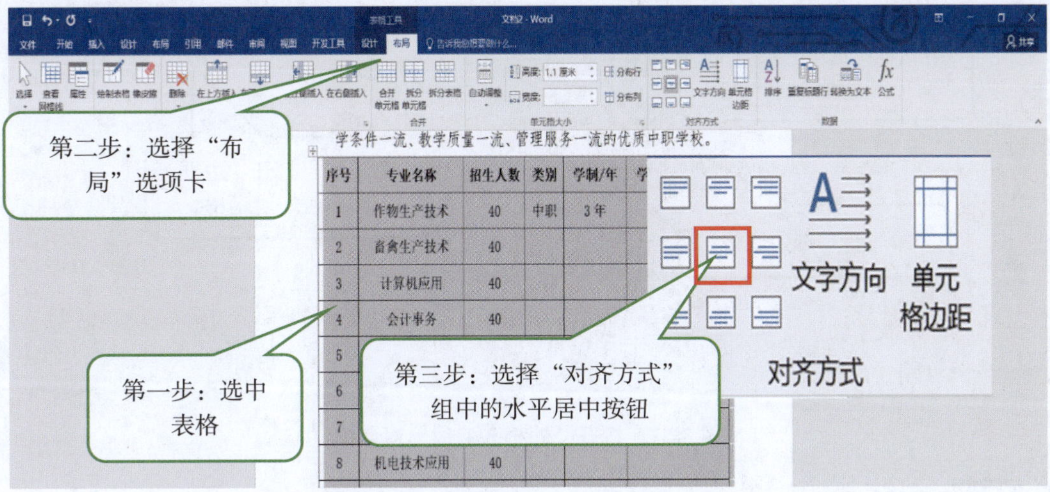

图 3-51　设置表格中文本的对齐方式

6. 合并单元格

完成对表格中单元的合并，效果如图 3-52 所示。

<table>
<tr><th>序号</th><th>专业名称</th><th>招生人数</th><th>类别</th><th>学制/年</th><th>学费（元/年）</th></tr>
<tr><td>1</td><td>作物生产技术</td><td>40</td><td rowspan="9">中职</td><td rowspan="11">3 年</td><td rowspan="11">免费</td></tr>
<tr><td>2</td><td>畜禽生产技术</td><td>40</td></tr>
<tr><td>3</td><td>计算机应用</td><td>40</td></tr>
<tr><td>4</td><td>会计事务</td><td>40</td></tr>
<tr><td>5</td><td>电子商务</td><td>40</td></tr>
<tr><td>6</td><td>旅游服务与管理</td><td>40</td></tr>
<tr><td>7</td><td>汽车运用与维修</td><td>40</td></tr>
<tr><td>8</td><td>机电技术应用</td><td>40</td></tr>
<tr><td>9</td><td>焊接</td><td>40</td></tr>
<tr><td>10</td><td>学前</td><td>40</td><td rowspan="2">技工</td></tr>
<tr><td>11</td><td>护理</td><td>40</td></tr>
</table>

图 3-52　单元格合并效果图

7. 设置边框和底纹

（1）设置表格整体外框线为 0.75 磅橙色双实线，内框线为 0.5 磅红色虚线。具体步骤如图 3-53 ~ 图 3-55 所示。

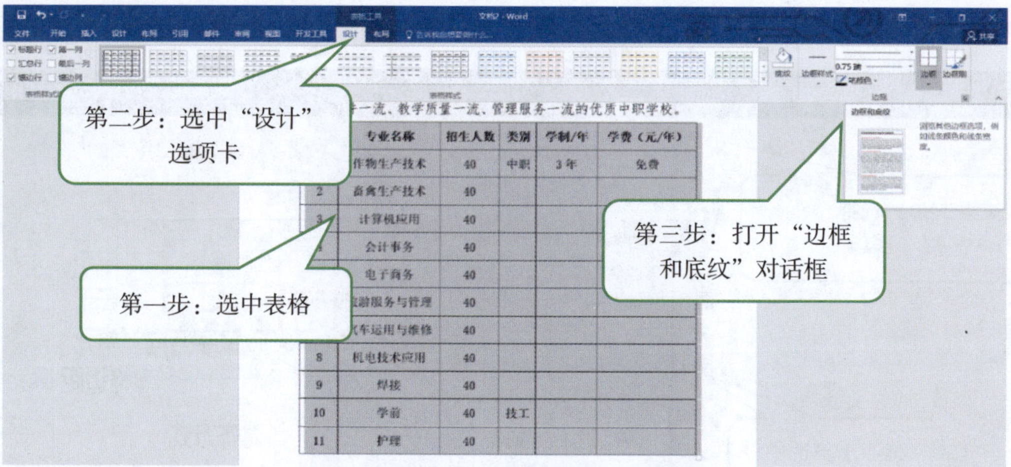

图 3-53　打开“边框和底纹”对话框

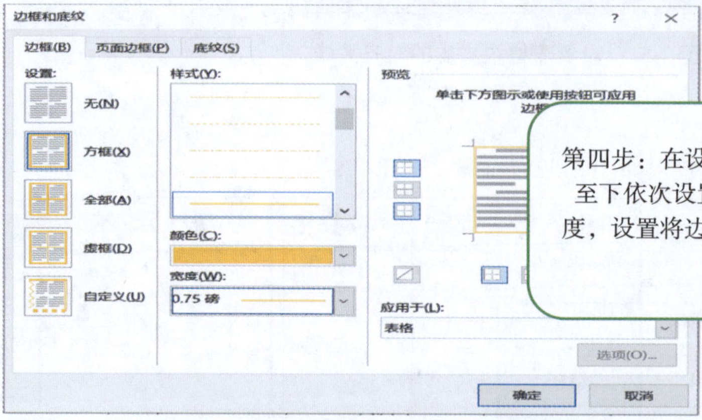

图 3-54　设置表格外框线

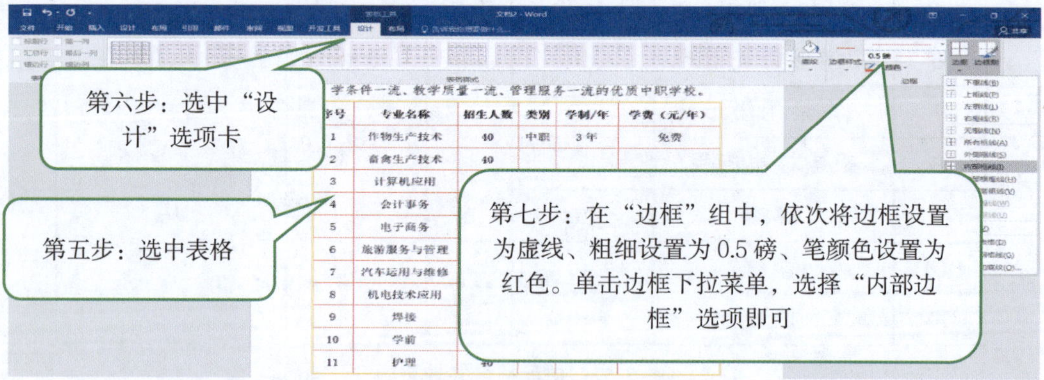

图 3-55　设置表格内部框线

（2）设置“中职”类别的专业单元格底纹为橙色（个性色 2，淡色 80%），样式为清除。设置“技工”类别的专业单元格底纹为绿色（个性色 6，淡色 80%），样式为 15%。

最终效果如图 3-56 所示。

序号	专业名称	招生人数	类别	学制/年	学费（元/年）
1	作物生产技术	40	中职	3 年	免费
2	畜禽生产技术	40			
3	计算机应用	40			
4	会计事务	40			
5	电子商务	40			
6	旅游服务与管理	40			
7	汽车运用与维修	40			
8	机电技术应用	40			
9	焊接	40			
10	学前	40	技工		
11	护理	40			

图 3-56　表格美化效果图

8. 保存文档

使用 Ctrl+S 快捷键保存文档，并关闭软件，完成任务。

讨论交流

讨论 1：班级课程表中第一个单元格一般为“斜线表头”，尝试在表格中添加斜线。

讨论 2：表格中还可对数据进行计算，尝试着运用表格中的统计功能。

任务 3.4 图文混排

Word 中的图文混排

本任务将在 Word 文档中插入形状、艺术字、图片等媒体素材，并配合文字进行说明。本任务旨在使同学们了解多媒体素材与文字之间的环绕关系并能灵活运用，制作出图文并茂的文档。

学习目标

✧ 了解“环绕文字”的类型。
✧ 掌握在文档中绘制图形的方法。
✧ 掌握在文档中插入艺术字和图片的方法。
✧ 能够灵活运用“环绕文字”类型，实现图文混排。

职业素养

✧ 培养学生合作完成任务的意识和自主探究的意识。
✧ 让学生在解决问题的过程中体会到成就感，增强学生学好知识掌握技能的信心。

任务实施

一、艺术字的应用

艺术字是以普通文字为基础，经过专业的字体设计师艺术加工的变形字体。字体特点符合文字含义、具有美观有趣、易认易识、醒目张扬等特性，是一种有图案意味或装饰意味的字体变形。广泛应用于宣传、广告、商标、标语、黑板报、企业名称、会场布置、展览会，以及商品包装和装潢，各类广告、杂志和书籍的装帧上等，合理应用艺术字，能够让文档更美观，更具有观赏性。

插入艺术字的方法如下：

（1）在“插入”选项卡的“文本”组中操作，单击“艺术字”，会呈现出 Word 中提供的艺术字样式，选中合适的样式（见图 3-57），会在文档中插入相应的文本框，再更改文本框中的文字即可。

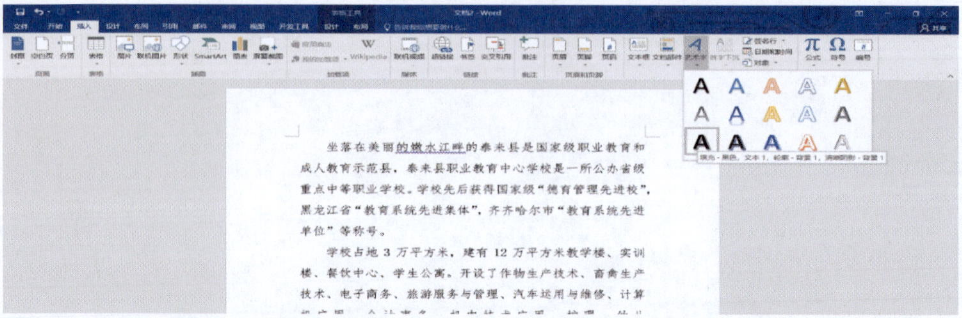

图 3-57　插入艺术字文本框

选中艺术字文本框，会出现“绘图工具—格式”选项卡，运用其中“排列”组的功能，可以实现我们想要的效果。具体步骤如图 3-58 所示。

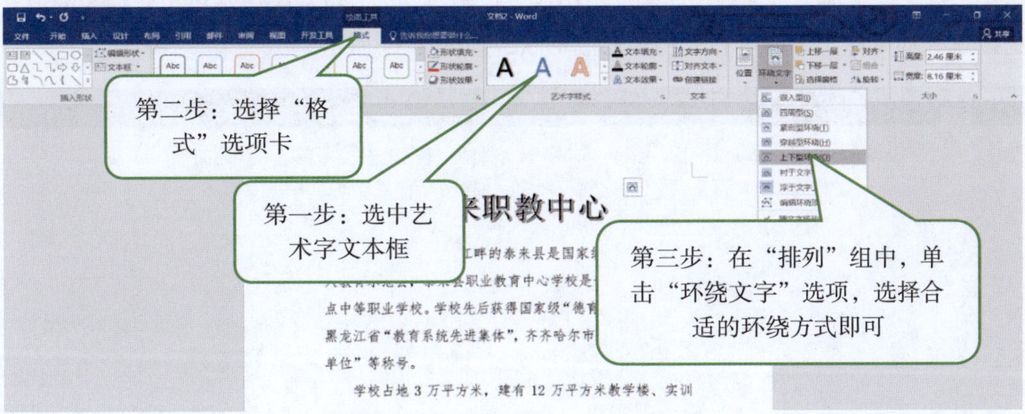

图 3-58　设置环绕文字方式

小贴士：Word 中的环绕文字方式

1. 穿越型环绕

文字沿着素材的环绕顶点环绕图片，且穿越凹进的图形区域。

2. 上下型环绕

文字位于素材的上、下，素材和文字泾渭分明，显得版面很整洁。

3. 衬于文字上方

文字位于图片的下方，素材挡住了后面的文字。

4. 衬于文字下方

此时的素材就像文字的背景图案，文字在素材的上方。

5. 紧密型环绕

文字紧密环绕在实际素材的边缘（按实际的环绕顶点环绕素材），而不是环绕于素材边界。

6. 四周型环绕

文字在素材边界框四周环绕，此时的素材具有浮动性，可以在文档中自由移动，素材周围的小方块句柄变成了空心小圆圈。

7. 嵌入型

Word 将嵌入的素材当做文本中的一个普通字符来对待，素材将跟随文本的变动而变动。是 Word 文档中图片等素材默认的环绕方式。

二、形状的插入与设置

单击“插入”选项卡，选择“插图”组中的“形状”，在下拉列表中选择想要插入的形状，在适应的位置拖动鼠标左键即可在文档中绘制形状，如图 3-59 所示。

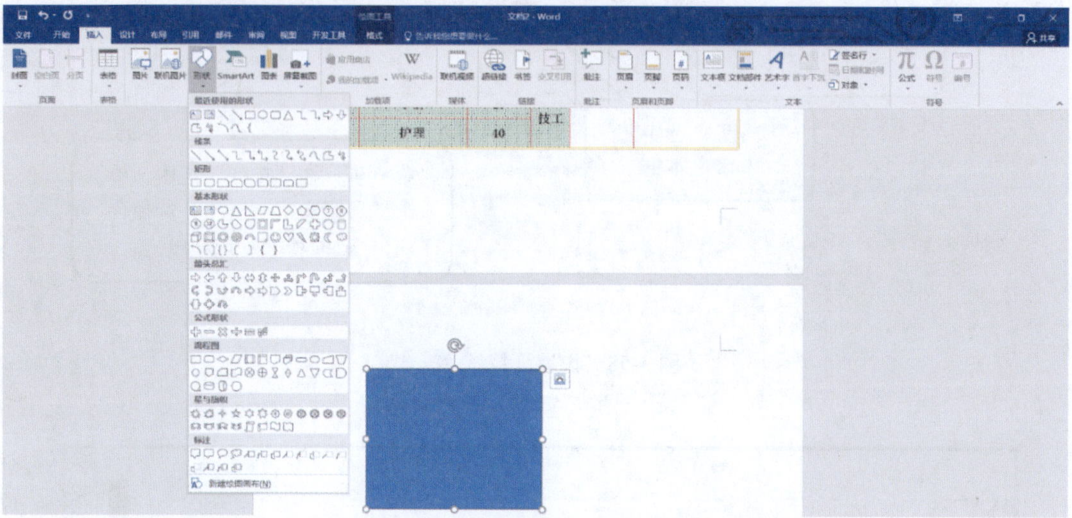

图 3-59　在文档中插入形状

插入形状后，会出现“绘图工具—格式”选项卡，在这里我们可以对形状的填充颜色、边框颜色等进行设置，如图 3-60 所示。

图 3-60　“绘图工具—格式”选项卡

与艺术字文本框一样，我们可以设置形状的环绕文字方式，使其在文档中的布局更加合理。

三、图片的插入与设置

为了丰富文档内容，我们通常需要在文档中插入图片，选择“插入”选项卡，在“插图”组中单击“图片”选项，选择相应的图片。插入图片后，会出现“图片工具—图片格式”选项卡（见图 3-61），在“调整”组中，我们可以设置图片的艺术效果、颜色校正等；在“图片样式”组我们运用软件自带的样式对图片进行美化，也可通过“图片边框”“图片效果”“图片样式”自行设置；“排列”组主要用于设置图片与文字的环绕方式、层级关系等；“大小”组用于对图片进行裁剪、大小调整等。

图 3-61　“图片工具—格式”选项卡

四、页面布局的调整

1. 页面设置

Word 中的文档设置

为了使文档的页面布局更加合理，我们要对文档进行页面设置，可以通过“页面”选项卡中的“页面设置”组完成页面布局的调整（见图 3-62）。

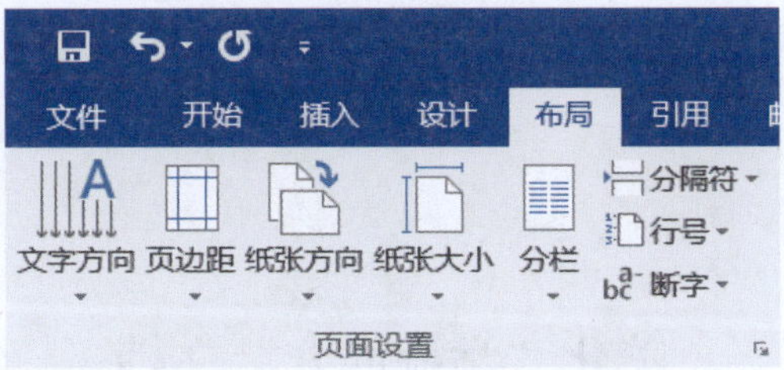

图 3-62 “页面设置”功能区

具体说明如下：

✧ 文字方向：设置文档内的文字方向，如水平、垂直、设置旋转角度等。

✧ 页边距：指页面的边线到文字的距离，Word 中为我们提供了几种常用的页边距，我们也可以自定义页边距。

✧ 纸张方向：设置纸张为“横向”或“纵向”。

✧ 纸张大小：用于设置打印文档时的纸张大小，默认大小为“A4”。

✧ 分栏：将文档或段落内容分为几列进行排版。

✧ 分隔符：用于将文档中的不同内容分隔开。

✧ 行号：在文档的左侧显示当前的行号。

✧ 断字：当一个英文单词过长，空间不足时，Word 通常将其隔断分为两行，但使用断字功能后，该单词会整体移到下一行不会断开。

2. 插入页眉、页脚、页码

页眉页脚通常用于显示文档的附加信息，一般会在页眉页脚中插入时间、日期、页码、单位名称、徽标等。其中，页眉在页面的顶部，页脚在页面的底部，通常成对出现，Word 中可以设置首页不同和奇偶页不同的页眉页脚。

在 Word 文档中点击“插入”选项卡，在“页眉页脚”组中选择相应选项来插入页眉、页脚、页码（见图 3-63）。插入成功后，会出现“页眉和页脚工具—设计”选项卡（见图 3-64）。

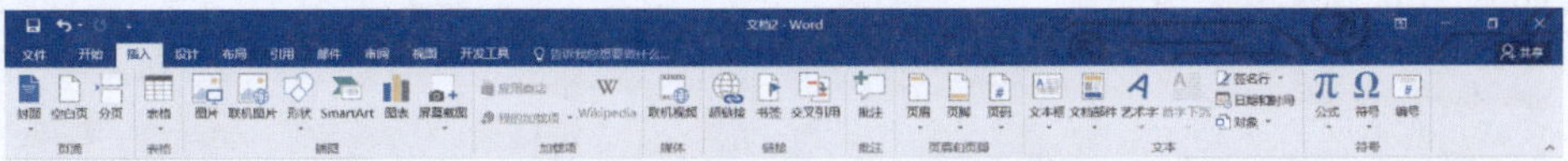

图 3-63 “插入”选项卡中的“页眉和页脚”功能区

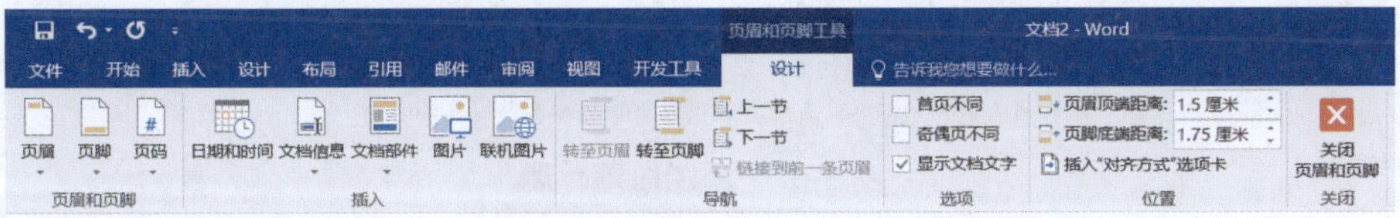

图 3-64 “页眉和页脚工具”的“设计”选项卡

（1）在“页眉页脚”组中，我们可以选择页眉页脚的样式，在“插入”组中可以设置在页眉页脚中插入各类对象。

（2）在“导航”组中可以完成页眉和页脚的快速切换。

（3）在“选项”组中选择“首页不同”，可以为首页设置特殊的页眉页脚，选择“奇偶页不同”，可以为奇偶页设置不一样的页眉和页脚内容。

（4）在“位置”组中可以设置页眉和页脚距离页面顶端或底部的距离。设置完成后可以单击“关闭”组中的按钮，退出页眉页脚设置，回到正常的编辑界面。

实践体验

美化“学校简介”文档

在“学校简介”文档中插入艺术字、图片等素材，丰富文档内容，并对文档进行页面布局的调整，使文档更加美观。

1. 打开文档

启动 Word2016，在软件中打开“学校简介”文档。

2. 添加艺术字标题

单击“插入”选项卡，选择“文本”组中的艺术字选项，使用第三行第三列的艺术字形式，并将文本框中的内容更改为“泰来职教中心招生简章”，将文字大小设置为“一号”，字体设置为“华文琥珀”，环绕文字方式为“上下型环绕”。

3. 添加段落标题、表格标题

（1）光标定位在第一段的第一个文字处，按下回车，在空白行中输入“学校简介”。

（2）在段落标题处插入一个大小适宜的“圆平行四边形”形状，设置其“形状轮廓”为无颜色，“形状填充”设置为“白色，背景 1，深色 5%”，并为其添加阴影效果，“环绕文字”方式为衬于文字下方。将此平行四边形复制出两个，调整其中一个“形状填充”为蓝色，另一个“形状填充”为“白色，背景 1，深色 35%”

（3）选中“学校简介”四个字，设置其字体颜色为蓝色，字体为“华文隶书”，字形为加粗，最终效果如图 3-65 所示。

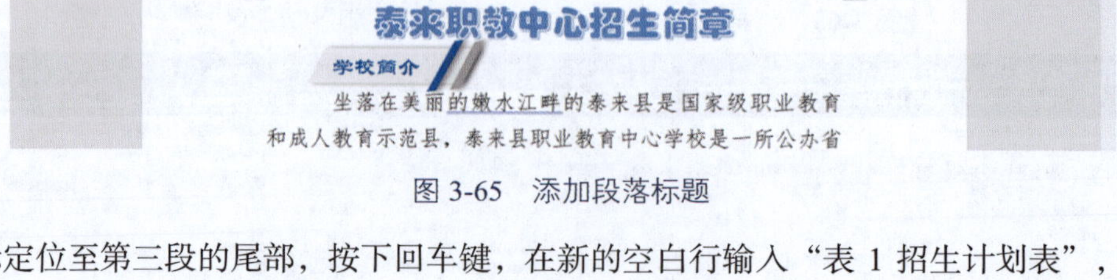

图 3-65　添加段落标题

光标定位至第三段的尾部，按下回车键，在新的空白行输入“表 1 招生计划表”，并设置字体为“楷体”，字号为“小四”，对齐方式为“居中对齐”。最终效果如图 3-66 所示。

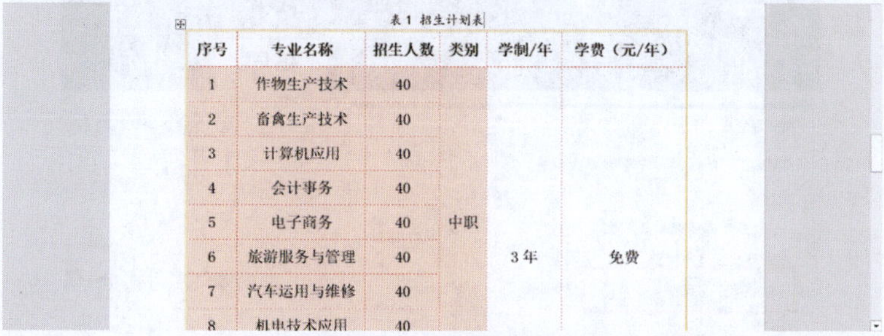
表 1 招生计划表

序号	专业名称	招生人数	类别	学制/年	学费（元/年）
1	作物生产技术	40			
2	畜禽生产技术	40			
3	计算机应用	40			
4	会计事务	40			
5	电子商务	40	中职		
6	旅游服务与管理	40		3 年	免费
7	汽车运用与维修	40			
8	机电技术应用	40			

图 3-66　添加表格标题

4. 设置文档背景

将光标定位到文档的任意位置，选择“设计”选项卡，选择“页面背景”组中的“页面颜色”，在下拉列表中单击“填充效果”选项。打开“填充效果”对话框。在“渐变”选项卡中，颜色选择“双色”，设置颜色 1 为“蓝色，个性 1，淡色 80%”，颜色 2 为“白色”，底纹样式更改为“斜上”，单击“确定”按钮。具体步骤如图 3-67 所示。

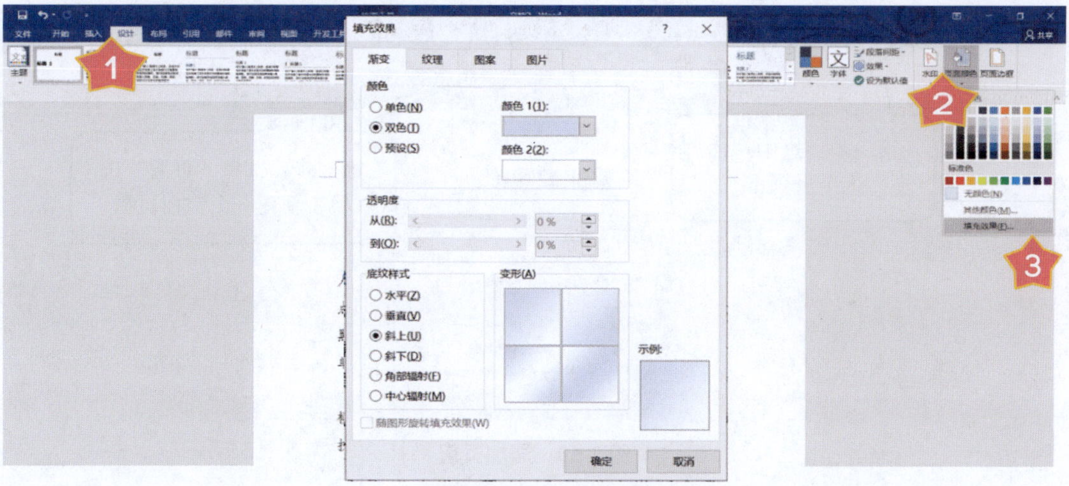

图 3-67　设置文档背景

插入图片，设置图片的“环绕文字”方式为“衬于文字下方”，将图片位置调整到，页面的下半部分，调整宽度与编辑区宽度一致。在“调整”组中，设置图片的“艺术效果”为“虚化”，在“图片样式”组中选择“柔化边缘矩形”。

5. 设置页面布局

（1）设置页边距。选择“布局”选项卡，单击“页面设置”组中的“页边距”选项，将上、下、右边距设置为 2.5 厘米，左边距设置为 3 厘米。

（2）设置分栏效果。选中正文中的第三段文字，选择“页面设置”组中的“分栏”选项，在下拉列表中选择“两栏”。

（3）设置装订线距离。打开“页面设置”对话框，设置装订线距离值为“2 厘米”（见图 3-68），单击确定按钮。

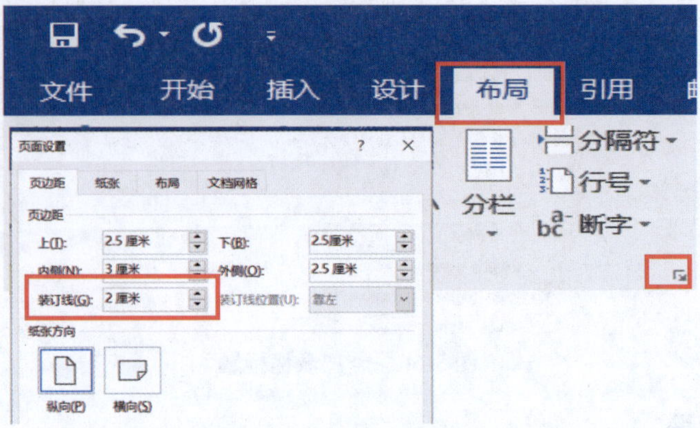

图 3-68　设置装订线距离

6. 设置页眉页脚页码

（1）添加页眉，内容为“泰来县职业技术教育中心学校”，并将字体设置为“楷体”，字号设置为“四号”。具体步骤如图 3-69 所示。

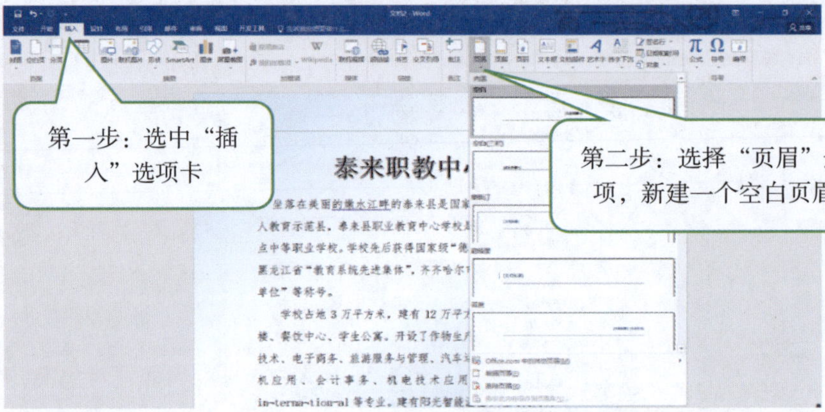

图 3-69　添加页眉

（2）添加页脚内容，单击“导航”组中的“转至页脚”单击“插入”组中的“日期和时间”选项，将今日的日期添加到页脚处（见图 3-70）。

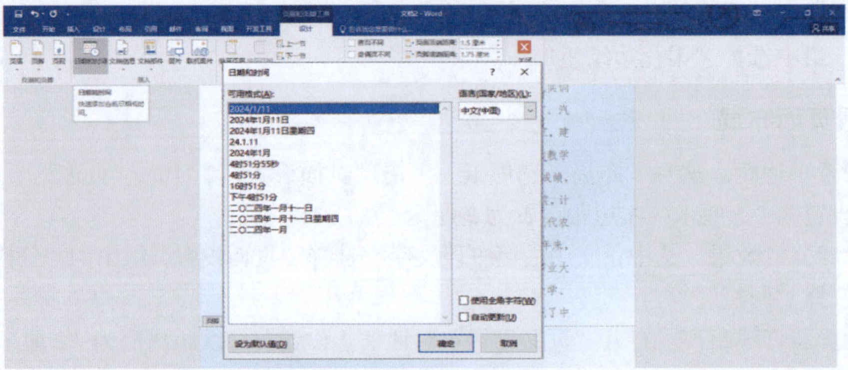

图 3-70　在页脚中添加日期

（3）设置页码。单击“页眉和页脚”组中的“页码”选项，在下拉列表中选择“页面底端—普通数字 2”（见图 3-71）。

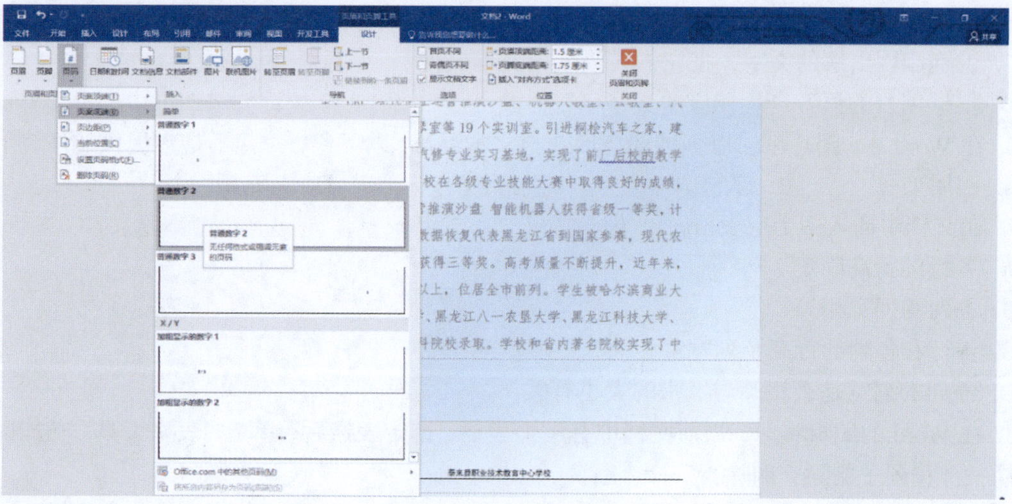

图 3-71　设置页码格式

7. 保存文档

单击“快速访问工具栏”中的保存按钮，保存文档设置，关闭文档，退出软件，完成任务。

讨论交流

讨论 1：分栏后，两栏之间会出现间距，能否调整间距距离？能否呈现出分栏线？
讨论 2：页码的格式只能是阿拉伯数字“1，2，3”吗？能否改变页码的格式及位置？

单元测试

一、选择题

1. 如果想关闭 Word 2016，可在程序窗口中，单击“文件”选项卡，选择（　　）命令。
A. “打印”　　B. “退出”　　C. “保存”　　D. “关闭”
2. Word 2016 文档以文件形式存放于磁盘中，其默认的文件扩展名为（　　）。
A. dot　　B. docx　　C. doc　　D. dotx
3. Word 2016 中，文本编辑区内有一个闪动的粗竖线，它表示（　　）。
A. 插入点，可在该处输入字符　　B. 文章结尾符
C. 字符选取标志　　D. 鼠标光标
4. 在计算机软件系统中，文字处理软件 Word 2016 属于（　　）软件。
A. 工具　　B. 用户　　C. 系统　　D. 应用

5. 文字处理软件的基本功能之一是（　　）。

A. 对文字字符进行编辑

B. 识别手写出来的文字，把它们转换成为文本文件

C. 识别印刷出来的文字，把它们转换成为文本文件

D. 根据用户的语音产生相应的文字字符

6. 在 Word 中，图片可以以多种环绕形式与文本混排，以下（　　）不是它提供的环绕形式。

A. 四周型　　B. 穿越型　　C. 上下型　　D. 左右型

7. 在文档中插入一个空表格时，（　　）。

A. 各行的行高固定

B. 各列的列宽相等

C. 各行和各列的行高及列宽都相同

D. 各列的列宽是否相等与纸张的大小有关

8. 在 Word 的编辑状态，当前文档中有一个表格，选定表格后，单击“表格工具”功能区中的“布局—行和列—删除—删除行”命令后，（　　）。

A. 表格中的内容全部被删除，但表格还存在

B. 表格和内容全部被删除

C. 表格被删除，但表格中的内容未被删除

D. 表格中插入点所在的行被删除

9. 在 Word 的编辑状态，当前文档中有一个表格，选定表格后，按键盘上的 DELETE 键后，（　　）。

A. 表格中的内容全部被删除，但表格还存在

B. 表格和内容全部被删除

C. 表格被删除，但表格中的内容未被删除

D. 表格中插入点所在的行被删除

10. Word 2016 中，合并单元格的正确操作是（　　）。

A. 选中要合并的单元格；按 Space 键命令

B. 选中要合并的单元格；选择“表格工具”选项卡中的“布局—合并—合并单元格”

C. 选中要合并的单元格；选择“表格”菜单的“合并单元格”菜单项

D. 选中要合并的单元格；按回车键

11.要 取消设置的分栏，应（　　）。

A. 将分栏的部分选定，打开“布局—页面设置—分栏”命令，调出“分栏”对话框，选择“一栏”后单击“确定”按钮

B. 将分栏的部分选定，打开“布局—页面设置—分栏”命令，调出“分栏”对话框，单击“取消”按钮

C. 将分栏的部分选定，单击常用工具栏上的“撤销”按钮

D. 将分栏的部分选定，按 Delete 键

12. 在 Word2016 中，对于用户的错误操作（　　）。

A. 只能撤销最后一次对文档的操作　　B. 可以撤销用户的多次操作

C. 不能撤销　　D. 可以撤销所有的错误操作

13. 在 Word2016 中，如果已存在一个名为 nol.docx 的文件，要想将它换名为 NEW.docx，可以选择（　　）命令。

A. 另存为　　B. 保存　　C. 全部保存　　D. 新建

14. 在 Word2016 中，要使文档的标题位于页面居中位置，应使标题（　　）。

A. 两端对齐　　B. 居中对齐　　C. 分散对齐　　D. 右对齐

15. 在 Word 文档编辑中，可以删除插入点前字符的按键是（　　）。

A. Del　　B. Ctrl+Del　　C. Backspace　　D. Ctrl+Backspace

16. 在 Word 文档编辑中，复制文本使用的快捷键是（　　）。

A. Ctrl+C　　B. Ctrl+A　　C. Ctrl+Z　　D. Ctrl+X

17. 在 Word 的表格操作中，改变表格的行高与列宽可用鼠标操作，方法是（　　）。

A. 当鼠标指针在表格线上变为双箭头形状时拖动鼠标

B. 双击表格线

C. 单击表格线

D. 单击“拆分单元格”按钮

18. Word2016 具有分栏功能，下列关于分栏的说法中，正确的是（　　）。

A. 最多可以设 4 栏　　B. 各栏的宽度必须相同

C. 各栏的宽度可以不同　　D. 各栏之间的间距是固定的

19. 若要将一些文本内容设置为黑体字，则应先（　　）。

A. 用鼠标单击“B”按钮　　B. 用鼠标单击“U”按钮

C. 选择要设置的文本　　D. 用鼠标单击“A”按钮

20. 在 Word2016 的编辑状态，执行两次“剪切”操作，则剪贴板中（　　）。

A. 仅有第一次被剪切的内容

B. 仅有第二次被剪切的内容

C. 有两次被剪切的内容

D. 内容被清除

二、填空题

1. Delete 键可以删除插入点______的字符，Backspace 键可以删除插入点_______的字符

2. ______是为了纠正错误或取消上一步的操作结果，可以使用快捷键_______。

3. 在 Word 2016 中，使用_______打开“查找和替换”对话框。

4. 要打开“字体”对话框，可以单击“开始”选项卡_______功能区右下角的扩展按钮，还可以在文档编辑区右键菜单中选择________命令。

5. 在 Word 2016 的两种表示字号的方法中，磅数越大，显示字符越______；字号越大，显示字符越_______。

6. Word 2016 中要设置首字下沉、首字悬挂等效果，应使用_______选项卡，_______功能区中的________按钮。

7. 当需要对某一段落进行格式设置时，首先要______该段落，或者将______放在该段落中，然后就可以开始对此段落进行格式设置。

8. 可以选择______选项卡________功能区进行段落格式设置，或者使用该功能区右下角的扩展按钮，打开______对话框进行设置。

9. 使用 Word 2016 的______选项卡________功能区中的______按钮，可以在页面中插入页码。

10. 为文档添加项目符号和编号，可以使用______选项卡的______功能区中的“项目符号”和“编号”按钮，也可以使用文档编辑区右键菜单中的“项目符号”和“编号”命令。

三、判断题

1. Word 2016 默认的文档扩展名为 doc。（　　）
2. 表格中可以转换为文字，文字也可转换为表格。（　　）
3. 不能用公式对 word 表格中的数据进行计算。（　　）
4. 删除表格的方法是将整个表格选定，按 Delete 键。（　　）
5. 页眉与页脚一经插入，就不能修改了。（　　）
6. 在 Word2016 中，表格只能设置边框，不能设置底纹。（　　）
7. 在 Word2016 中，纸张大小不能调整，只能根据打印机的纸张大小来决定。（　　）
8. Word2016 中，行距最大可以设置为 2 倍行距。（　　）
9. Word 默认字体为楷体，字号为五号。（　　）
10. “奇偶页不同”只适用于页眉或页脚，而不适用于页码。（　　）

四、简答题

1. 如何设置 Word2016 中自动保存间隔时间？
2. Word2016 中如何创建表格？列出尽量多的方法。
3. 如何进行分栏操作？
4. 制作“节约粮食”手抄报，效果如图 3-72 所示。

图 3-72　手抄报示例

第四单元

数据处理

在当今信息化高速发展的时代，数据处理已成为各个领域中不可或缺的一部分。Excel 2016 作为一款功能强大的数据处理软件，由 Microsoft 公司开发和发布，是 Microsoft Office2016 套件的一部分。

Excel 2016 的主要功能是创建和编辑电子表格、进行数据输入和格式化、执行各种计算、制作图表和图形，以及创建复杂的数据模型和完成数据分析。本单元将全面介绍 Excel 2016 在数据处理方面的应用，帮助学生掌握其基础操作与高级功能，提高数据处理能力。

通过学习本单元内容，学生将全面掌握 Excel 2016 在数据处理方面的应用技能，学会用其进行数据的分析和处理，制作美观大方的表格和直观形象的图表，为未来的学习和工作打下坚实的基础。同时，数据处理能力的提升也将有助于同学们更好地适应信息化时代的发展需求，提高综合素质和竞争力。

情境导入

行政部门作为企业日常运营的一个重要组成部分，经常需要有条不紊地处理一些日常的事务和管理工作。企业员工档案是企业对员工基本信息掌握的一个重要途径。小马作为行政部门的办公人员需要利用 Excel 2016 制作员工档案，在 Excel 2016 中创建表格的基本框架、输入数据，并完成对表格的美化修饰。让我们看看她是如何完成工作的吧！

任务 4.1　输入数据

企业在发展过程中，需要对员工的基本情况进行统一的管理。通过整理员工基本情况并建立员工档案，可以方便随时掌握员工的基本情况。本节以制作“企业员工档案”为例，介绍 Excel 制作原始数据表的方法。具体内容如图 4-1 所示。

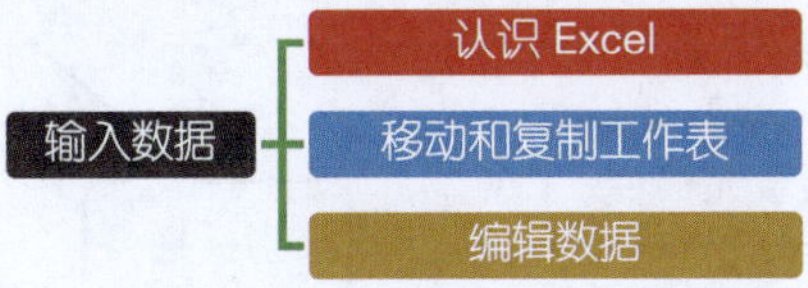

图 4-1　内容梳理

学习目标

- ✧ 了解 Excel 软件的功能，认识 Excel 的工作界面。
- ✧ 熟知工作簿、工作表和单元格的概念及其关系。
- ✧ 学会在单元格中输入各种数据，修改、删除数据。掌握行、列、单元格的选定等基本操作，实现表格的编辑和排版。
- ✧ 掌握建立企业员工档案表格文件的方法。

职业素养

- ✧ 引导学生全面地认知信息技术对人类社会生产、生活方式的影响，增强自觉、主动运用信息技术解决问题的意识。
- ✧ 培养学生专注、细致的工作作风和团结协作能力。
- ✧ 通过练习培养学生自主学习能力和创新设计能力。
- ✧ 运用信息管理技术使自己的生活、学习更有条理、更规范、更高效。

任务实施

一、认识 Excel

1. 工作界面

Excel 工作界面由快速访问工具栏、标题栏、功能区、名称框、编辑栏、工作表区域等元素组成，如图 4-2 所示。

认识 Excel

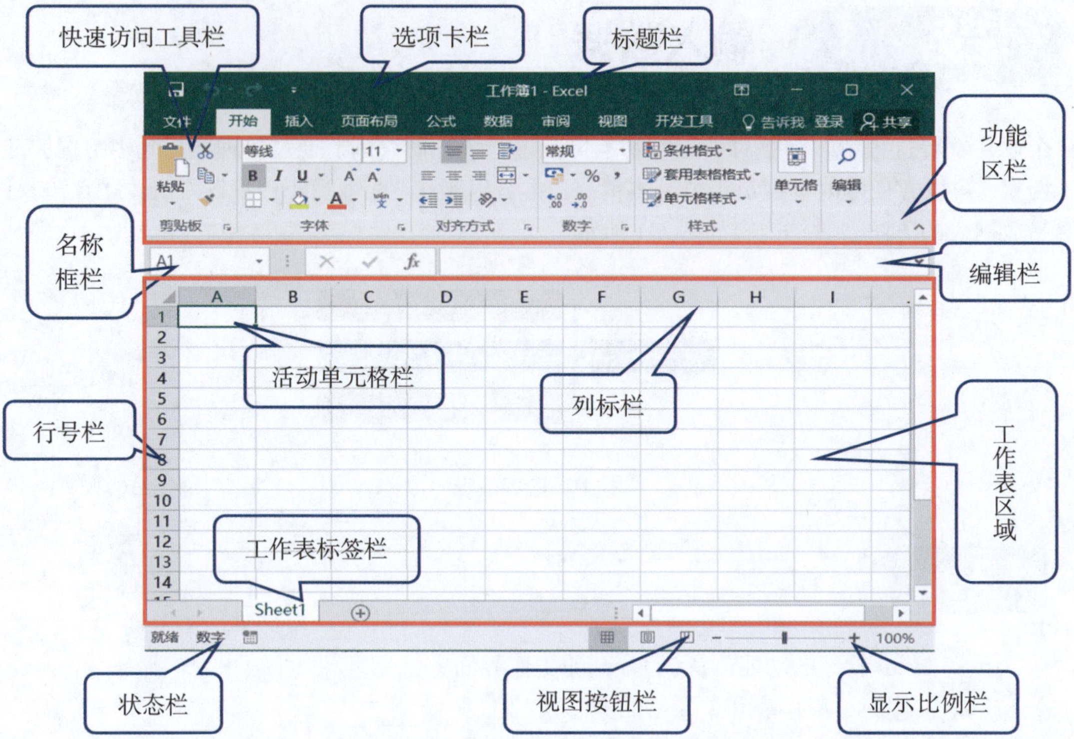

图 4-2 Excel 工作界面

（1）快速访问工具栏：包含一组用户使用频率较高的工具，包括“保存”“撤销”“恢复”等命令按钮，还可以点击右侧的倒三角形按钮，在展开的列表中选择要显示或隐藏的其他工具按钮。

（2）标题栏：显示当前工作簿的名称和软件名称。

（3）功能区：由多个选项卡组成，Excel 将处理数据的所有命令组织在不同的选项卡中。在每个选项卡中，命令又被分类放置在不同的组内。例如“开始”选项卡中包含“剪贴板”“字体”“对齐方式”“数字”“样式”“单元格”和“编辑”等 7 个组。在某些组的右下角还有一个“对话框启动器”按钮，如图 4-3 所示。

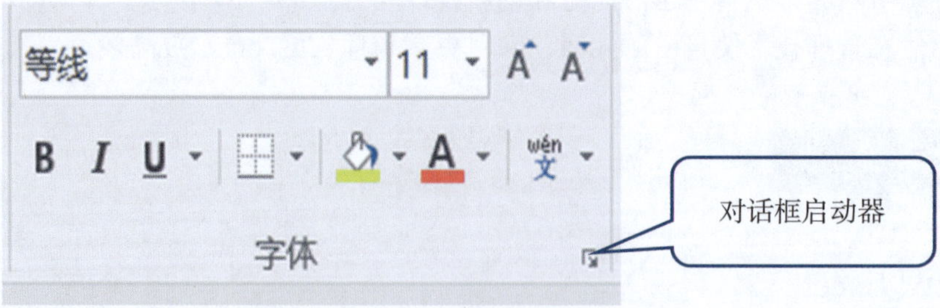

图 4-3 “字体”组

点击“对话框启动器”按钮就可以打开与该命令相关的对话框，以便用户进行更进一步设置。例如，单击“字体”组右下角的“对话框启动器”，打开如图 4-4 所示的“设置单元格格式”对话框。

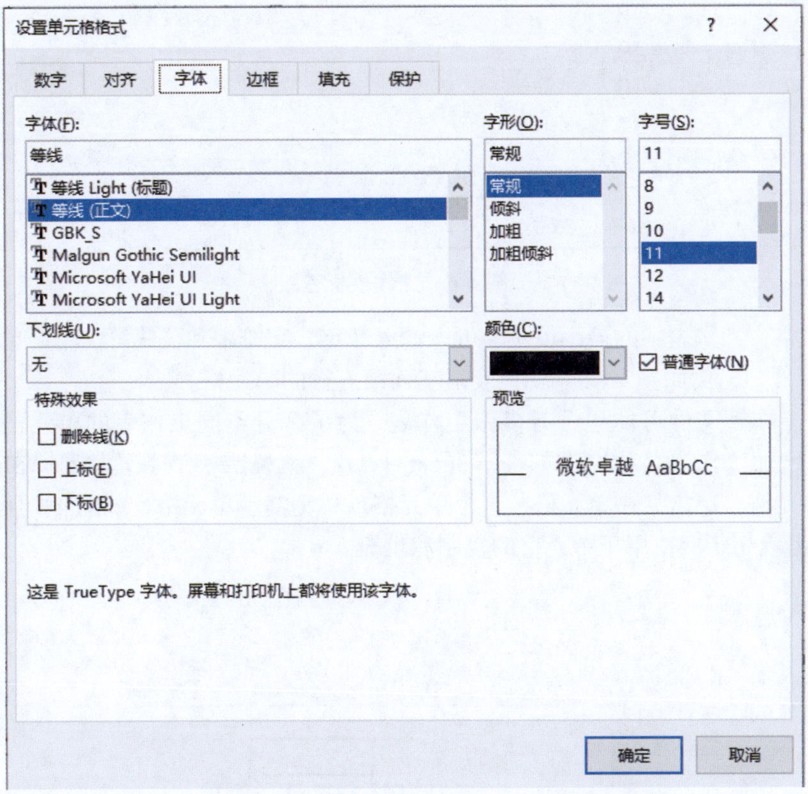

图 4-4　“设置单元格格式”对话框

（4）名称框：又称为活动单元格地址，用于显示当前活动单元格的名称。

（5）编辑栏：用于显示和编辑活动单元格中的数据和公式。选定某单元格后，就可以在编辑栏输入或编辑数据。它的左侧有三个按钮，依次为：

①“取消”按钮，可以恢复输入前的状态。

②“输入”按钮，确定输入的内容。

③“插入函数”按钮，实现函数输入。

（6）工作表区域：又称工作簿窗口，包括行号、列标、滚动条、工作表标签等。

2. 工作簿、工作表和单元格

（1）工作簿：Excel 用来保存并处理数据的文件，扩展名为“.xlsx”。启动 Excel 2016 后，系统会自动建立一个名为“工作簿 1”的文件。当用户存储文件时，可改为用户自定义文件名，如“员工档案”，如图 4-5 所示。

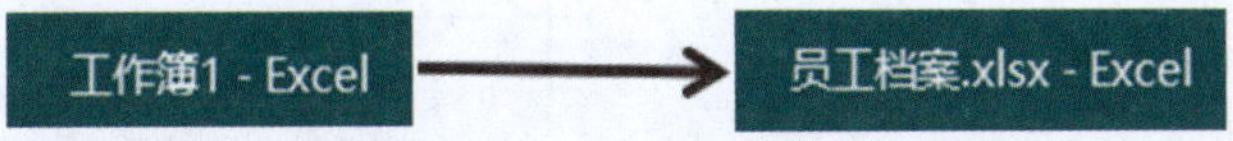

图 4-5　用户自定义文件名

（2）工作表：存储和处理数据的二维表格，由若干行列交叉而成的单元格组成。用户在工作表中完成数据的录入、处理、存储和分析。新建的工作簿默认包含一张工作表，默认名称为 sheet1，如图 4-6 所示。

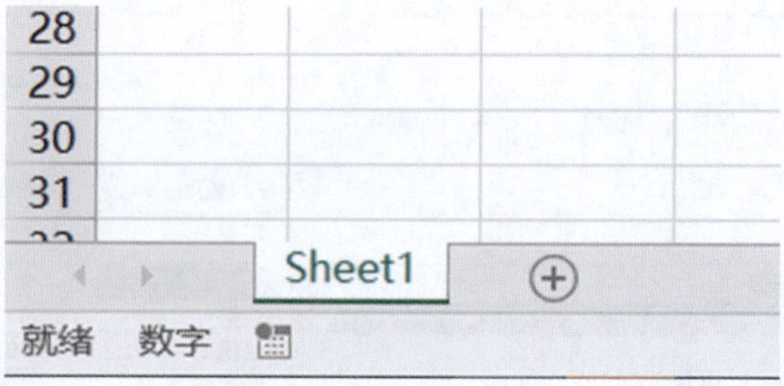

图 4-6　工作表标签

（3）单元格：工作表中的最小单位，可以输入数字、字符串和公式等。单个单元格地址可表示为“列标+行号”，例如：“C5”就代表第三列第五行的单元格。

由于一个工作簿文件可能包含有多张工作表，为了区分不同工作表的单元格，有时要在单元格地址前面增加工作表名称。例如，“Sheet3！D2”就说明了该单元格是“Sheet3”工作表中的“D2”单元格。单击某一单元格，这个单元格就称为活动单元格，如图 4-7 所示，右下角的绿色小方块称为填充句柄，用于单元格的复制和填充。

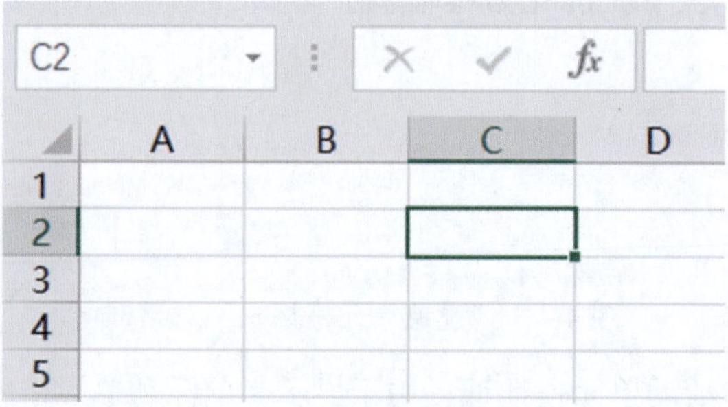

图 4-7　活动单元格

多个连续的单元格称为单元格区域，引用单元格区域的方法是使用左上角的单元格地址和右下角的单元格地址来表示，两者之间用冒号分隔。如 D2：F6 代表如图 4-8 中选中的单元格。

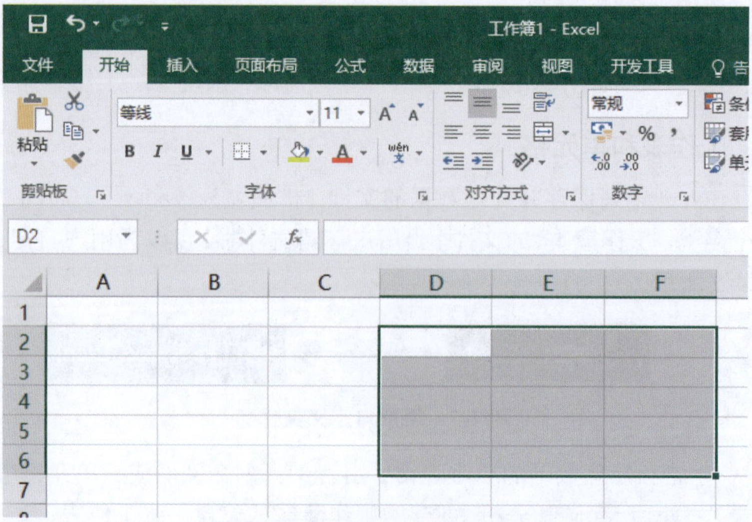

图 4-8　单元格区域

二、移动和复制工作表

1. 移动工作表

移动和复制工作表

移动工作表是指将指定的工作表从一个地方移到另一个地方，工作表出现在目标位置，源工作表不复存在。

移动工作表可通过以下三种方式实现：

（1）菜单命令：选择目标工作表，在“开始”选项卡下的“单元格”组中单击“格式”下拉按钮，在弹出的下拉菜单中选择“移动或复制工作表(M)……”命令，在打开的“移动或复制工作表”对话框中选择要移动到的目标位置（如 sheet3，见图 4-9），单击“确定”按钮完成移动操作。

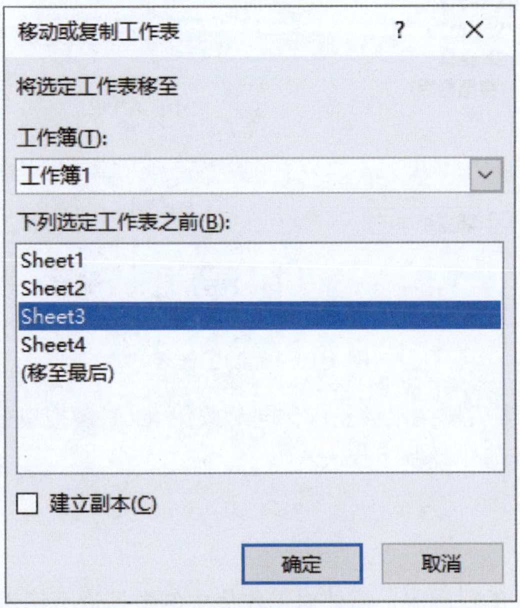

图 4-9　移动工作表

（2）快捷菜单：在工作表标签上单击鼠标右键，在弹出的快捷菜单中选择“移动或复制(M)”命令。在打开的“移动或复制工作表”对话框中，选择要移动到的目标位置（如 sheet3），单击“确定”按钮即可完成移动操作。

（3）鼠标：选择工作表后按住鼠标左键，拖曳鼠标到目标位置时释放鼠标左键完成移动操作。

2. 复制工作表

复制工作表将指定的工作表从一个地方复制到另一个地方，并在目标位置建立副本，无论是在源工作簿中还是目标工作簿中，指定复制的工作表仍然存在。

复制工作表可通过以下三种方式实现：

（1）菜单命令：选择目标工作表，在“开始”选项卡“单元格”组中单击“格式”下拉按钮，在弹出的下拉菜单中选择“移动或复制工作表(M)……”命令，在打开的“移动或复制工作表”对话框中勾选“建立副本”复选框，单击“确定”按钮完成复制操作。

（2）快捷菜单：在工作表标签上单击鼠标右键，在弹出的快捷菜单中选择“移动或复制(M)”命令。在打开的“移动或复制工作表”对话框中，勾选“建立副本”复选框，单击“确定”按钮完成复制操作，如图 4-10 所示。

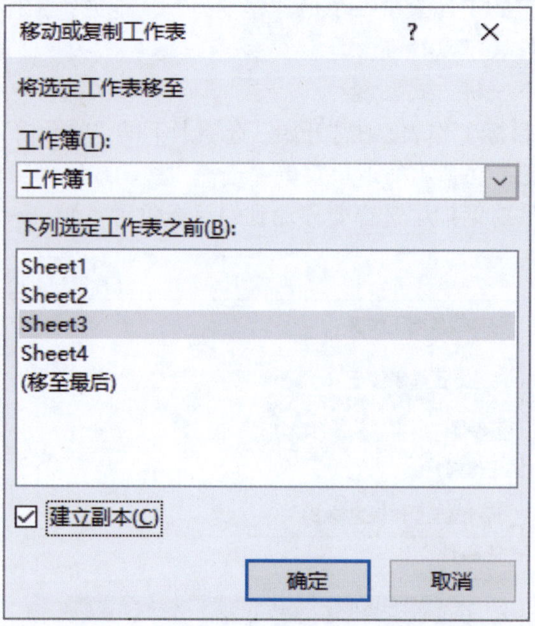

图 4-10　复制工作表

（3）鼠标：选择工作表后按住鼠标左键，同时按住<Ctrl>键拖曳鼠标指针到目标位后释放鼠标左键可快速在同一个工作簿中复制工作表。

三、编辑数据

用户在使用 Excel 2016 的过程中，需要对工作表中的数据进行编辑处理。

编辑数据

1. 编辑单元格

进入单元格编辑状态有以下三种方式：

（1）双击单元格就可以直接对其内容进行编辑。

（2）单击要修改的单元格中，按<F2>键。

（3）单击需要编辑的单元格，在编辑栏中输入修改的内容。

进入单元格编辑状态后，光标变成垂直竖条形状，用户可以直接输入内容，也可以用方向键将插入点移动到编辑位置进行编辑。

2. 清除单元格中的内容

清除单元格中的内容有以下三种方式：

（1）菜单命令：在“开始”选项卡中单击“编辑”组中的“清除”下拉按钮，在下拉菜单中选择“清除内容”命令，即可清除所选单元格中的内容，如图 4-11 所示。

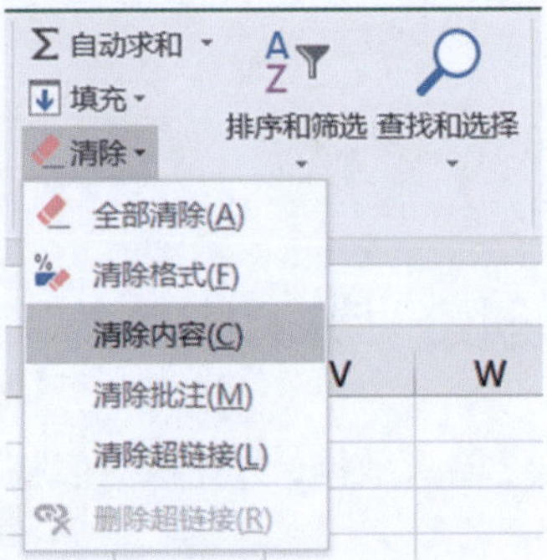

图 4-11　清除单元格内容

（2）快捷菜单：用鼠标右键单击要清除内容的单元格，在弹出的快捷菜单中选择“清除内容”命令，单元格中的内容被清除了，而单元格依然存在。

（3）快捷键：选中单元格后按<Delete>键，可以清除所选单元格中的内容。

3. 设置数据验证

设置数据验证是指对单元格输入数据的类型和范围预先进行设置，保证数据被限定在有效的范围内，以便减少录入数据的错误。同时还可以设置相关的提示信息。

具体操作：切换到“数据”选项卡，选择“数据工具”组中的“数据验证”下拉列表中的“数据验证”命令，如图 4-12 所示。

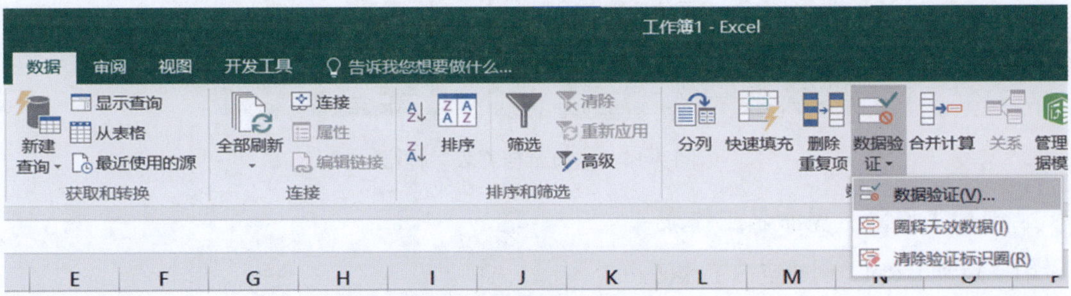

图 4-12　“数据工具”组

打开“数据验证”对话框进行设置，如图 4-13 所示。

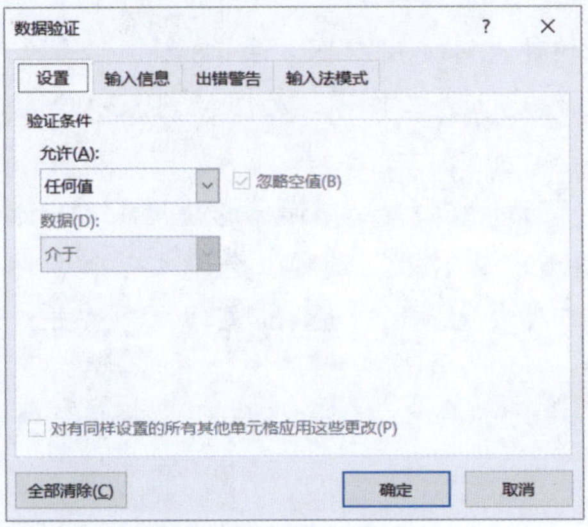

图 4-13　数据验证设置

实践体验

创建“员工档案表”

创建“员工档案表”的基本框架、输入数据，并完成对表格的美化修饰。样张如图 4-14 所示。

	A	B	C	D	E	F	G
1	编号	姓名	身份证号码	部门	学历	职称	入职时间
2	WZ001	王平	212221197412018827	财务部	本科	会计师	1997/6/30
3	WZ002	李丽	230224197203094626	人力资源部	大专	助理统计师	1998/6/28
4	WZ003	张华	252121198009308825	市场部	高中	无	1999/4/15
5	WZ004	张伟红	310121197705078823	人力资源部	本科	高级经济师	2000/7/9
6	WZ005	齐涵宇	250583197810120072	市场部	本科	经济师	2002/8/15
7	WZ006	王伟	210121198009090000	市场部	本科	高级经济师	2003/7/10
8	WZ007	张辉	356121198405258012	物流部	本科	工程师	2006/7/20
9	WZ008	陈琳	411121198502268022	物业部	大专	助理工程师	2007/6/29
10	WZ009	罗啸	223121198110124821	物流部	本科	工程师	2013/7/1
11	WZ010	田天	320121197606278248	培训部	高中	无	1994/5/10
12	WZ011	张宏伟	280121198703138215	财务部	中专	助理会计师	1994/6/25
13	WZ012	胡敏	240121197310191842	财务部	本科	高级会计师	1995/7/1
14	WZ013	裴红	310121197109088463	市场部	本科	经济师	1995/7/5
15	WZ014	王杰	210121197309238214	行政部	本科	助理工程师	1996/7/2
16	WZ015	张晋	210121197408058434	市场部	硕士	高级经济师	1997/3/20
17	WZ016	白泽源	310121197109088463	行政部	本科	工程师	2001/6/30
18	WZ017	张建平	460121197802168822	物业部	本科	工程师	2001/7/15
19	WZ018	马晨曦	210121198005158022	人力资源部	本科	工程师	2002/7/3
20	WZ019	韩晓炳	230121198011298443	物流部	本科	助理会计师	2003/7/10
21	WZ020	李利	312521197804057835	培训部	大专	工程师	2003/7/18
22	WZ021	李强	210151197908028015	市场部	硕士	高级工程师	2003/8/1
23	WZ022	贾丽霞	221121198304298428	市场部	大专	无	2005/6/28
24	WZ023	刘宇	210121198506208452	财务部	本科	会计师	2007/7/20
25	WZ024	赵永红	220121198510264848	行政部	中专	无	2010/7/15
26	WZ025	刘旭	210121198703138215	培训部	硕士	高级经济师	2020/7/5

图 4-14　“员工档案表”样张

1. 创建工作簿，重命名工作表

（1）启动 Excel，创建空白工作簿。

单击“开始—所有程序—Microsoft office—Microsoft Excel 2016”选项，启动 Excel 2016，自动创建一个名为“工作簿 1”的空白工作簿。

> 启动 Excel 软件也可使用以下方法：
>
> （1）双击已经建立的工作簿文档图标，Excel 会启动并且打开相应的文件。
>
> （2）右击“桌面”空白处，在弹出的快捷菜单中选择“新建— Microsoft Excel 工作表”选项，会建立一个名为“新建 Microsoft Excel 工作表.xlsx”的 Excel 文档，再双击打开即可启动 Excel 2016。
>
> 温馨提示

（2）以“员工档案表”为文件名将新建的工作簿保存到 D 盘以自己姓名命名的文件夹中。

保存工作簿也可以使用快捷键 <Ctrl>+< S>；或者通过执行“文件”菜单中的“保存”或“另存为”命令。无论采用哪种操作进行文件保存，只要是第一次对文件进行保存，都会出现“另存为”对话框。

温馨提示

① 单击“快速访问工具栏”中的“保存”按钮，打开“另存为”对话框。

② 在对话框中，拖动中间滚动条，在左侧窗格选中 D 盘，单击窗格上侧的“新建文件夹”按钮，将新建文件夹命名“员工资料”。单击右下角的“打开”按钮，打开新建文件夹。在文件名文本框中输入文件名为“员工档案表”，保存类型为默认的“Excel 工作簿(*.xlsx)”，单击“保存”按钮。具体步骤如图 4-15 所示。

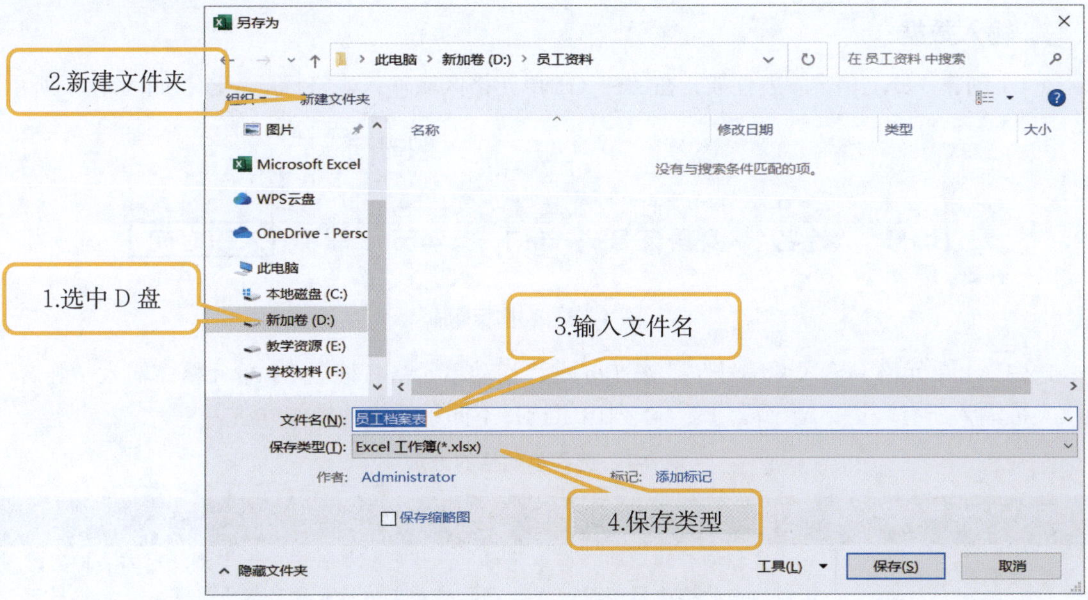

图 4-15 “另存为”对话框

（3）重命名工作表：将 sheet1 工作表重命名为“员工档案”，具体步骤如图 4-16 所示。

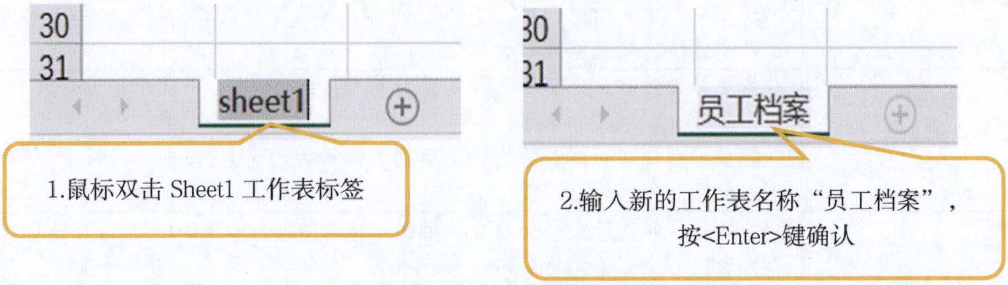

图 4-16 重命名工作表

重命名工作表还可以使用以下方法：

（1）选择目标工作表，在“开始”选项卡的“单元格”组中单击“格式”下拉按钮，在弹出的下拉菜单中选择“重命名工作表”命令，工作表名称进入可编辑状态，输入新工作表名称，按<Enter>键或单击工作表编辑区任意位置即可。

（2）在需要重命名的工作表上单击鼠标右键，在弹出的快捷菜单中选择“重命名”，工作表名称变为可编辑状态，输入新名称后按<Enter>键或单击工作表编辑区任意位置即可。

温馨提示

2. 输入数据

（1）创建“员工档案”表框架，在 A1：G1 单元格区域输入表格标题字段，如图 4-17 所示。

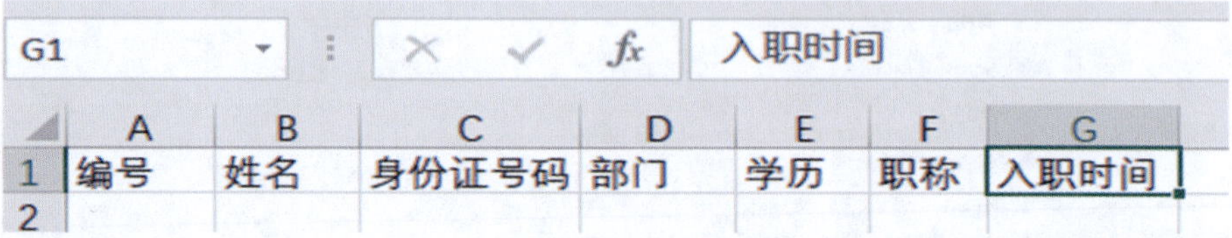

图 4-17　表格标题

选中 A1 单元格，输入“编号”，按 Tab 键将活动单元格右移至 B1 单元格，输入“姓名”，依次类推输入所有表格标题字段。表 4-1 列出了选择不同单元格的操作方法。

表 4-1　选择单元格的方法

分类		操作方法
一个单元格		将鼠标指针移动到目标单元格上，待鼠标指针变为十字形状时单击即可。被选择的单元格为黑边框，并且单元格对应的行号和列标也以深灰色突出显示
多个单元格	连续的	在连续单元格区域左上角的单元格上按住鼠标左键，拖曳鼠标指针至连续单元格右下角的单元格位置上；或者选择左上角的单元格后，按住<Shift>键，再选择单元格区域右下角的单元格
	不连续的	选择一个单元格或区域，按住<Ctrl>键，再选择其他单元格或者单元格区域可选择不连续的单元格或单元格区域
整行		将鼠标指针移动到需要选择的整行单元格的行号上，当鼠标指针变为 形状时单击即可
整列		将鼠标指针移动到需要选择的整列单元格的列标上，当鼠标指针变为 形状时单击即可
全部单元格		单击行号和列标交叉处位置的标记，或者直接按<Ctrl>+<A>组合键可以选择工作表中的全部单元格

（2）利用自动填充法输入“编号”，使用常规法输入“姓名”（用回车键完成）。

> 使用 Excel 提供的自动填充数据功能，可以快速输入大量有规律的数据，例如序号、连续的数值等，从而提高工作效率。
>
> 温馨提示

① 在 A2 单元格中输入“WZ001”。

② 选中 A2 单元格，按住鼠标左键拖拽其右下角的填充句柄至 A26 单元格，松开鼠标即可。

③ 选中 B2 单元格，输入“王平”，按回车键，参照样张依次输入其他员工“姓名”。

（3）设置“身份证号码”列的数据类型为文本格式，并输入相应数据。

在 Excel 中，当输入的数字长度超过 11 位时，系统自动将该数字处理为“科学计数”的格式，如“2.30 e+15”。为了防止这种情况出现，我们可在输入身份证号码前，将要输入身份证号码的单元格区域设置为文本格式，具体操作如下：

① 选中 C2：C26 单元格区域。

② 选择“开始”选项卡“单元格”组中“格式”下拉框中的“设置单元格格式”命令，打开“设置单元格格式”对话框。

③ 选择“数字”选项卡，在“分类”列表框中选择“文本”，单击“确定”按钮（见图 4-18）。

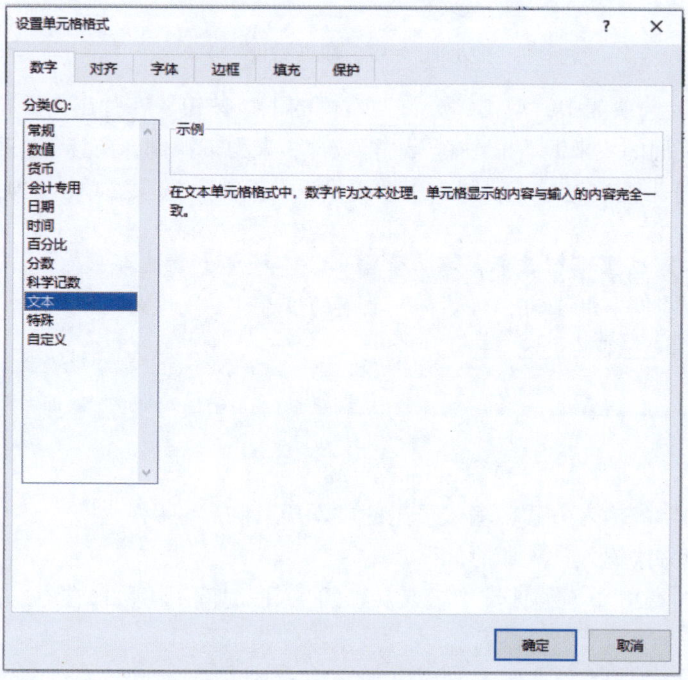

图 4-18　设置单元格格式

这样在设置好的单元格区域中就可以自由地输入数字了，输入完数字后，会在单元格的左上角显示一个绿色小三角。

（4）利用“数据有效性”，快速完成“部门”“学历”和“职称”列填充。

① 为“部门”列设置有效数据序列。

对于一个公司而言，其工作部门是相对固定的，为了提高输入效率，我们可以为部门定义一组序列值，这样在输入的时候，可以直接从提供的序列值中选取。

i. 选中 D2：D26 单元格区域。

ii. 切换到“数据”选项卡，选择“数据工具”组中“数据验证”下拉列表中的“数据验证”命令，打开如图 4-19 所示的“数据验证”对话框。

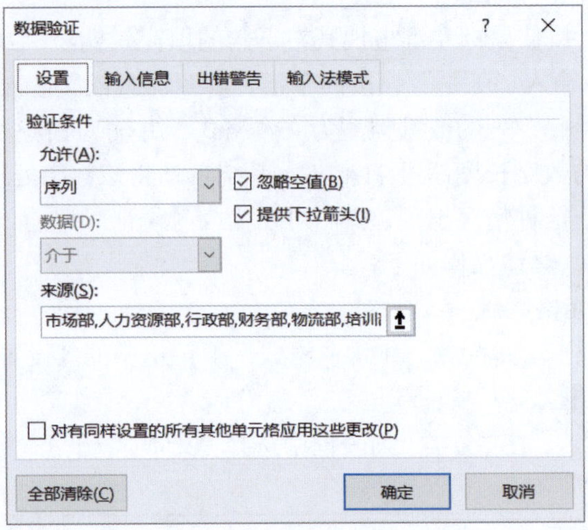

图 4-19　数据验证

iii. 在“设置”选项卡中，单击“允许”右侧的下拉按钮，在弹出的下拉菜单中，选择“序列”选项，然后在下面的“来源”框中输入“行政部，人力资源部，市场部，财务部，物业部，培训部”（注意分隔符为英文逗号），并选中“提供下拉箭头”选项。单击“确定”按钮。

这里“行政部，人力资源部，市场部，物流部，财务部，物业部，培训部”之间的逗号“，”均为英文状态下的逗号。

温馨提示

② 参照“部门”的输入方式，输入员工的“学历”和“职称”。

（5）使用常规方法输入“入职时间”。

参照样张在 G2：G26 单元格区域中输入员工的“入职时间”。例如，在 G2 单元格中输入“1997-06-30”。

3. 导出数据

将编辑好的表格数据导出，以备其他工作时使用（文件名为：员工档案.prn）。

（1）选中“员工档案”。

（2）选择“文件”菜单中的“另存为”，出现“另存为”对话框。

（3）将“员工档案”保存为“带格式文本文件（空格分隔）”类型，保存位置为 D 盘下的“员工资料”文件夹，文件名为“员工档案”，如图 4-20 所示。

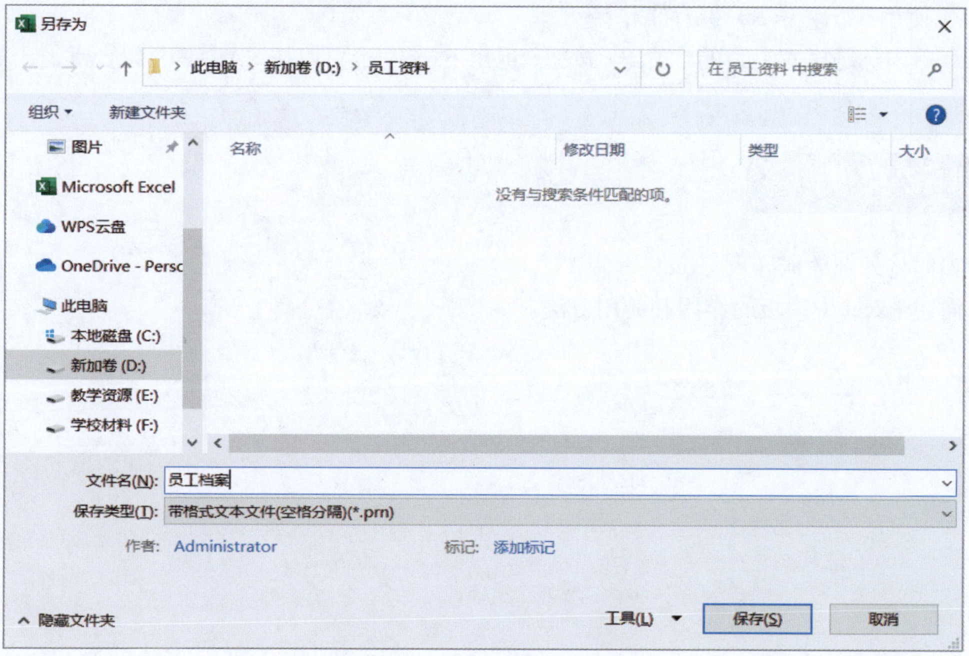

图 4-20 “另存为”对话框

（4）单击“保存”按钮，弹出如图 4-21 所示的提示框。

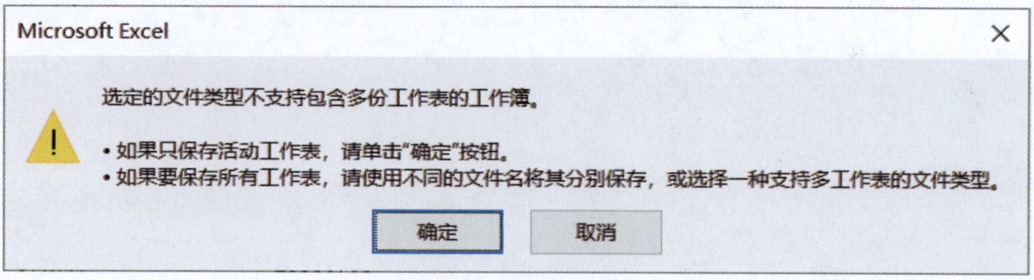

图 4-21 保存类型确认

（5）单击“确定”按钮弹出如图 4-22 所示的提示框。

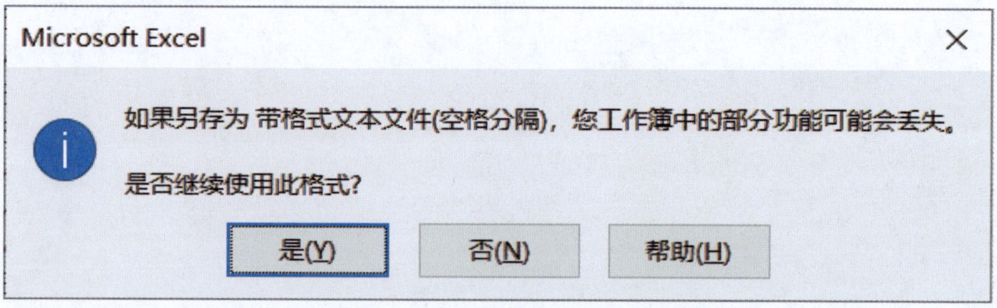

图 4-22 警告提示

（6）单击“是”按钮，完成文件的导出，导出的文件格式为.prn。

4. 保存工作簿

保存“员工档案”工作簿，并退出 Excel。

（1）使用<Ctrl> +< S> 保存工作簿。

（2）单击标题栏右上角的“关闭”按钮，退出 Excel。也可以按“Alt+F4”组合键退出 Excel。

讨论交流

1. 如何将外部数据导入 Excel？
2. 简述 Excel 中模板的作用和使用方法。

任务 4.2 美化数据

打开 Excel 2016 可以创建一个新的电子表格文件，并且使用表格来存储和管理各种数据。为进一步优化表格，我们可以对表格的字体、边框、底纹、对齐等方式等进行设置；也可以使用“条件格式”功能对数据进行可视化和高亮显示，以便更好地分析和理解数据；还可以使用“套用表格样式”简单快捷地对工作表进行美化。本节具体内容如图 4-23 所示。

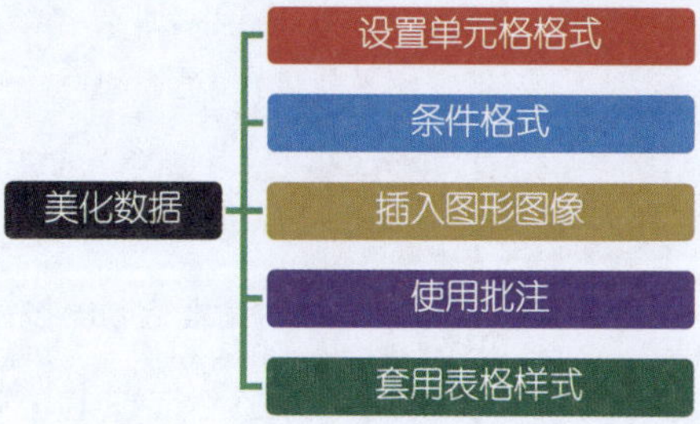

图 4-23　内容梳理

学习目标

- ✧ 熟悉各种字体、字号、字形和颜色的设置，能熟练设置表格的文字格式。
- ✧ 学会设置表格边框、底纹效果。
- ✧ 掌握 Excel 基本知识，并能熟练操作、综合运用。
- ✧ 能够较熟练地创建并设计出一个美观且独具个性的电子表格。

职业素养

- ✧ 让学生感受美、鉴赏美，体验自我创作的乐趣。
- ✧ 培养学生积极向上的品质，树立终身学习的意识。
- ✧ 以学生实践操作为主线，通过作品展示激发学生的学习兴趣，调动学生自主、合作学习能力。
- ✧ 剖析学习方法，培养学生的实践精神与创新意识。

任务实施

一、设置单元格格式

设置单元格格式

1. 设置数据格式

通过应用不同的数据格式，可以更改数据的外观而不更改数据本身。数据格式并不影响 Excel 2016 用于执行计算的单元格实际值。实际值显示在编辑栏中。若要查看所有可用的数据格式，可以单击“数字”组中的对话框启动器按钮，如图 4-24 所示。

图 4-24　“数字”组对话框启动器按钮

打开“设置单元格格式”对话框，切换到“数字”选项卡，如图 4-25 所示。

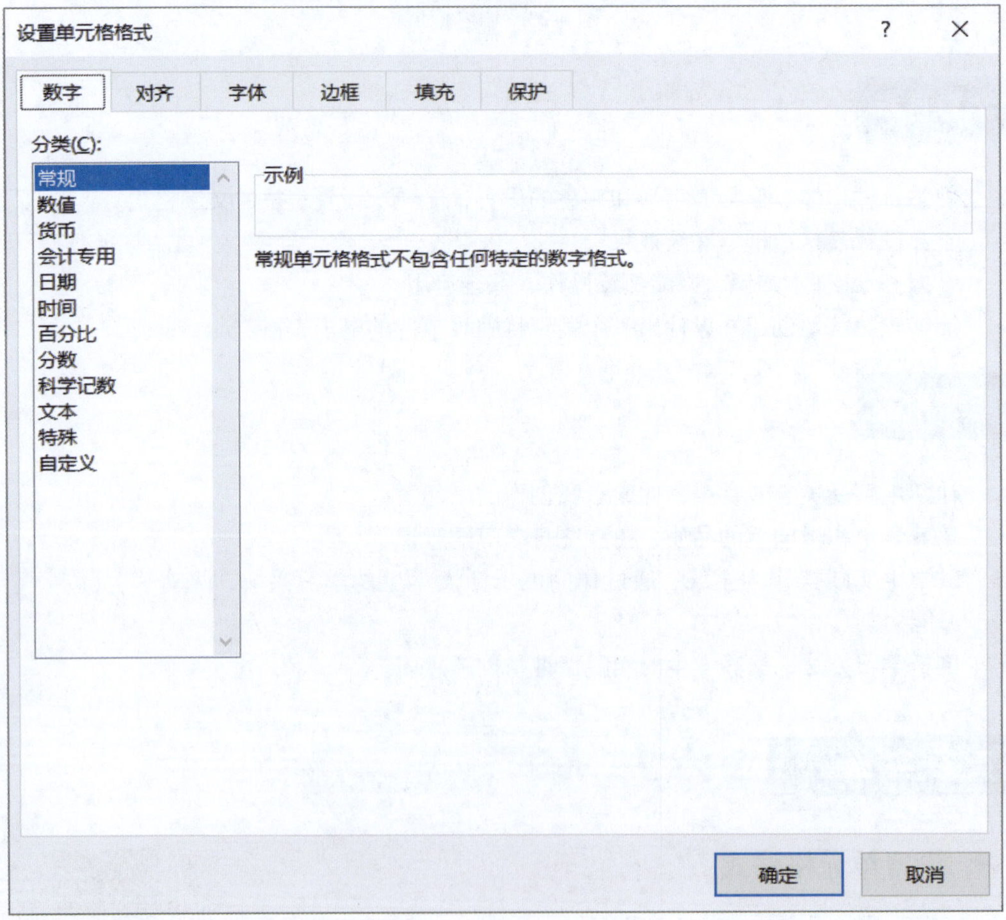

图 4-25　“数字”选项卡

左侧“分类”列表中各项含义如表 4-2 所示。

表 4-2 “分类”列表中各项含义

格式	说　明
常规	默认格式。当在 Excel 中输入数字时，如果不特别指定格式，Excel 通常会使用“常规”格式来显示这些数字。除非单元格的宽度不足以显示整个数字，这时 Excel 可能会对带有小数点的数字进行四舍五入，以确保所有内容都能在单元格中显示。对于非常大的数字（通常是 12 位或更多位），“常规”格式会使用科学记数法（指数表示法）来显示这些数字。这是为了确保数字能够在有限的单元格宽度内完整显示，同时保持其准确性。需要强调的是“常规”格式只影响数字的显示方式，而不影响 Excel 用于执行计算的实际单元格值。实际值始终存储在单元格中，并可以在编辑栏中查看
数值	用于数字的一般表示。它允许用户指定数字的小数位数、是否使用千位分隔符以及负数的显示方式
货币	是一种专门用于表示货币值的数字格式，具有自动添加货币符号、提高可读性和灵活性等特点。通过选择合适的货币符号、设置小数位数和负数显示方式等选项，可以将数字格式化为符合要求的货币值，并在 Excel 表格中直观地显示
会计专用	此格式特别为会计和财务工作者设计，用于更准确地显示货币值。通过对齐货币符号和小数点，以及自定义设置其他选项，会计专用格式可以大大提高数据的可读性和准确性
日期	用于显示日期数据的特定格式。Excel 提供了多种日期格式选项，如“短日期”“长日期”“年月日”“年月”等。除了预设的日期类型外，用户还可以自定义日期格式。通过组合不同的日期元素（如年、月、日、星期等）和分隔符（如斜杠“/”、短横线“-”等），可以创建满足特定需求的日期格式。日期格式的设置方法：首先，需要选择想要设置日期格式的单元格或单元格区域。打开设置单元格格式对话框，选择“数字”选项卡，并从“分类”列表中选择“日期”，在“类型”列表中，可以选择预设的日期类型，或者点击“自定义”按钮来自定义日期格式。在“示例”框中，可以看到所选数字格式选项的预览效果。如果满意，点击“确定”按钮应用设置。当在 Excel 单元格中输入日期时，Excel 会自动将其识别为日期数据，并根据设置的日期格式进行显示。日期格式的显示方式可能受到操作系统区域设置的影响。例如，在某些地区，日期可能以“日/月/年”的格式显示，而在其他地区则可能以“月/日/年”的格式显示
时间	这是一种特定的格式，用于在 Excel 单元格中显示时间数据。Excel 提供了多种预设的时间格式，如“h:mm AM/PM”“h:mm:ss AM/PM”等，除了预设的时间格式外，用户还可以根据需要自定义时间格式。通过组合不同的时间元素（如小时、分钟、秒）和分隔符（如冒号“:”），可以创建满足特定需求的时间格式。设置方法为选择单元格或单元格区域，打开设置单元格格式对话框，选择时间格式：在“设置单元格格式”对话框中，选择“数字”选项卡，并从“分类”列表中选择“时间”，在“类型”列表中，可以选择预设的时间类型，或者点击“自定义”按钮来自定义时间格式，在“示例”框中，可以看到所选时间格式选项的预览效果。如果满意，点击“确定”按钮应用设置。使用时间格式要注意，时间是以序列号形式存储的，其中序列号的小数部分代表时间。例如，序列号 0.5 表示中午 12:00。Excel 支持 24 小时制和 12 小时制的时间表示方式。通过选择适当的时间格式，可以在单元格中显示 AM/PM（上午/下午）标记。在 Excel 中，日期和时间通常是结合使用的。可以通过设置单元格格式为“日期+时间”的方式，在同一个单元格中同时显示日期和时间数据
百分比	用于将数字表示为百分比形式。例如，将数字 0.25 设置为百分比格式后，将显示为 25%

续表

格式	说　明
分数	用于将数字或小数转换为分数形式进行显示。Excel 提供了多种分数格式选项，使用户可以根据需要选择合适的分数表示方式
科学记数	是一种表示非常大或非常小的数字的方式，它以“E”或“e”表示乘以 10 的幂。在 Excel 中，当数值过大或过小，或者列宽不足以显示整个数值时，会自动采用科学记数法来表示。例如：1.23E+03 表示 1.23 乘以 10 的 3 次方，即 1230；4.56E-02 表示 4.56 乘以 10 的负 2 次方，即 0.0456
文本	允许将单元格中的内容视为文本，从而保留前导零、特殊字符和空格。当需要处理以 0 开头的数字、身份证号、电话号码等文本数据时，文本格式特别有用。但是，请注意，设置为文本格式的单元格内容不会参与 Excel 中的数学计算
特殊	将数字显示为邮政编码、电话号码或社会安全号码等
自定义	通过自定义格式，可以创建独一无二的格式代码，以实现个性化的数据展示，满足各种特定的需求。例如：0.00 将数字显示为带有两位小数的格式，如 123.456 显示为 123.46；#,##0 在数字中使用千位分隔符，如 1234567 显示为 1,234,567；"$"* #,##0.00_);("$"* (#,##0.00);"$"* "-"??_);(@_)是一个复杂的自定义格式，用于显示货币值，包括正数、负数和零的不同格式

2. 设置对齐方式

Excel 2016 默认的对齐方式是文本左对齐、数字右对齐，用户也可以根据自己的需要进行设置，有如下几种方法。

（1）选中需要设置的单元格或行、列，在“开始”选项卡的“对齐方式”组中单击不同的对齐方式按钮，如图 4-26 所示。

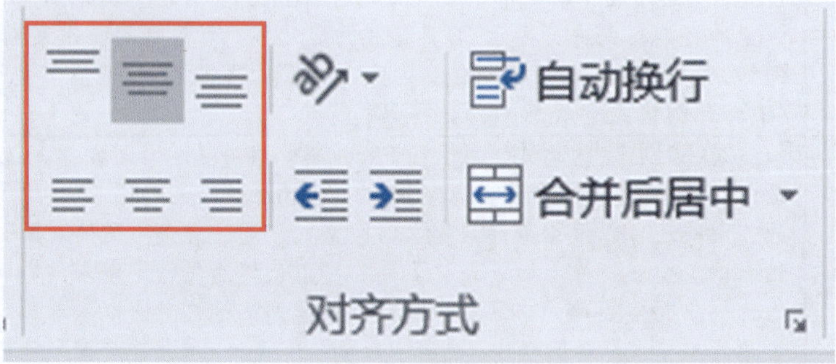

图 4-26　对齐方式

（2）单击“开始”选项卡“对齐方式”组右下角的“对话框启动器”按钮，在弹出的“设置单元格格式”对话框中，单击“对齐”选项卡，在“水平对齐”和“垂直对齐”下拉列表框中可以设置对齐方式。

（3）选中需要设置的单元格或行、列，单击鼠标右键，在弹出的快捷菜单中选择“设置单元格格式”命令；在弹出的“设置单元格格式”对话框中单击“对齐”选项卡，在“水平对齐”和“垂直对齐”下拉列表框中可以设置对齐方式，如图 4-27 所示。

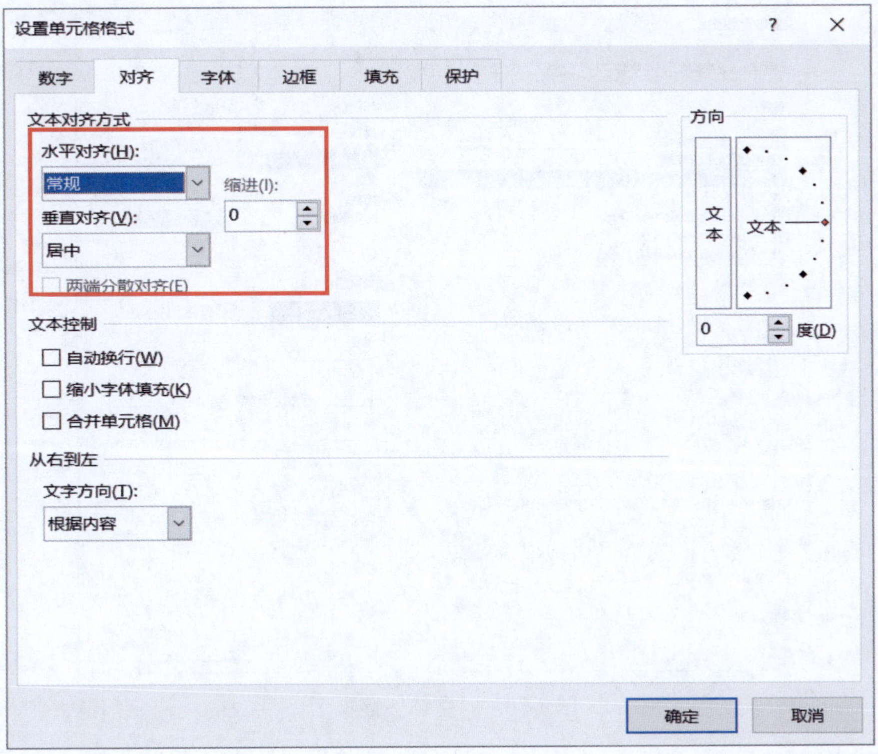

图 4-27　“对齐”选项卡

3. 设置字体格式

有时候根据实际需要，需要对表格中数据的字体进行格式化设置，使表格看起来更美观，可以使用以下几种方法。

（1）选中要设置字体的单元格，在“开始”选项卡的“字体”组中有设置字体格式的各种功能按钮（见图 4-28），单击即可。

图 4-28　“字体”组功能按钮

（2）用鼠标右键单击单元格，在弹出的浮动工具栏中设置字体格式（见图 4-29）。

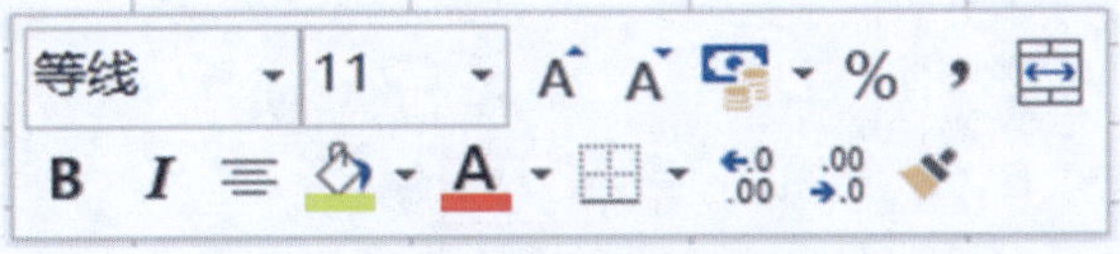

图 4-29　浮动工具栏

（3）单击“开始”选项卡“字体”组右下角的对话框启动器按钮，在弹出的“设置单元格格式”对话框中，单击“字体”选项卡，通过该对话框设置字体格式（见图 4-30）。

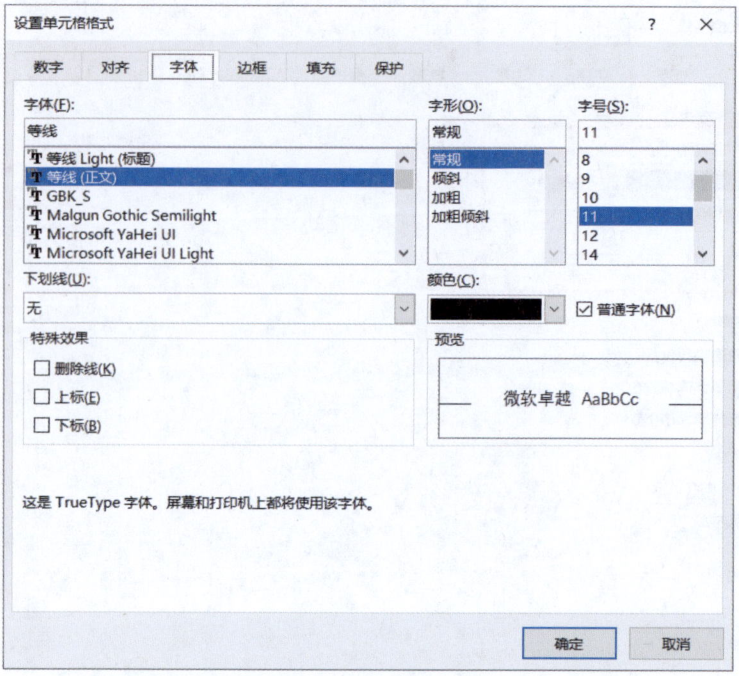

图 4-30　“字体”选项卡

4. 设置边框

通常情况下，Excel 2016 中各个单元格的四周都是没有边框线的，用户在窗口中看到的只是虚的网格线。用户可以自行为单元格添加边框，以提升单元格的显示效果。设置单元格边框的方法和设置字体格式的方法大致相同，具体有以下几种方法：

（1）选中要设置边框的单元格，单击“开始”选项卡“字体”组中的“边框”下拉按钮，在弹出的下拉菜单中选择边框的类型即可（见图 4-31）。

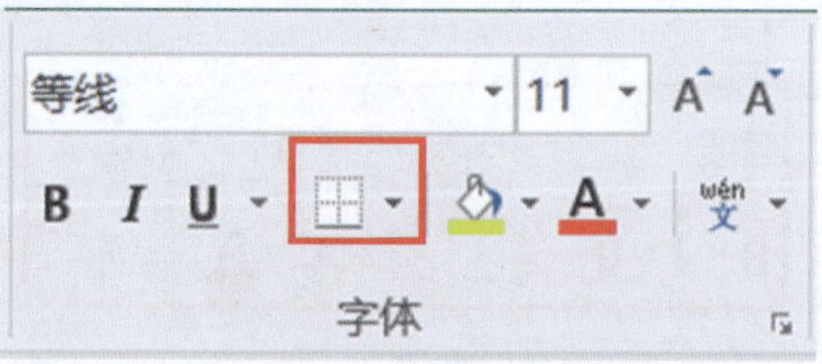

图 4-31　“字体”组中的“边框”按钮

（2）用鼠标右键单击选中的单元格，在弹出的浮动工具栏中单击“边框”下拉按钮，在弹出的下拉菜单中选择合适的边框即可（见图 4-32）。

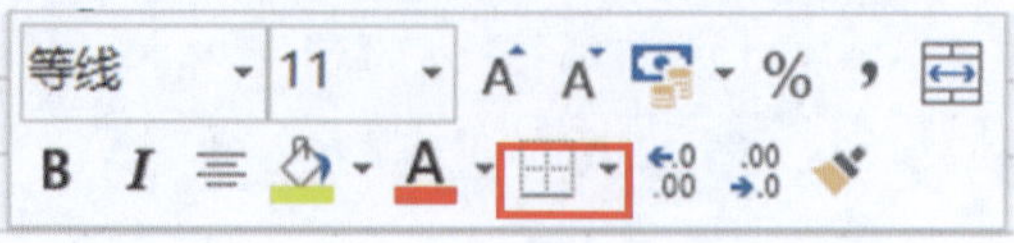

图 4-32　浮动工具栏中的“边框”按钮

（3）单击“开始”选项卡“字体”组中的“对话框启动器”按钮，在弹出的“设置单元格格式”对话框中单击“边框”选项卡，设置好边框的各种属性后，单击“确定”按钮（见图 4-33）。

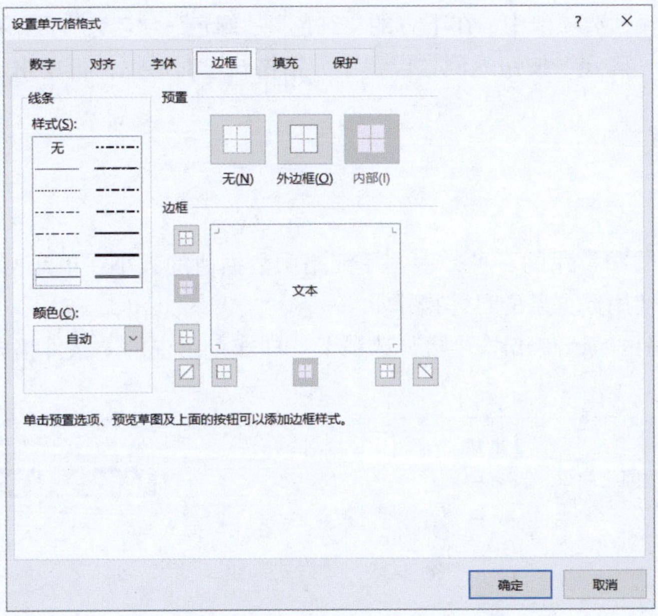

图 4-33　“边框”选项卡

5. **设置底纹**

为了更加美观，可以为单元格填充底纹。具体操作如下：

（1）选中要填充底纹的单元格，单击“开始”选项卡“字体”组中的“对话框启动器”按钮，在弹出的“设置单元格格式”对话框中单击“填充”选项卡，在“背景色”色块中选择合适的颜色。如果“背景色”色块菜单中没有合适的颜色，可以单击“其他颜色”按钮，在弹出的“颜色”对话框中选择需要的颜色，如图 4-34 所示。

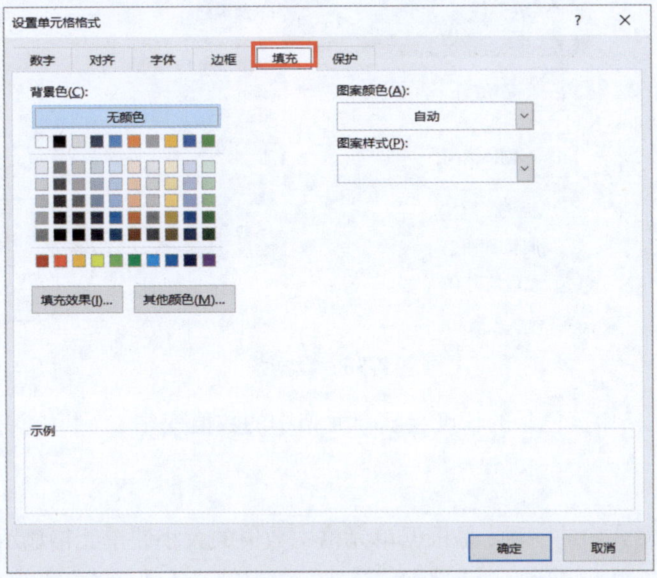

图 4-34　“填充”选项卡

（2）在“颜色”对话框中单击“自定义”选项卡，可以在“颜色”选区中单击特定的颜色，也可以切换到“自定义”选项卡中，在下方的“红色”“绿色”“蓝色”数值框中设置特定数值混合颜色，完成后单击“确定”按钮返回“设置单元格格式”对话框，再单击“确定”按钮即可。

二、条件格式

设置条件格式

1. 使用数据条

数据条是条件格式中常用的一种，根据单元格中数据值的大小在单元格中呈现不同的颜色。使用数据条的具体操作如下。

（1）选中单元格区域，单击“开始”选项卡“样式”组中的“条件格式”下拉按钮（见图4-35）。

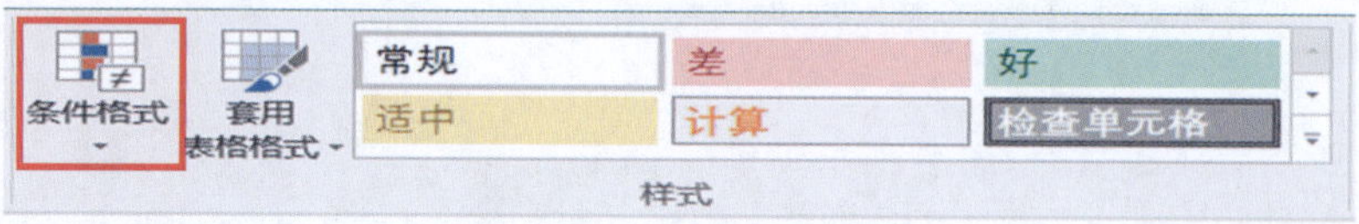

图 4-35 “样式”组

（2）在弹出的下拉菜单中选择“数据条”子菜单，在“渐变填充”选项组中选“浅蓝色数据条”命令，如图 4-36 所示。

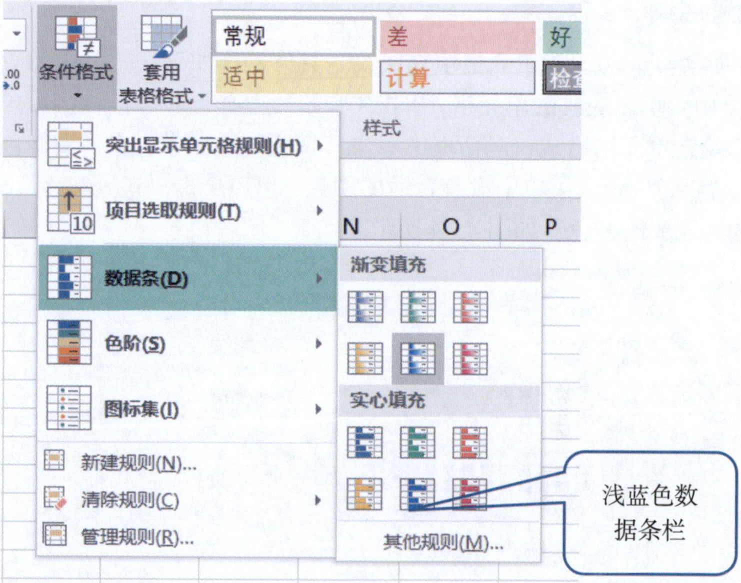

图 4-36 数据条

（3）此时，单元格中蓝色条的长度会随单元格中的数值变化。

2. 使用图标集

图标集也是条件格式中的一种，是根据单元格中数值的大小使单元格显示随数据变化的图标。

选中单元格区域，单击“开始”选项卡“样式”组中的“条件格式”下拉按钮，在弹出的下拉菜单中选择“图标集”子菜单，在“形状”选项组中选择“三标志”命令，此时单元格中的图标根据数值所处的范围变化，如图 4-37 所示。

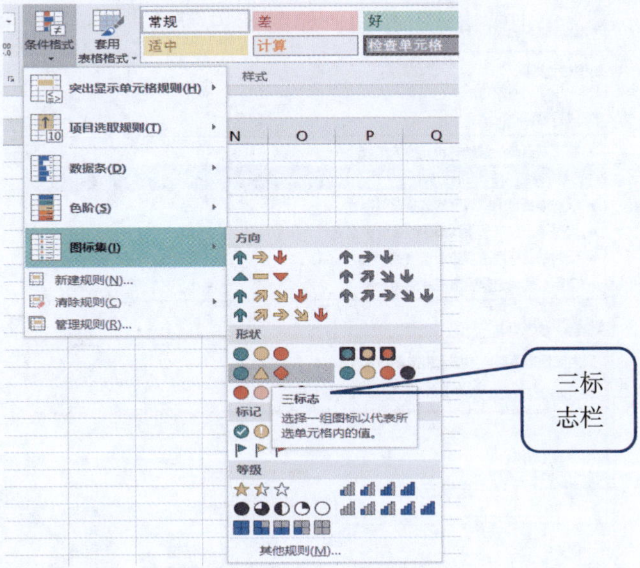

图 4-37　图标集

3. 突出显示单元格规则

在 Excel 2016 中，用户可以突出显示符合特定条件的单元格，用不同的颜色来表示数据的分布或等级。突出显示单元格的具体操作如下。

（1）选中单元格区域，单击“开始”选项卡“样式”组中的“条件格式”下拉按钮，在弹出的下拉菜单中选择“突出显示单元格规则”子菜单，在其中选择“其他规则”命令，如图 4-38 所示。

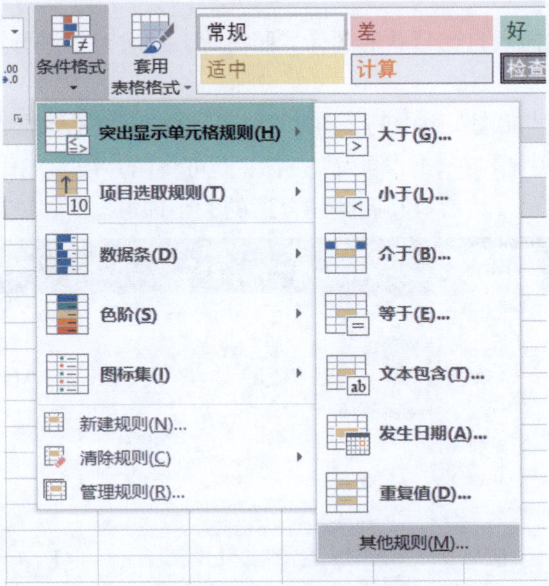

图 4-38　突出显示单元格规则

（2）在弹出的“新建格式规则”对话框的“只为满足以下条件的单元格设置格式”栏中设置

条件“单元格值”的范围，单击“格式”按钮，如图 4-39 所示。

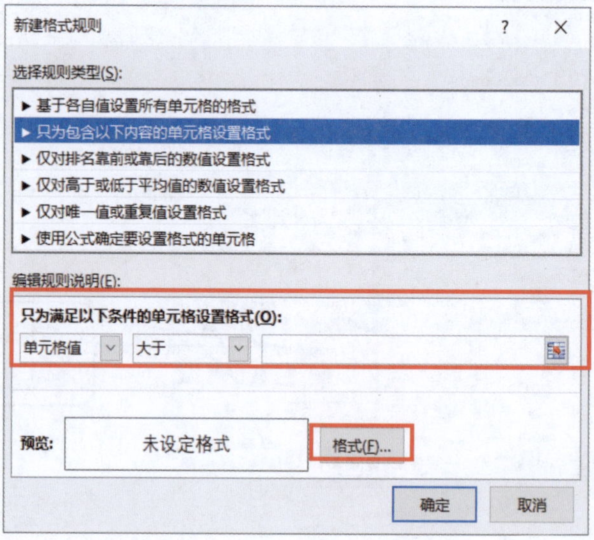

图 4-39　“新建格式规则”对话框

（3）在弹出的“设置单元格格式”对话框中，为符合条件的单元格设置一种格式，如底纹填充为红色（还可以根据需要设置单元格的背景色等），单击“确定”按钮。此时符合条件的单元格突出显示为不同颜色。

三、插入图形图像

插入图形图像

1. 插入图像

用户可以在工作表中插入自己喜欢的图像、照片等，然后对其进行适当的调节，具体操作如下。

单击“插入”选项卡“插图”组中的“图片”按钮，弹出“插入图片”对话框（见图 4-40），选择需要插入的图片“图片 1”，单击“插入”按钮，即可将图片插入工作表中。单击插入的图片，按方向键移动到合适的位置，然后将其调整到合适的大小即可。

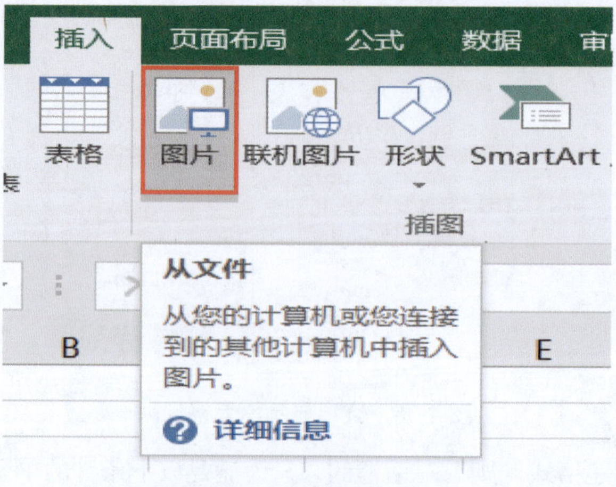

图 4-40　“插入图片”按钮

2. 插入艺术字

用户可以使用艺术字制作更加美观的表格效果，艺术字不受单元格限制，可以灵活处置。

单击“插入”选项卡“文本”组中的“艺术字”下拉按钮（见图 4-41），在弹出的下拉菜单中选择一种艺术字样式。此时，工作表编辑区会出现艺术字文本框，直接输入文本内容，通过拖曳文本框四周的控制柄调整文本框到合适的大小。选中艺术字并单击鼠标右键，在弹出的浮动工具栏中可以设置艺术字的格式。

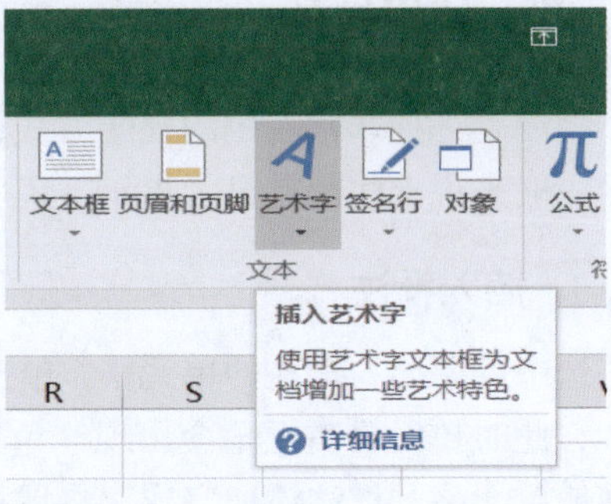

图 4-41　“插入艺术字”按钮

3. 插入 Smart Art 图形

在 Excel 2016 电子表格中可以根据需要插入 Smart Art 图形。Smart Art 图形是一种表示逻辑关系的图形结构，方便用户创建各种关系图形。插入 Smart Art 图形的具体操作如下。

（1）单击“插入”选项卡“插图”组中的“Smart Art”按钮，弹出“选择 Smart Art 图形”对话框（见图 4-42），在列表框中选择合适的图形，单击“确定”按钮。此时，Smart Art 图形已插入文档中。

（2）选中其中一个形状，单击鼠标右键，在弹出的快捷菜单中选择“添加形状”命令可以在需要的位置添加结构的层次，如图 4-43 所示。

（3）选中电子表格中不需要的形状，按“Delete”键可将其删除。

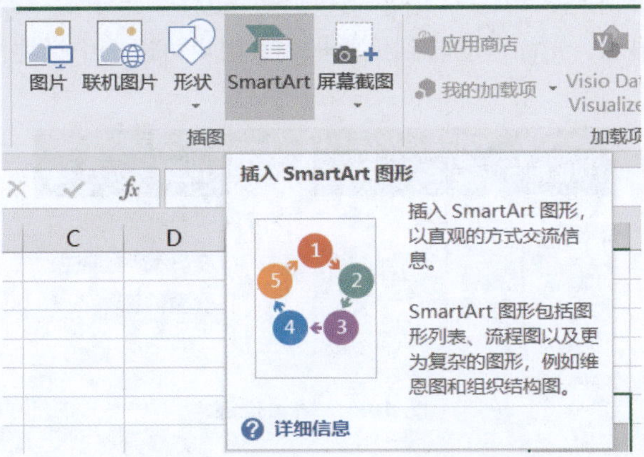

图 4-42　“Smart Art 图形”按钮

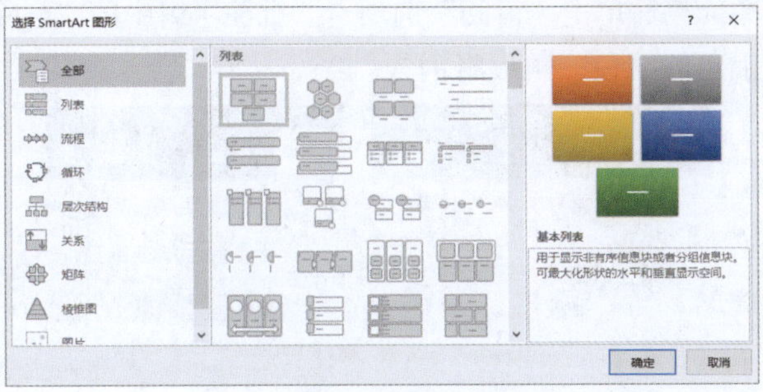

图 4-43　“选择 Smart Art 图形”对话框

四、使用批注

使用批注以及套用样式

批注是一种非常有用的提醒方式，它附加在单元格上，用于注释该单元格。一般来说批注都是显示提示、说明性的信息。

1. 插入批注

选中需要插入批注的单元格，单击“审阅”选项卡“批注”组中的“新建批注”按钮（见图 4-44），此时单元格右上角会出现红色三角形，在单元格旁边出现的文本框中输入批注的内容。单击其他单元格，批注添加完成，将鼠标指针移至红色三角形处，单元格旁就会出现批注内容。

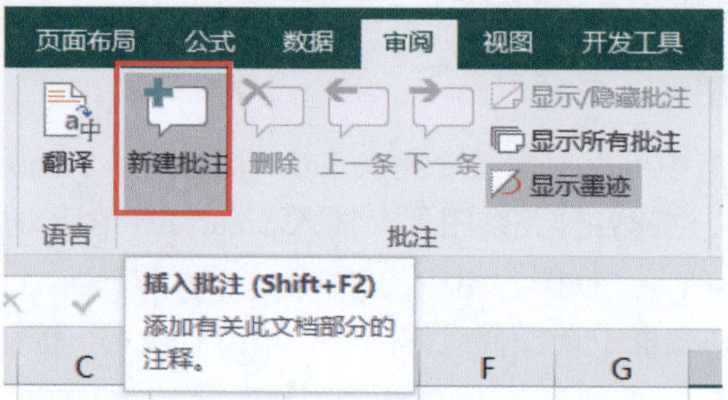

图 4-44　新建批注

2. 修改批注

选中添加了批注的单元格，单击“审阅”选项卡“批注”组中的“编辑批注”按钮（见图 4-45），此时批注框重新显示，光标自动转到批注框内，用户可以选中批注内容进行删除、剪切、编辑等操作。

图 4-45　编辑批注

3. 删除批注

选中添加了批注的单元格，单击“审阅”选项卡“批注”组中的“删除”按钮（见图 4-46）。批注删除后，单元格右上角的红色三角形将消失。

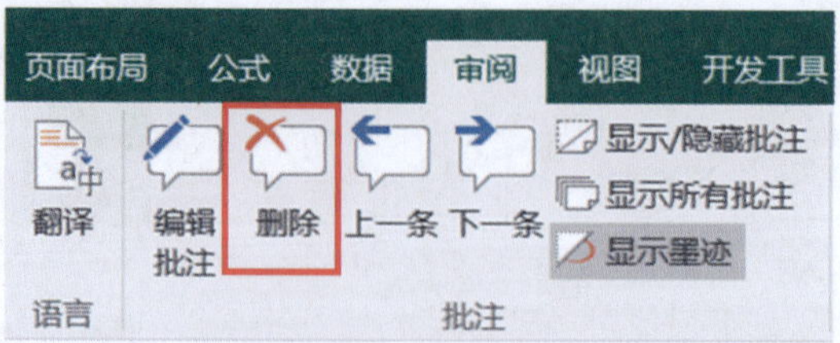

图 4-46　删除批注

五、套用表格样式

Excel 2016 可以利用“自动套用格式”功能快速设置单元格和表格样式，对表格进行美化。

1. 应用单元格样式

选择要设置样式的单元格，单击“开始”选项卡“样式”组中的“单元格样式”下拉按钮，在弹出的下拉菜单中可以直接选择一种 Excel 预置的单元格样式，如图 4-47 所示。

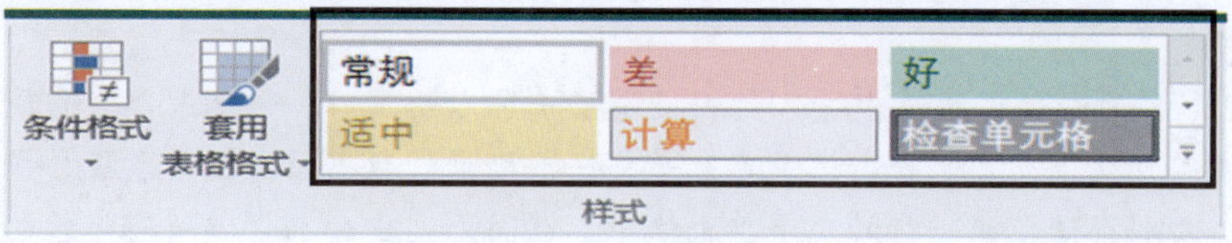

图 4-47　单元格样式

2. 套用表格样式

根据不同的主题颜色和边框样式，系统提供了 60 种表格样式，用户可以直接套用这些预设的表格样式。

选择需要套用表格样式的单元格区域，单击“开始”选项卡“样式”组中的“套用表格样式”下拉按钮，在弹出的下拉菜单中选择需要的样式即可，如图 4-48 所示。

图 4-48　表格样式

实践体验

创建“客户信息管理表”

客户信息资料管理是企业市场部门的一项重要工作。科学、有效地管理客户信息，不仅能提高日常工作效率，还能增加企业的市场竞争能力。下面我们来制作如图 4-49 所示的“客户信息管理表”。

	A	B	C	D	E	F	G	H	I
1	客户编号	公司名称	地区	客户类别	公司地址	联系人	邮政编码	电话	传真
2	0001	国云公司	华北	签约	崇明路25号	王先生	157800	15236478123	(021) 40322180
3	0002	工人企业	华东	临时	黄台北路741号	崔小组	756821	13025478789	(0453) 45558123
4	0003	利发公司	东北	临时	沉香路563号	张先生	162488	13025456896	(022) 21061119
5	0004	兰捷有限公司	西北	签约	平谷大道89号	刘先生	365045	(023) 87956231	(030) 86233244
6	0005	鑫洋家电	西北	签约	劳动路99号	苏小组	132220	13826358795	(090) 65471230
7	0006	乐天集团	华南	签约	花园东街45号	田小组	866451	1368975124	(026) 58965741
8	0007	阳关服饰	西南	临时	广发南路16号	丁先生	758965	13856974123	(030) 98574523
9	0008	德笼药业	华北	临时	八一路86号	郑小组	451236	13845698574	(056) 75849632
10	0009	环球贸易	华东	签约	光明大道456号	白小姐	456123	18645789231	(028) 45689723
11	0010	永结企业	西南	临时	常府西街60号	汤先生	152346	18456123987	(055) 56478923

图 4-49　“客户信息管理表”效果图

1. 创建工作簿，重命名工作表

（1）启动 Excel 2016，将创建的工作簿以“客户信息管理表”为名保存。

（2）将“客户信息管理表”中的 Sheet1 工作表重命名为“客户基本信息”。

2. 利用“记录单”管理“客户信息”

由于“客户信息管理表”中的数据较多，直接在工作表中输入数据是一件很繁琐的事情，需要来回拉动滚动条，既麻烦又容易错行，非常不方便。这时，我们可以利用记录单来输入。

Excel 为向数据清单中输入数据提供了一种专用窗口——记录单，它使我们的工作变得非常轻松。记录单就是将一条记录的数据信息按信息段分成几项，分别存储在同一行的几个单元格中，在同一列中分别存储所有记录的相似信息段。Excel 还提供了记录单的编辑和管理数据功能，可以很容易地在其中处理和分析数据，为管理数据提供了更为简便的方法。

使用记录单功能可以轻松地对工作表中的数据进行查看、查找、新建、删除等工作，就像在数据库中进行操作一样。

温馨提示

（1）创建顶端标题行。在 A1：I1 单元格中输入“客户信息管理表”的标题行。

（2）单击左上角的“自定义快速访问工具栏”，出现下拉菜单，选中“其他命令”选项，在“快速访问工具栏”找到“不在功能区中的命令”选项，如图 4-50 所示。

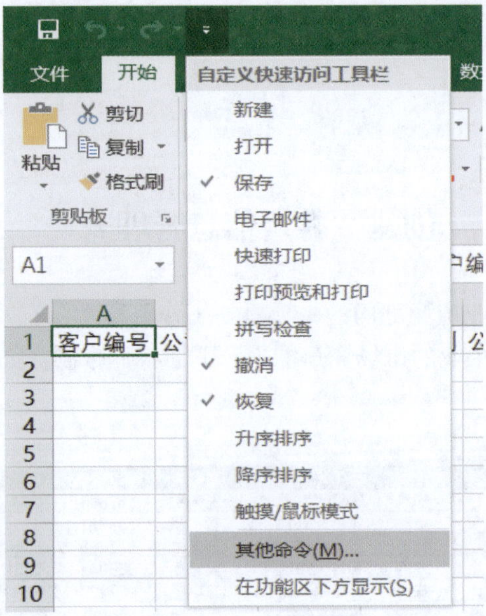

图 4-50　其他命令

（3）在“不在功能区中的命令”选项下寻找“记录单”选项，点击“添加”，单击“确认”即可，如图 4-51 所示。

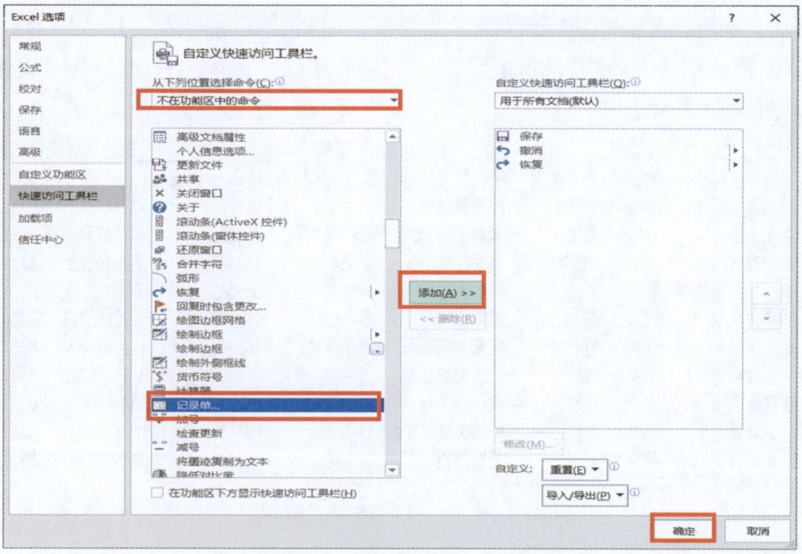

图 4-51　添加“记录单”命令

（4）单击 A1 单元格，选择“记录单”命令，打开如图所示的对话框，此时单击“确定”按钮将选定的行作为列标签，如图 4-52 所示。

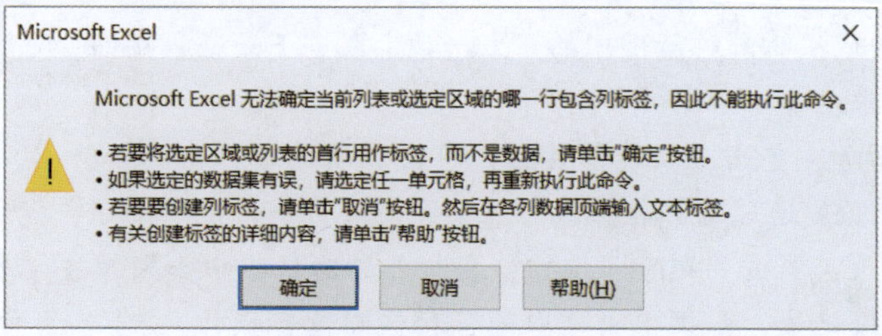

图 4-52　提示对话框

（5）打开“客户基本信息”对话框（见图 4-53），可以逐条地输入每个客户记录，按<Tab>键或<Shift>+<Tab>组合键可在字段之间向后或向前切换。

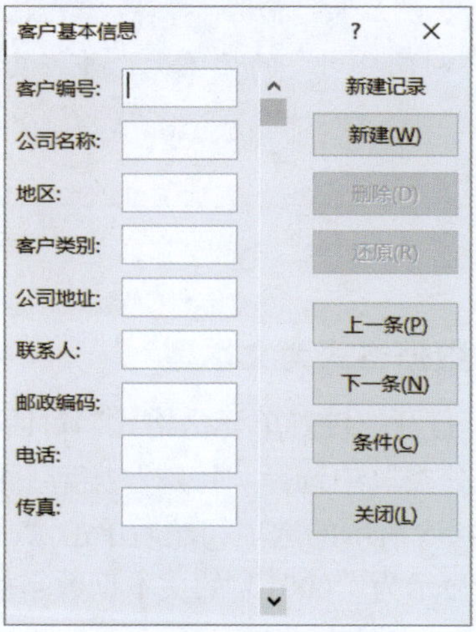

图 4-53　记录单对话框

（6）输入第 1 条客户记录，单击“新建”按钮，可将该记录写入工作表中。然后依此方法继续在空白的窗口中输入后面的记录，当记录输入完毕，单击“关闭”按钮，返回工作表。此时，工作表中的数据如图 4-54 所示。

	A	B	C	D	E	F	G	H	I
1	客户编号	公司名称	地区	客户类别	公司地址	联系人	邮政编码	电话	传真
2	1	国云公司	华北	签约	崇明路25号	王先生	157800	15236478123	(021) 40322180
3	2	工人企业	华东	临时	黄台北路741号	崔小组	756821	13025478789	(0453) 45558123
4	3	利发公司	东北	临时	沉香路563号	张先生	162488	13025456896	(022) 21061119
5	4	兰捷有限公司	西北	签约	平谷大道89号	刘先生	365045	(023) 87956231	(030) 86233244
6	5	鑫洋家电	西北	签约	劳动路99号	苏小组	132220	13826358795	(090) 65471230
7	6	乐天集团	华南	签约	花园东街45号	田小组	866451	1368975124	(026) 58965741
8	7	阳关服饰	西南	临时	广发南路16号	丁先生	758965	13856974123	(030) 98574523
9	8	德笼药业	华北	临时	八一路86号	郑小组	451236	13845698574	(056) 75849632
10	9	环球贸易	华东	签约	光明大道456号	白小姐	456123	18645789231	(028) 45689723
11	10	永结企业	西南	临时	常府西街60号	汤先生	152346	18456123987	(055) 56478923

图 4-54　“客户信息”数据

当输入记录后，若需对表中的数据进行浏览、增加、删除、修改、查询等操作。除可直接在工作表中进行外，也可再次打开记录单对话框，通过相应按钮进行操作。

（1）浏览：单击对话框中的“上一条”或“下一条”按钮，可浏览表中的记录。

（2）增加：单击“新建”按钮，可添加新的客户信息。

（3）删除：通过对话框中的“上一条”或“下一条”按钮，找到要删除的记录，单击“删除”按钮，在打开的对话框中如果单击“确定”按钮删除记录，如果单击“取消”按钮则放弃操作。

（4）查询：单击“条件”按钮，将自动清空文本框的记录显示，等待用户输入查询条件，同时“条件”按钮变为“表单”按钮。例如，要查找公司名称为“利民公司”的客户记录，可以在“公司名称”文本框中输入“利民公司”，然后按“Enter”键，客户信息记录单就会自动定位到公司名称为“利民公司”的记录上，并将其显示在“客户信息”记录单中。

温馨提示

3. 设置“客户编号”列的数据格式为文本型

（1）选中 A2：A11 单元格，打开“设置单元格格式”对话框。

（2）在“数字”选项卡的“分类”中选择“特殊”类型，将“区域设置”选择为“俄语”，再从右边的“类型”中选择如图 4-55 所示的选项，然后单击“确定”按钮。

（3）所选定区域的数据格式显示为“0001”的文本型数字格式。

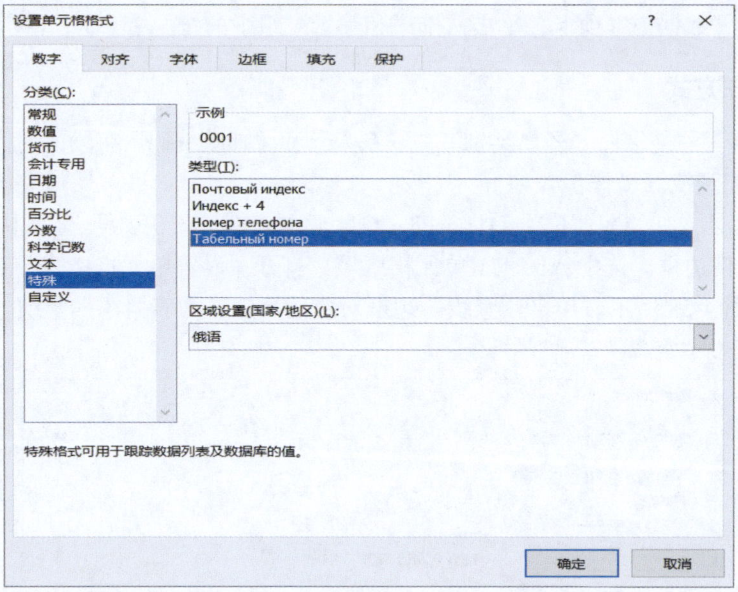

图 4-55　设置数据为“特殊”类型

4. 应用内置样式快速美化表格

设置样式为“表格样式中等深浅 7”，取消自动筛选功能。操作步骤如下：

（1）选中 A1：I11 单元格区域。

（2）选择“开始”选项卡在“样式”组中单击“套用表格样式”按钮，从弹出的列表中选择样式为：“表格样式中等深浅 7”。

（3）在弹出的“套用表格式”对话框中单击“确定”按钮（见图 4-56），完成样式的应用。样式设置完成的表格如图 4-57 所示。

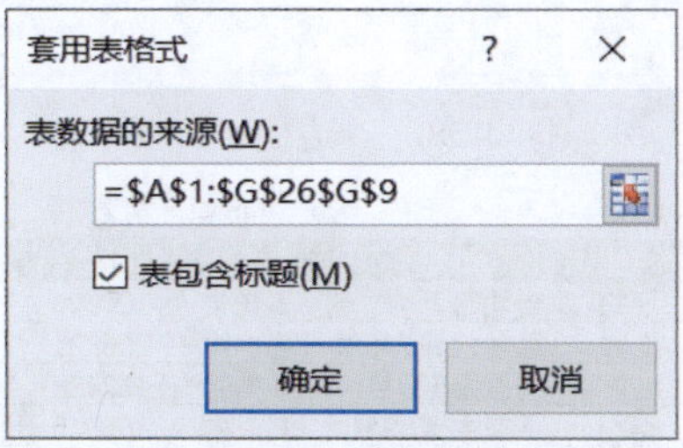

图 4-56　套用表格式

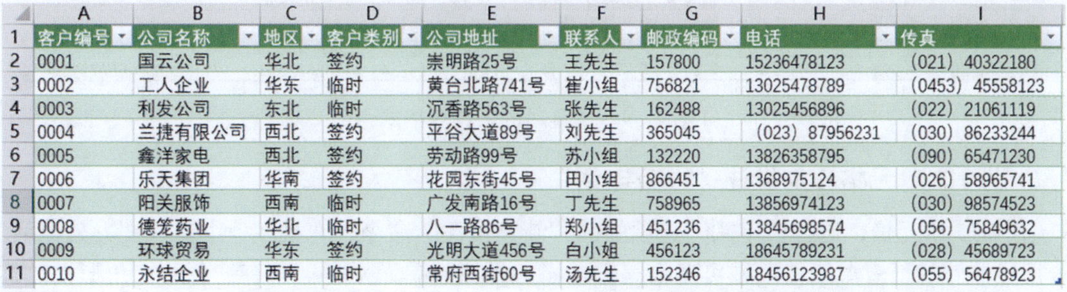

	A	B	C	D	E	F	G	H	I
1	客户编号	公司名称	地区	客户类别	公司地址	联系人	邮政编码	电话	传真
2	0001	国云公司	华北	签约	崇明路25号	王先生	157800	15236478123	(021) 40322180
3	0002	工人企业	华东	临时	黄台北路741号	崔小组	756821	13025478789	(0453) 45558123
4	0003	利发公司	东北	临时	沉香路563号	张先生	162488	13025456896	(022) 21061119
5	0004	兰捷有限公司	西北	签约	平谷大道89号	刘先生	365045	(023) 87956231	(030) 86233244
6	0005	鑫洋家电	西北	签约	劳动路99号	苏小组	132220	13826358795	(090) 65471230
7	0006	乐天集团	华南	签约	花园东街45号	田小组	866451	1368975124	(026) 58965741
8	0007	阳关服饰	西南	临时	广发南路16号	丁先生	758965	13856974123	(030) 98574523
9	0008	德笼药业	华北	临时	八一路86号	郑小组	451236	13845698574	(056) 75849632
10	0009	环球贸易	华东	签约	光明大道456号	白小姐	456123	18645789231	(028) 45689723
11	0010	永结企业	西南	临时	常府西街60号	汤先生	152346	18456123987	(055) 56478923

图 4-57　应用“表格样式中等深浅 7”样式

（4）切换到“数据”选项卡，单击“排序和筛选”组中的按 钮，取消筛选。

5. 设置对齐方式

将“客户编号”“地区”“客户类别”“联系人”和“邮政编码”字段的对齐方式设置为“居中”，为表格添加竖线。操作步骤如下：

（1）分别选定 A2：A11、C2：D11、F2：G11 区域，单击“开始”选项中的“居中”按钮。

（2）设置表格边框。选中 A1：I11 单元格区域，打开“设置单元格格式”对话框，单击“边框”选项卡，如图 4-58 所示。单击“竖线”边框对应的按钮，为表格添加竖线。设置完成后效果如图 4-59 所示。

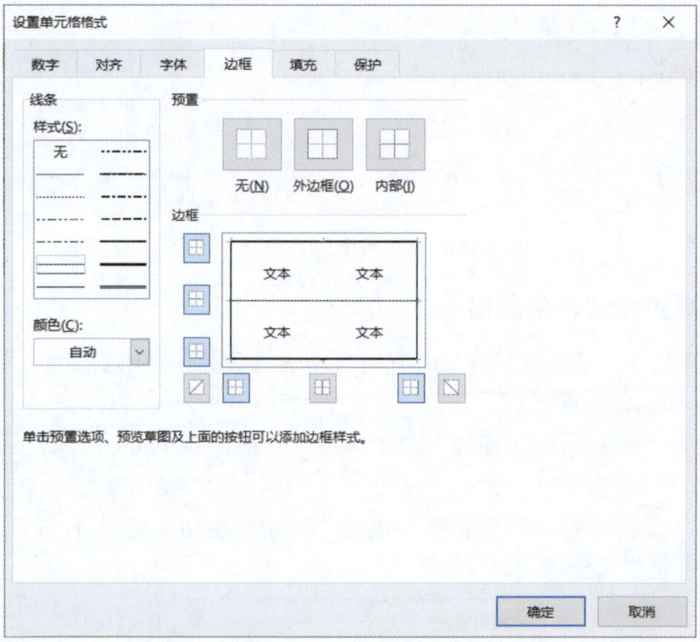

图 4-58 “边框”选项

	A	B	C	D	E	F	G	H	I
1	客户编号	公司名称	地区	客户类别	公司地址	联系人	邮政编码	电话	传真
2	0001	国云公司	华北	签约	崇明路25号	王先生	157800	15236478123	(021) 40322180
3	0002	工人企业	华东	临时	黄台北路741号	崔小姐	756821	13025478789	(0453) 45558123
4	0003	利发公司	东北	临时	沉香路563号	张先生	162488	13025456896	(022) 21061119
5	0004	兰捷有限公司	西北	签约	平谷大道89号	刘先生	365045	(023) 87956231	(030) 86233244
6	0005	鑫洋家电	西北	签约	劳动路99号	苏小姐	132220	13826358795	(090) 65471230
7	0006	乐天集团	华南	签约	花园东街45号	田小姐	866451	1368975124	(026) 58965741
8	0007	阳关服饰	西南	临时	广发南路16号	丁先生	758965	13856974123	(030) 98574523
9	0008	德笼药业	华北	临时	八一路86号	郑小姐	451236	13845698574	(056) 75849632
10	0009	环球贸易	华东	签约	光明大道456号	白小姐	456123	18645789231	(028) 45689723
11	0010	永结企业	西南	临时	常府西街60号	汤先生	152346	18456123987	(055) 56478923

图 4-59 设置后的工作表格式

6. 为 H5 单元格添加批注“办公电话”

选中 H5 单元格，选择“审阅”选项中的“新建批注”命令，在批注框中输入“办公电话”，单击批注框外的任意单元格区域可退出编辑（添加批注的单元格右上角有红色的三角形批注标示符），如图 4-60 所示。

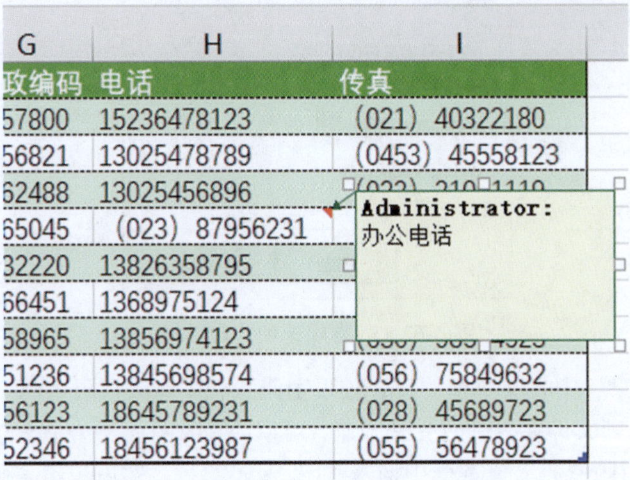

图 4-60　批注框

7. 保护工作簿

如果不希望工作簿的内容被其他人员使用或查看，可以给工作簿加上密码。例如，这里的客户信息是一个企业非常重要的资料，我们可对该工作簿进行加密处理。

（1）选择“文件”菜单中的“另存为”命令，出现“另存为”对话框。

（2）单击“另存为”对话框中的“工具”按钮，从下拉菜单中选择“常规选项”命令（见图 4-61），这时会出现如图 4-62 所示的“常规选项”对话框。

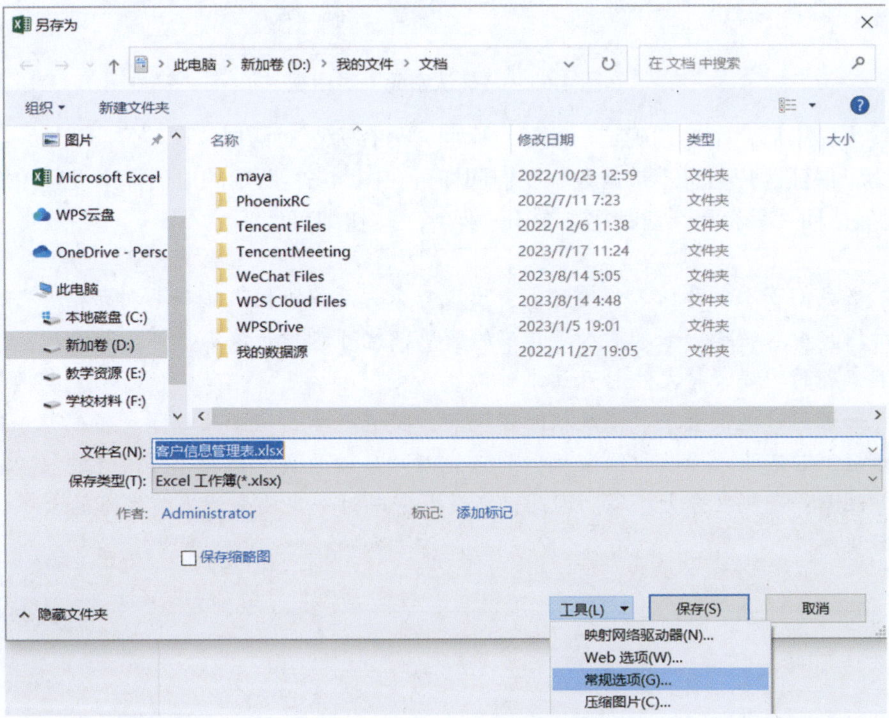

图 4-61　“另存为”对话框

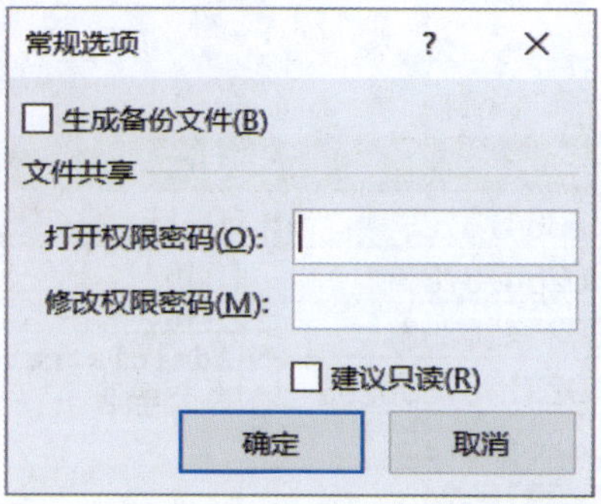

图 4-62　“常规选项”对话框

（3）在“文件共享”中有文本框“打开权限密码”和“修改权限密码”选项。其中，如果设置“打开权限密码”，则文件在打开时受到限制，可以防止文件不被查看。这里，我们在“客户信息管理表”的“打开权限密码”文本框中输入密码“gy123”，然后单击“确定”按钮。

（4）为了保证密码的正确性，Excel 将弹出“确认密码”对话框让用户再输入一次密码，如图 4-63 所示。

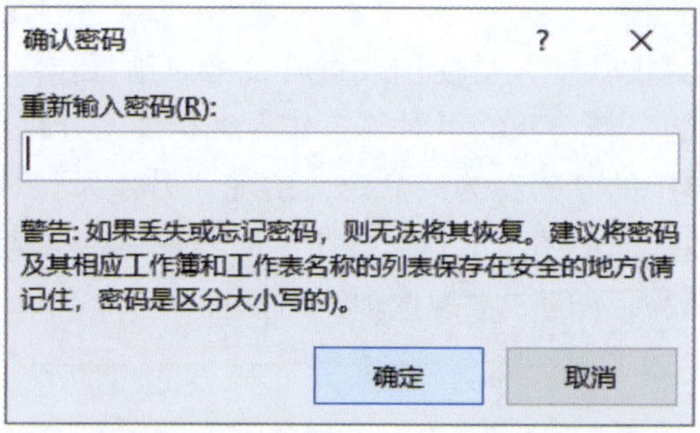

图 4-63　“确认密码”对话框

（5）输入完毕后，单击“确定”按钮，返回“另存为”对话框。

（6）为了保证客户信息不被修改，我们同样可在图 4-62 所示的对话框中设置“修改权限密码”，设置后返回“另存为”对话框，单击“保存”按钮即可。

当我们下次打开该工作簿时，会出现一个打开权限的“密码”对话框。提示用户输入密码。如果输入了正确的密码，就可以打开该工作簿。若输入了不正确的密码，将无法打开该工作簿。

如果同时也设置了“修改权限密码”，将进一步出现修改权限“密码”对话框。若不输入修改权限密码，则只能以“只读方式”打开工作簿文件。

注意：密码区分大小写。因此，在设置密码时一定要分清当前字母的大小写状态。

温馨提示

讨论交流

1. 什么是数据条，图标集有什么作用？
2. Excel 中能否插入“形状”，如何操作？

任务 4.3 加工数据

Excel 2016 用户除了可以创建包含文本、数字、日期、公式等各种类型数据的电子表格，还支持数学函数和统计函数，用于执行各种计算操作，如加法、减法、乘法、除法、平均值、最大值、最小值、计数、排序等。

Excel 2016 允许创建各种类型的图表，如柱状图、折线图、饼图等，以便更直观地展示数据。Excel 2016 可以自定义图表的样式、标签和坐标轴。如果有大量数据，还可以使用 Excel 2016 的筛选和排序功能来快速找到特定的数据，或按特定条件对数据进行排序。本节的具体内容如图 4-64 所示。

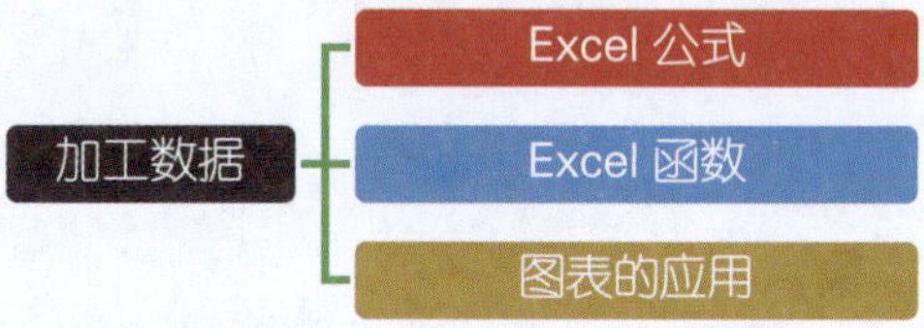

图 4-64 内容梳理

学习目标

✧ 掌握公式、函数的含义及用法，深刻理解相对地址与绝对地址的含义。
✧ 会应用 sum()、average()、countif()、rank()函数实现数据分析和数据处理。
✧ 掌握使用图表分析数据，生成直观形象的数据图表的方法。
✧ 应用 Excel 实现数据的排序、筛选和分类汇总。

职业素养

✧ 体验 Excel 2016 强大的运算功能，提高学生的学习兴趣，通过系统学习，培养学生科学、严谨的求学态度和不断探究新知识的欲望。
✧ 能够更好地处理和分析数据，并以此支持决策制定和问题解决。
✧ 在使用函数解决数学问题、统计分析、查找特定数据的过程中，培养学生分析和解决问题的能力，提高在工作中应对各种情况的能力。
✧ 提升学生在工作中的职业素养，帮助学生更好地理解和应用数据。

任务实施

Excel 公式

一、Excel 公式

1. 什么是公式

公式是对单元格中的数据进行计算的等式，用于完成算术、比较或逻辑运算。公式以等号（=）开头，可以包含函数、引用、运算符和常量的部分或全部内容。

如：=sum(3+2)*B5^2 其中包含：

（1）函数：sum(3+2)函数的返回值为 5。

（2）引用：B5 表示返回单元格 B5 中的值。

（3）常量：直接输入公式中的数字或文本值，如“2”。

（4）运算符：^ 运算符表示乘方，* 运算符表示乘号。

2. 常量的含义

常量是一个不被计算的值，其值始终不变。例如，日期“2023-9-10”、数字“350”及文本“姓名”等都是常量。

3. 运算符

用于指定要对公式中的元素执行计算的类型。计算时有一个默认的次序（遵循一般的数学规则），但可以使用括号更改计算次序。

（1）算术运算符。其格式和含义如表 4-3 所示。

表 4-3 算术运算符

算术运算符	含 义	示 例
+（加号）	加法	4+6
-（减号）	减法	7-1
-（取负）	负数	-5
*（星号）	乘法	3*8
/（正斜杠）	除法	9/3
%（百分号）	百分比	50%
^（脱字号）	乘方	8^2

（2）比较运算符。比较两个值时，结果为逻辑值 TRUE（真）或 FALSE（假）。其格式和含义如表 4-4 所示。

表 4-4 比较运算符

比较运算符	含 义	示 例
=（等号）	等于	A1=B1
>（大于号）	大于	A1>B1
<（小于号）	小于	A1<B1

续表

比较运算符	含 义	示 例
>=（大于等于号）	大于或等于	A1>=B1
<=（小于等于号）	小于或等于	A1<=B1
<>（不等号）	不等于	A1<>B1

（3）文本连接运算符。可以使用与号（&）连接一个或多个文本字符串，以生成一段文本。其格式和含义如表 4-5 所示。

表 4-5　文本运算符

文本运算符	含 义	示 例
&（与号）	将两个值连接（或串联）起来产生一个连续的文本值	“Win” & “word” 的结果为 “Winword”

（4）引用运算符。对单元格区域进行合并计算。其格式和含义如表 4-6 所示。

表 4-6　引用运算符

引用运算符	含 义	示 例
冒号（：）	区域运算符，生成一个对两个引用之间所有单元格的引用（包括这两个引用）	A5：B10
逗号（，）	联合运算符，将多个引用合并为一个引用	SUM(A5：B10，D5：D15)
空 格	交集运算符，生成一个对两个引用中共有单元格的引用	B7：D7 C6：C8

4. Excel 公式计算的次序

（1）计算次序：Excel 2016 按照公式中每个运算符的特定次序从左到右依次计算。

（2）运算符优先级：如果一个公式中有若干个运算符，则 Excel 2016 将按表 4-7 所示的次序进行计算；如果一个公式中的若干个运算符具有相同的优先顺序（例如既有乘号又有除号），则 Excel 将从左到右依次进行计算。

表 4-7　运算符优先级

运 算 符	说 明	优先级
冒号（:）；单个空格；逗号（,）	引用运算符	高
-	负数（如 -1）	↓
%	百分比	↓
^	乘方	↓
* 和/	乘和除	↓
+ 和 -	加和减	↓
&	连接两个文本字符串（串连）	↓
= < > <= >= <>	比较运算	低

（3）使用括号。若要更改求值的次序，可以将公式中要先计算的部分用括号括起来。

5. 单元格引用

单元格的引用是指对工作表中的单元格或单元格区域进行使用。在 Excel 2016 中可以引用同一张工作表中的单元格、其他工作表中的单元格以及其他工作簿中的单元格。

1）单元格引用格式

（1）引用同一工作表：如果 B1 单元格要引用 A1 单元格中的值，则在 B1 单元格中输入“=A1”。

（2）引用不同工作表：如果 B1 单元格要引用 Sheet2 工作表 A1 单元格中的值，则在 B1 单元格中输入“=Sheet2!A1”。

（3）引用不同工作簿：引用其他工作簿中的工作表的单元格数据的方法与引用其他工作表的单元格数据类似，一般格式为“工作簿存储地址[工作簿名称]工作表名称！单元格地址”。

2）单元格引用方式

由于单元格计算方式的不同，引用单元格可以分为相对引用、绝对引用和混合引用。

（1）相对引用。公式中的相对引用（如“=A1”）是基于包含公式和单元格引用的单元格的相对位置。如果公式所在单元格的位置改变，引用也随之改变。如果进行多行或多列的复制或填充，引用会自动调整。默认情况下，新公式使用相对引用。例如，将单元格 B1 中的相对引用复制或填充到单元格 B2 中，则公式自动从“=A1”调整到“=A2”。

（2）绝对引用。公式中的绝对引用（如“A1”）总是在特定位置引用单元格。即使公式所在单元格的位置改变，绝对引用也保持不变。如果进行多行或多列的复制或填充，绝对引用将不做调整。例如，将单元格 B1 中的绝对引用复制或填充到单元格 B2 中，则绝对引用在两个单元格中是一样的，都是“=A1”。

（3）混合引用。混合引用分为绝对列和相对行或绝对行和相对列两种。绝对引用列采用“$A1”“$B1”形式；绝对引用行采用“A$1”“B$1”形式。如果公式所在单元格的位置改变，则相对引用部分将改变，而绝对引用部分将不变。如果进行多行或多列的复制或填充，相对引用将自动进行调整，而绝对引用将不做调整。例如，将一个混合引用从 A1 单元格复制到 B2 单元格中，它将从“=A$1”调整到“=B$1”。

6. 如何输入公式

输入公式类似于输入文本型数据，不同的是在输入一个公式之前，要输入一个等号“=”，然后输入公式的表达式。在单元格中输入公式的步骤如下：

（1）单击要输入公式的单元格。

（2）在单元格中输入一个等号“=”。

（3）输入第一个数值、单元格引用或者函数等。

（4）输入一个运算符。

（5）输入下一个数值、单元格引用或者函数等。

（6）输入一个运算符。

（7）根据公式表达式重复步骤（5）~（6），输入完毕后按“Enter”键或单击编辑栏中的“输入”按钮，即可在单元格中显示出计算结果。

> 拖曳填充柄可以复制引用公式。
>
> 温馨提示

7. 公式输入错误信息

在运用公式进行计算时，经常会出现一些异常信息。公式中的错误值及其对应的出错原因和解决方法如表 4-8 所示。

表 4-8　错误提示

错误值	可能出错的原因	解决方法
#####	单元格中输入的数值或公式太长，单元格显示不下，这不代表公式有错	调整加宽列宽
#DIV/0!	做除法时，分母为 0	修改单元格引用或者用作除数的单元格中数值不能为 0
#N/A	在公式使用查找功能的函数时，找不到匹配的值	输入数值或参数
#NAME?	在公式中删除了公式中使用的名称或者名称无法识别	把函数名称拼写正确即可
#NUM!	提供了无效的参数给工作表函数或公式的结果太大或太小而无法在工作表中表示	确认函数中使用的参数正确或者修改公式
#REF!	公式中使用了无效的单元格引用	修改正确的单元格引用
#VALUE!	在公式中输入了错误的运算符，对文本进行了算术运算	修改公式或者将文本型数据转换成数值型数据并进行计算

二、Excel 函数

Excel 函数

1. 什么是函数

函数是按特定语法进行计算的一种表达式。Excel 2016 提供了数学、财务、统计等丰富的函数，用于完成复杂、烦琐的计算或处理工作。

2. 输入函数

1）手动输入

选定输入函数的单元格，输入“=”，输入函数名的第一个字母，Excel 2016 会自动列出以该字母为开头的函数名，按向下光标键选择所需函数。

2）使用函数向导

选定输入函数的单元格。可以用以下三种方式打开“插入函数”对话框，进行相应设置。

（1）切换到“公式”选项卡，在“函数库”组中单击“插入函数”按钮（见图 4-65）。

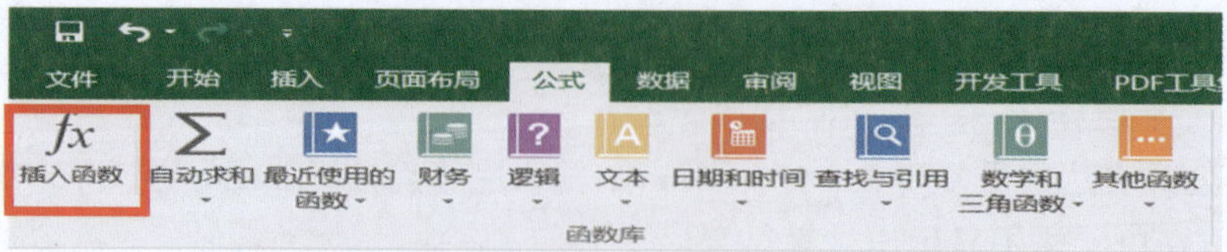

图 4-65　公式中的“插入函数”

（2）使用组合键<Shift> + F3。

（3）单击“编辑栏”左侧“插入函数” *fx* 按钮。

弹出的“插入函数”对话框如图 4-66 所示。

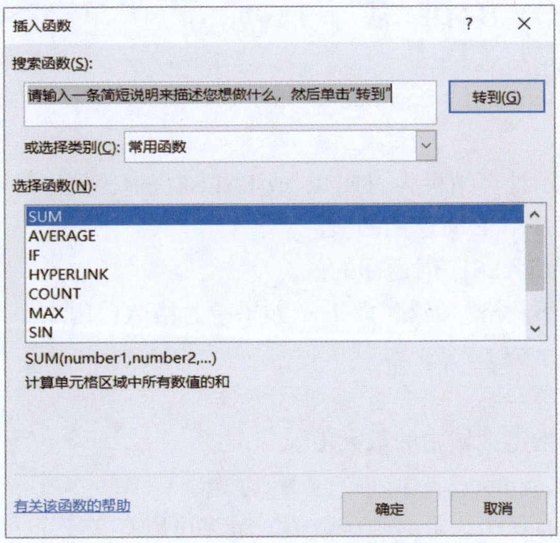

图 4-66 “插入函数”对话框

3）使用自动求和

选定输入函数的单元格，单击“开始”选项卡，在“编辑”组中选择“自动求和”按钮（见图 4-67），单击“其他函数”，打开上面“插入函数”对话框，完成相应设置。

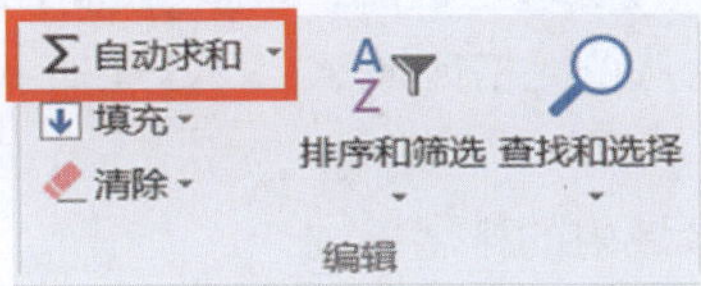

图 4-67 自动求和

3. 常用函数

1）求和 SUM( )

功能：返回某一单元格区域中数字、逻辑值及数字的文本表达式之和。

语法：SUM(number1,number2,⋯)。

参数说明：至少需要包含一个参数 number1。每个参数都可以是区域、单元格引用、数组、常量、公式或另一个函数的结果。

例如：“=SUM(A1:A7)”是将单元格 A1 ~ A7 中的所有数值相加；“=SUM(A1,A3,A5)”是将单元格 A1、A3 和 A5 中的数字相加。

2）平均值 AVERAGE( )

功能：返回其参数的算术平均值。

语法：AVERAGE(number1,number2,⋯)。

参数说明：至少需要包含一个参数 number1，最多可包含 255 个。参数可以是数值或包含数值的名称、数组或引用。

例如：“=AVERAGE(B1:B7)”是对单元格区域 B1 ~ B7 中数值求平均值；“=AVERAGE(B1:B3,B5)”是对单元格区域 B1 ~ B3 中的数值和 B5 中的数值求平均值。

3）条件 IF( )

功能：根据指定的条件来判断其“真”（TRUE）、“假”（FALSE），根据逻辑计算的真假值，从而返回相应的内容。

语法：IF(logical_test,value_if_true,value_if_false)。

参数说明如下：

（1）Logical_test 表示计算结果为 TRUE 或 FALSE 的任意值或表达式。

（2）Value_if_true 为 TRUE 时返回的值。

（3）Value_if_false 为 FALSE 时返回的值。

例如：“=IF(A1<60,"不及格","及格")”表示如果单元格 A1 中的值小于 60，则显示“不及格”字样，否则显示“及格”字样。

4）最大值 MAX( )

功能：返回一组值或指定区域中的最大值。

语法：MAX(number1,number2,…)。

参数说明：参数至少有一个，且必须是数值，最多可以有 255 个。

例如：“=MAX(A1:A5)”表示从单元格区域 A1 ~ A5 中查找并返回最大数值。

5）最小值 MIN( )

功能：返回一组值或指定区域中的最小值。

语法：MIN(number1,number2,…)。

参数说明：参数至少有一个，且必须是数值，最多可以有 255 个。

例如：“=MIN(A1:A5)”表示从单元格区域 A1 ~ A5 中查找并返回最小数值。

6）排序 RANK( )

功能：求某一个数值在某一区域内的排名。

语法：RANK(number,ref,[order])。

参数说明如下：

（1）number 是必需的参数，表示要排位的数值。

（2）Ref 是必需的参数，表示要查找的数值列表所在的位置。

（3）Order 为可选的参数，用于指定数值列表的排序方式，非零值为升序，0 或缺省为降序。

例如：“=RANK(“80”,A1:A10,1”表示求取数值 80 在单元格区域 A1 ~ A10 中的数值列表中的升序排位。

7）计数 COUNT( )

功能：统计指定区域中包含数值的个数，只对包含数字的单元格进行计数。

语法：COUNT(value1,value2,…)。

参数说明：参数至少有一个，最多可以有 255 个。

例如：“=COUNT(A1:A5)”表示统计单元格区域 A1 ~ A5 中包含数值的单元格的个数。

8）条件计数 COUNTIF( )

功能：在指定区域内按指定条件对单元格进行计数（单条件计数）。

语法：COUNTIF(range,criteria)。

参数说明如下：

（1）range 表示条件区域，即对单元格进行计数的区域。

（2）criteria 表示条件，条件的形式可以是数字、表达式或文本，甚至可以使用通配符。

例如：“=COUNTIF(A1:A5,5)”表示统计单元格区域 A1 ~ A5 中数值是 5 的单元格的个数。

三、图表的应用

美化图表

Excel 2016 还具有强大的图表功能，图表是工作表中数据的一种图形表示，创建的图表可以直接插入当前工作表中，也可以放在其他工作表中。当工作表中的数据发生变化时，图表中相应的数据也会自动更新。使用图表可以让用户直观、全面地观察数据的变化和发展趋势，极大地增强了数据变化的表现力，为用户进一步分析数据和进行决策提供依据。

1. 图表的组成

图表的组成如图 4-68 所示，具体说明如下：

（1）数据系列：根据用户指定的图表类型以系列的方式显示在图表中的可视化数据。图表中的每一个数据系列都具有不同的颜色和图案，且各个数据系列的含义将通过图例体现出来。

（2）坐标轴：分为横（分类）和纵（值）坐标轴，数据沿着横坐标轴和纵坐标轴绘制在图表中。横轴用于显示文本标签，纵轴确定图表中垂直坐标轴的最小和最大刻度值。

（3）图表标题：主要用于显示图表的名称，一般位于图表的最上面，用户可设置是否显示及其显示位置。

（4）数据标签：可以用来标识数据系列中数据点的详细信息。

（5）图例：用于表示图表中的数据系列的名称或者因分类而指定的图案或颜色。

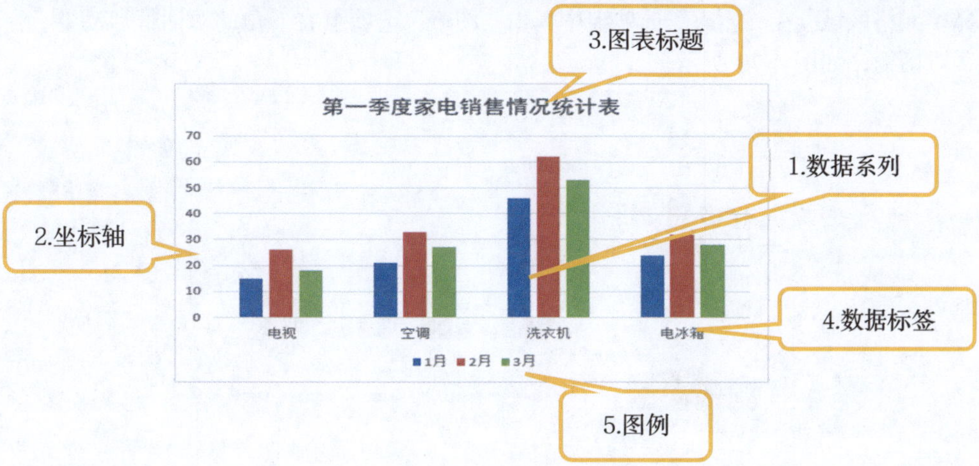

图 4-68　图表的组成

2. 创建与编辑图表

1）使用快捷键创建图表

（1）选择单元格区域，按 Alt+F1 组合键，可在当前工作表中快速插入簇状柱形图。

（2）选择单元格区域，按 F11 键插入一个名为“Chart1”的工作表，并根据所选区域的数据创建图表。

2）使用功能区创建图表

选择单元格区域，在“插入”选项卡下的“图表”功能组中，单击某一按钮，如插入柱形图或条形图的按钮，在弹出的下拉列表中选择某一图表类型，如“二维柱形图”中的“簇状柱形图”选项，如图 4-69 所示。

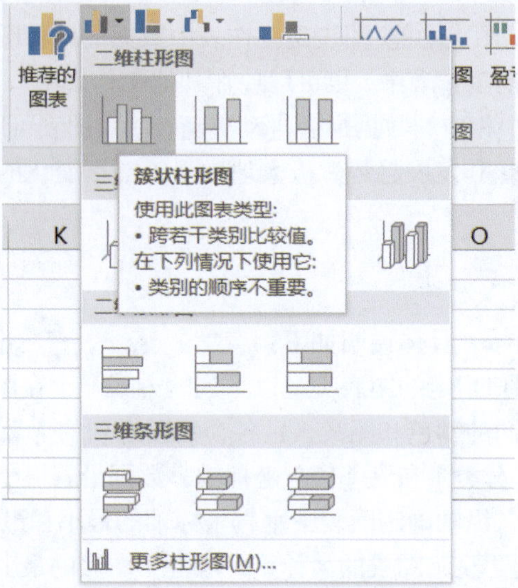

图 4-69 “插入柱形图或条形图”列表

3）使用图表向导创建图表

选择单元格区域，在“插入”选项卡中单击“图表”选项组右下角的对话框启动器，弹出“插入图表”对话框，如图 4-70 所示。

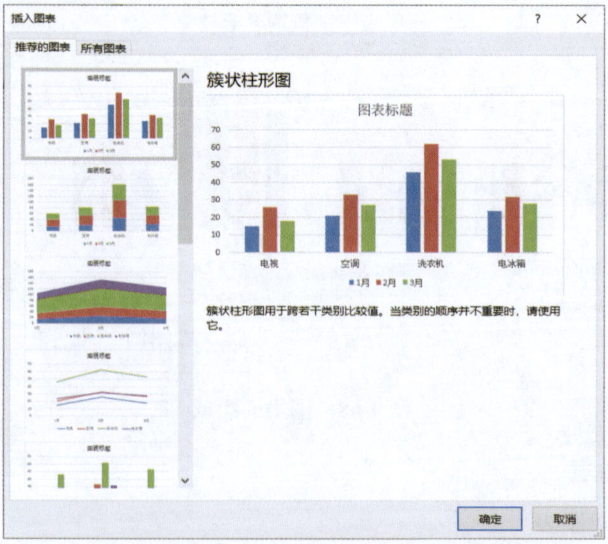

图 4-70 “插入图表”对话框

在“插入图表”对话框中，可以在“推荐的图表”选项卡下的图表列表中进行选择，也可在“所有图表”选项卡中查看所有图表类型，选择要插入的图表，单击“确定”按钮即可。

3. 美化图表

创建并编辑图表后，为了让图表更加美观和清晰，可以对图表进行美化。美化图表主要是通过图表工具的“设计”和“格式”选项卡中的相应组来进行的，如图 4-71 所示。

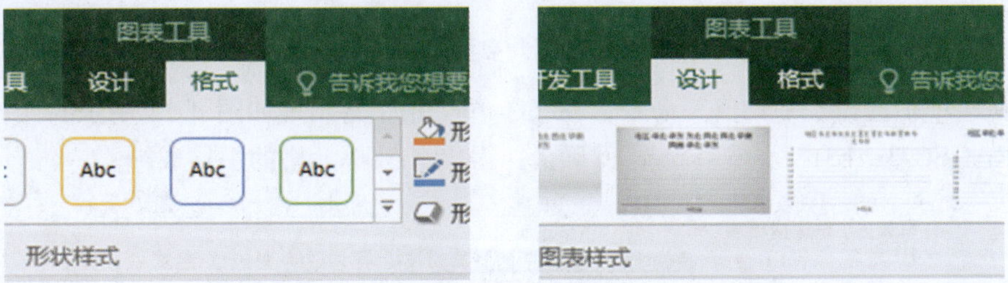

图 4-71　表工具“设计”和“格式”选项

实践体验

创建“培训成绩管理表”

企业在对员工进行培训后，通常要根据培训项目进行相应的考核，人力资源部需要针对考核成绩制定相应的培训成绩管理表，如图 4-72 所示。

公司新员工培训成绩表

序号	姓名	部门	规章制度	质量管理	计算机技能	平均成绩	总成绩	名次
1	张全力	行政部	75	90	83	82.7	248	5
2	白洁	物流部	89	81	90	86.7	260	3
3	曾志强	人力资源部	80	83	85	82.7	248	5
4	黄美玲	培训部	90	92	88	90.0	270	1
5	刘小庆	物业部	79	76	69	74.7	224	10
6	张大可	财务部	71	72	86	76.3	229	8
7	王想	市场部	80	80	75	78.3	235	7
8	刀郎	市场部	85	85	91	87.0	261	2
9	段玉	培训部	84	90	81	85.0	255	4
10	李超	物业部	82	80	65	75.7	227	9
各培训项目平均成绩			81.5	82.9	81.3	不合格人数		4

图 4-72　员工培训管理表效果图

1. 打开素材文件

打开“新员工培训管理表.xlsx”

2. 统计平均成绩和总成绩

（1）选中 G3 单元格，单击“开始”选项卡“编辑”组按钮 Σ自动求和 · 右侧的下拉按钮，打开如图 4-73 所示的菜单。

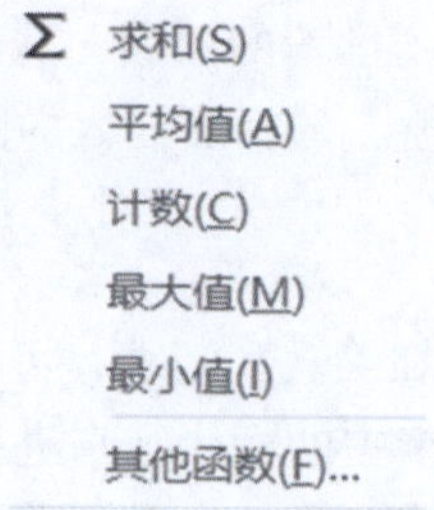

图 4-73　打开自动求和菜单

（2）从菜单中选择“平均值”命令，在 G3 单元格中将出现如图 4-74 所示的计算平均值公式“=AVERAGE(D3：F3)”。按<Enter>键确认，得出 G3 单元格的平均成绩。

	A	B	C	D	E	F	G	H	I	J
1	公司新员工培训成绩表									
2	序号	姓名	部门	规章制度	质量管理	计算机技能	平均成绩	总成绩	名次	
3	1	张全力	行政部	75	90	83	=AVERAGE(D3:F3)			
4	2	白洁	物流部	89	81	90	AVERAGE(**number1**, [number2], ...)			
5	3	曾志强	人力资源部	80	83	85				

图 4-74　计算平均值公式

（3）选中 G3 单元格，按住鼠标左键不放拖曳其填充句柄至 G12 单元格，将公式复制到 G4：G12 单元格区域中。

（4）计算“总成绩”。选中 H3 单元格，单击“开始”选项卡“编辑”组按 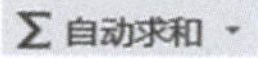

钮，在 H3 单元格中出现如图 4-75 所示的计算总成绩公式“=SUM(D3：G3)”。这里，要计算总成绩的单元格为 D3：F3。因此，用鼠标选取 D3：F3 单元格，公式相应地变为“=SUM(D3：F3)”。按“Enter”键确认，得出 H3 单元格的总成绩。

	A	B	C	D	E	F	G	H	I	J	K
1	公司新员工培训成绩表										
2	序号	姓名	部门	规章制度	质量管理	计算机技能	平均成绩	总成绩	名次		
3	1	张全力	行政部	75	90	83	82.66667	=SUM(D3:G3)			
4	2	白洁	物流部	89	81	90	86.66667	SUM(**number1**, [number2], ...)			
5	3	曾志强	人力资源部	80	83	85	82.66667				

图 4-75　计算总成绩公式

（5）选中 H3 单元格，按住鼠标左键不放拖曳其填充句柄至 H12 单元格，将公式复制到 H4：H12 单元格区域中，计算出所有员工的总成绩，如图 4-76 所示。

	A	B	C	D	E	F	G	H	I
1	公司新员工培训成绩表								
2	序号	姓名	部门	规章制度	质量管理	计算机技能	平均成绩	总成绩	名次
3	1	张全力	行政部	75	90	83	82.66667	248	
4	2	白洁	物流部	89	81	90	86.66667	260	
5	3	曾志强	人力资源部	80	83	85	82.66667	248	
6	4	黄美玲	培训部	90	92	88	90	270	
7	5	刘小庆	物业部	79	76	69	74.66667	224	
8	6	张大可	财务部	71	72	86	76.33333	229	
9	7	王想	市场部	80	80	75	78.33333	235	
10	8	刀郎	市场部	85	85	91	87	261	
11	9	段玉	培训部	84	90	81	85	255	
12	10	李超	物业部	82	80	65	75.66667	227	

图 4-76　计算出平均成绩和总成绩

3. 利用 rank 函数排列员工培训成绩的名次

（1）选中 I3 单元格，单击“公式”选项中的“插入函数”命令，打开“插入函数”对话框。

（2）从“选择函数”列表中选择函数 RANK，打开如图 4-77 所示的“函数参数”对话框。在 Number 文本框中输入“H3”，在 Ref 文本框中输入“H3：H12”。单击“确定”按钮，返回工作表，在 I3 单元格中将显示出排名值。

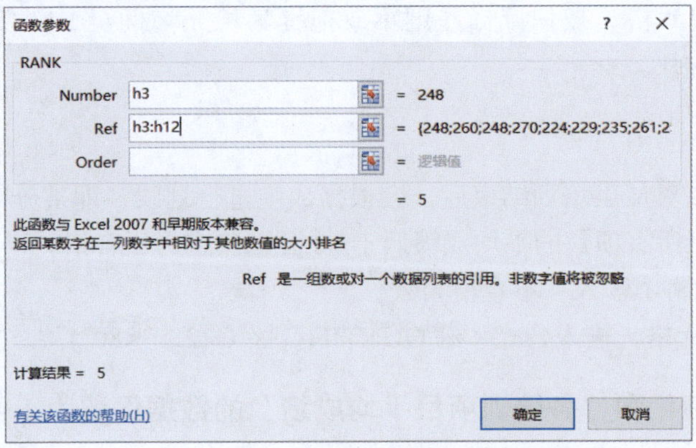

图 4-77　“函数参数”对话框

（3）单击 I3 单元格，“在编辑栏”中将公式“=RANK(H3，H3：H12)”中单元格区域的相对引用修改为绝对引用，即“=RANK(H3，H3：H21)”，如图 4-78 所示，然后按<Enter>键确认。

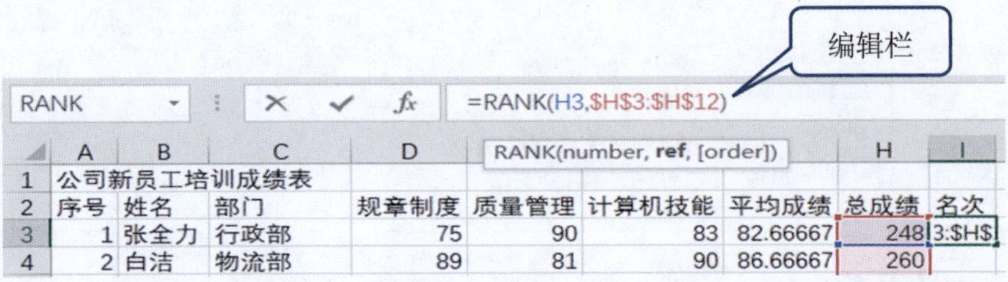

图 4-78　修改公式

（4）选中 I3 单元格，按住鼠标左键不放拖曳其填充句柄至 I12 单元格，将公式复制到 I4：I12 单元格区域中，排列出所有名次，如图 4-79 所示。

	A	B	C	D	E	F	G	H	I
1	公司新员工培训成绩表								
2	序号	姓名	部门	规章制度	质量管理	计算机技能	平均成绩	总成绩	名次
3	1	张全力	行政部	75	90	83	82.66667	248	5
4	2	白洁	物流部	89	81	90	86.66667	260	3
5	3	曾志强	人力资源部	80	83	85	82.66667	248	5
6	4	黄美玲	培训部	90	92	88	90	270	1
7	5	刘小庆	物业部	79	76	69	74.66667	224	10
8	6	张大可	财务部	71	72	86	76.33333	229	8
9	7	王想	市场部	80	80	75	78.33333	235	7
10	8	刀郎	市场部	85	85	91	87	261	2
11	9	段玉	培训部	84	90	81	85	255	4
12	10	李超	物业部	82	80	65	75.66667	227	9

图 4-79　排列名次后的表格

4. 统计各培训项目的平均成绩

（1）在 A13 单元格中输入“各培训项目平均成绩”。

（2）选中 D13 单元格，单击“开始”选项卡“编辑”组按 Σ 自动求和 ▾ 钮右侧的下拉按钮，选择“平均值”命令，在 D13 单元格出现计算平均值公式“=AVERAGE(D3：D12)”。按<Enter>键确认。

（3）选中 D13 单元格，按住鼠标左键不放拖曳其填充句柄至 F13 单元格，将公式复制到 E13：F13 单元格区域中。

5. 合格判定

企业人力资源部在对员工培训结束后，会根据成绩进行划线，即某分数线下的员工被认为不合格。这里，假设员工所有项目的平均成绩低于 80 分则判定为不合格。

（1）在 G13 单元格中输入“不合格人数”。

（2）选中 I13 单元格，输入公式“=COUNTIF(G3：G12，"<80")”，按<Enter>键确认。

6. 将“平均成绩”和“各培训项目平均成绩”的数据保留为 1 位小数

（1）选中 G3：G12、D13：F13 单元格区域，打开“设置单元格格式”对话框。

（2）单击“数字”选项卡，从“分类”列表中选择“数值”，将“小数位数”设置为“1”，如图 4-80 所示。然后单击“确定”按钮，将“平均成绩”设置为保留 1 位小数的数据格式。

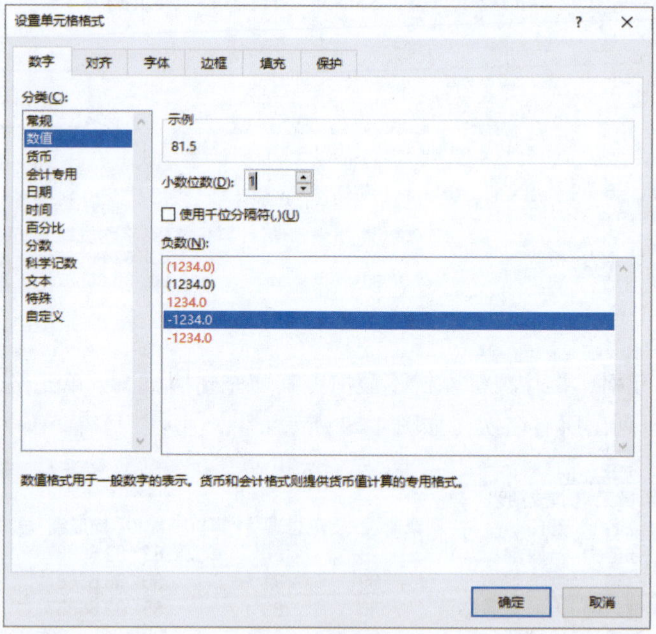

图 4-80　设置小数位数

7. 美化员工培训成绩表

（1）将 A1：I1 单元格合并后居中，将格式设置为“华文隶书”，字号为“22”。

（2）分别合并 A13：C13、G13：H13 单元格。

（3）将 A2：I2、A13、G13 单元格区域的字体格式设置为“黑体”“14 磅”“加粗”“居中”。

（4）将表格中所有数据区域的内容设置为居中对齐。

（5）适当调整表格的行高和列宽。选中 A2：I13 单元格区域，通过执行“自动调整行高”和“自动调整列宽”实现。

（5）参照图 4-81 为表格设置边框。

公司新员工培训成绩表

序号	姓名	部门	规章制度	质量管理	计算机技能	平均成绩	总成绩	名次
1	张全力	行政部	75	90	83	82.7	248	5
2	白洁	物流部	89	81	90	86.7	260	3
3	曾志强	人力资源部	80	83	85	82.7	248	5
4	黄美玲	培训部	90	92	88	90.0	270	1
5	刘小庆	物业部	79	76	69	74.7	224	10
6	张大可	财务部	71	72	86	76.3	229	8
7	王想	市场部	80	80	75	78.3	235	7
8	刀郎	市场部	85	85	91	87.0	261	2
9	段玉	培训部	84	90	81	85.0	255	4
10	李超	物业部	82	80	65	75.7	227	9
各培训项目平均成绩			81.5	82.9	81.3	不合格人数		4

图 4-81　美化后的员工成绩表

8. 按培训成绩名次进行升序排列

（1）选中 A2：I12 单元格区域，选择“数据”选项中的“排序”命令，打开“排序”对话框，如图 4-82 所示。

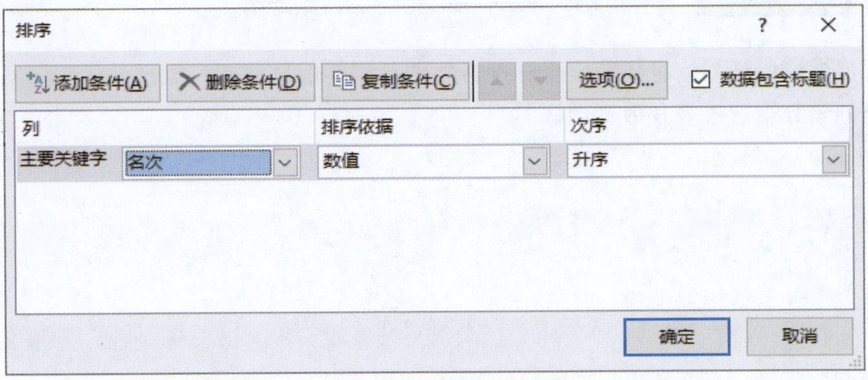

图 4-82　“排序”对话框

（2）在“主要关键字”列表中选择“名次”，在“次序”项中选择“升序”，单击“确定”按钮，完成排序。最后的显示效果如图 4-83 所示。

公司新员工培训成绩表

序号	姓名	部门	规章制度	质量管理	计算机技能	平均成绩	总成绩	名次
4	黄美玲	培训部	90	92	88	90.0	270	1
8	刀郎	市场部	85	85	91	87.0	261	2
2	白洁	物流部	89	81	90	86.7	260	3
9	段玉	培训部	84	90	81	85.0	255	4
1	张全力	行政部	75	90	83	82.7	248	5
3	曾志强	人力资源部	80	83	85	82.7	248	5
7	王想	市场部	80	80	75	78.3	235	7
6	张大可	财务部	71	72	86	76.3	229	8
10	李超	物业部	82	80	65	75.7	227	9
5	刘小庆	物业部	79	76	69	74.7	224	10
各培训项目平均成绩			81.5	82.9	81.3	不合格人数		4

图 4-83　名次排序

9. 制作各培训项目平均成绩比较图

（1）选择 D2：F2、D13：F13 单元格区域，单击“插入”选项“图表”组中“插入柱形图或条形图”按钮右侧的下拉菜单，选择“二维柱形图”中的“簇状柱形图”，添加图表。

（2）将图表标题改为“各培训项目平均成绩比较图”。最后效果如图 4-84 所示。

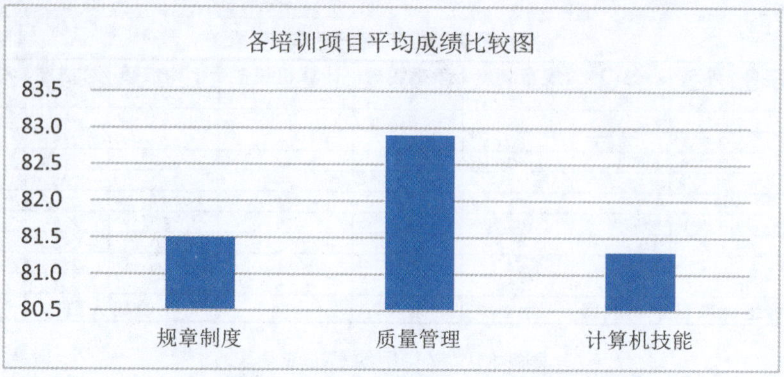

图 4-84　各培训项目平均成绩比较图

讨论交流

1. 如何根据身份证号信息提取出生日期、性别、年龄信息？
2. 如何创建数据透视表和数据透视图？

任务 4.4 输出数据

输出数据

对于企业而言，产品是其核心，也是了解企业的窗口。制作丰富多彩的产品信息资料有助于让消费者更全面地了解企业产品，从而赢得商机，为企业带来更好的经济效益。某公司代理了多个品牌的笔记本电脑，为了在暑假期间进行促销活动，让消费者更好地了解笔记本电脑的产品信息，需要制作并打印一张美观的表格进行宣传。本节具体内容梳理如图 4-85 所示。

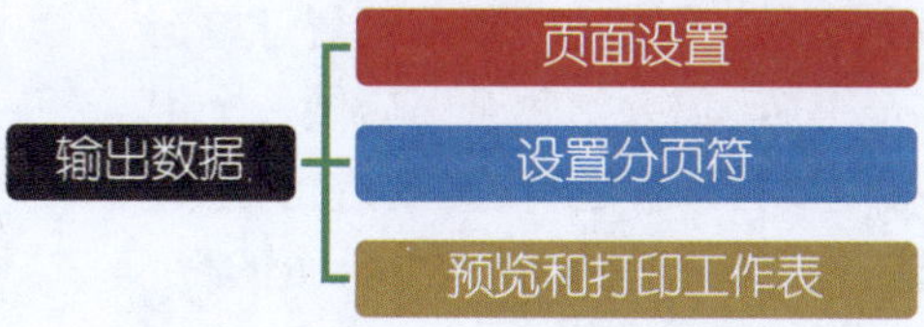

图 4-85 内容梳理

学习目标

- ✧ 熟练设置工作表的页面格式。
- ✧ 掌握打印的方法，理解打印的设置。
- ✧ 掌握冻结窗格的含义和使用方法

职业素养

- ✧ 培养学生的实践精神和创新意识。
- ✧ 培养学生对美的追求与创意，养成其求真、求实的科学态度。
- ✧ 树立正确地、负责任地使用信息技术的意识。

任务实施

一、页面设置

在打印工作表之前需要对工作表的页面进行设置，包括页边距、纸张方向和纸张大小等。

（1）页边距：打印表格与纸张边界上、下、左、右的距离。

（2）纸张方向：表示打印纸张的方向，如横向或纵向。

（3）纸张大小：表示打印纸张的大小，常用的有 A4、A3、16K 等规格。纸张的大小也可用其长度和宽度表示。

具体设置方法为在“页面布局”选项下的“页面设置”组中实现，如图 4-86 所示。

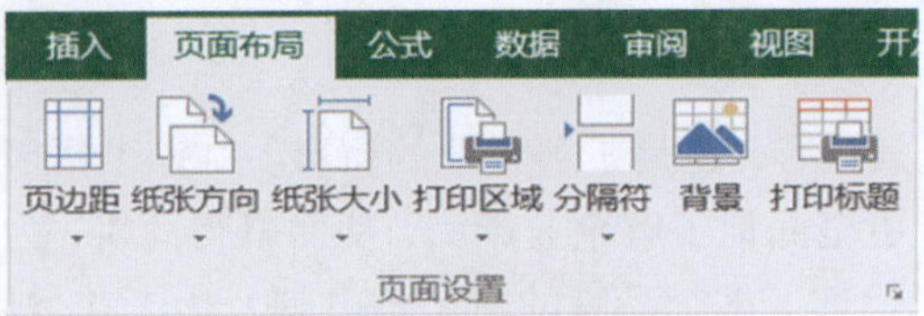

图 4-86　页面设置

二、设置分页符

在打印时，有时需要强行分页。例如在“图书销售订单记录.xlsx”工作表中包含有多个书店，需要给每个书店做一个记录表，那么在打印设计时，不但要打印标题行，还要进行分页。

（1）插入分页符的方法：在工作表中，选取要分页的行，将光标定位在该行任意一个单元格中，单击“页面布局”选项卡“页面设置”组中的“分隔符”下拉按钮，在弹出的下拉菜单中选择“插入分页符”命令（见图 4-87），则在选取行的上方出现和纸张边线一样的点虚线。

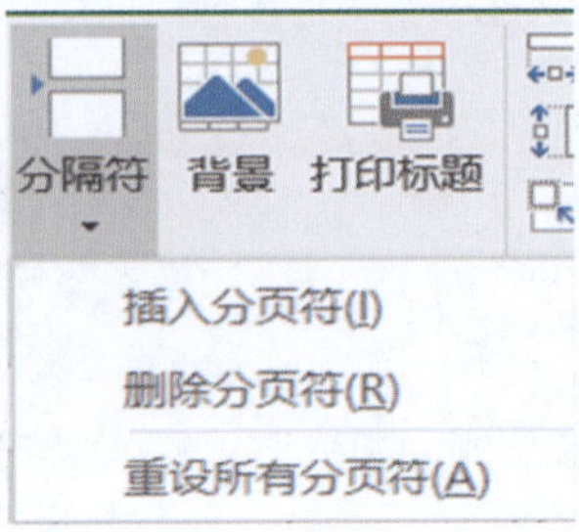

图 4-87　“分隔符”列表

（2）删除分页符的方法：选取有分页标志的行中的任意一个单元格，单击“页面布局”选项卡“页面设置”中的“分隔符”下拉按钮，在弹出的下拉菜单中选择“删除分页符”命令。该下拉菜单中的“重设所有分页符”命令的功能是删除所有的分页符。

三、预览和打印工作表

打印预览可以观察整张工作表的打印效果，效果达到要求后，单击“文件”选项卡，选择“打印”选项（见图 4-88），查看打印参数和打印效果界面并完成相应的参数设置后，便可单击“打印”按钮，打印当前工作表。

打开制作完成的“产品信息表”，进行打印前设置并完成打印输出。具体步骤如下。

1. 打开素材文件

打开“产品信息表”工作簿。

2. 冻结“产品信息”表的表头

（1）选中 B3 单元格为冻结点。

（2）单击“视图”选项“窗口”组中的“冻结窗格”按钮中的下拉三角，在列表中选择“冻结拆分窗格”命令（见图 4-89），此时在 B 列的左侧及第 3 行的上方均出现了一条冻结线（见图 4-90）。

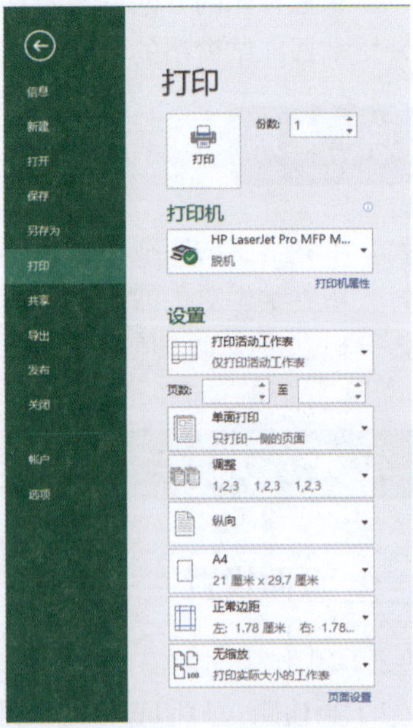

图 4-88　“文件”下的“打印”选项

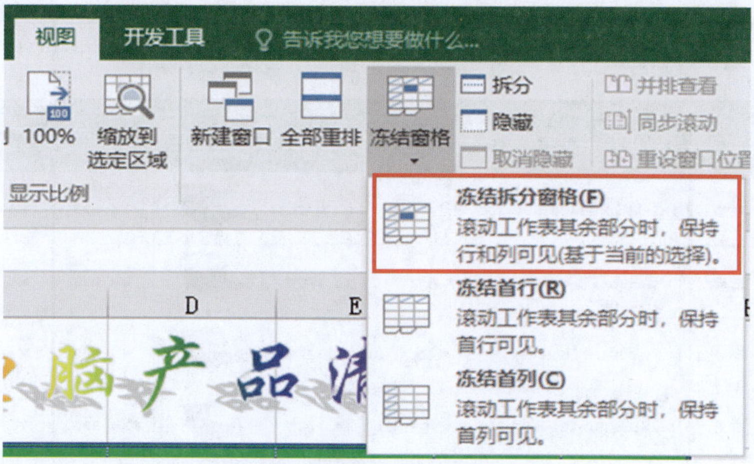

图 4-89 “冻结拆分窗格”命令

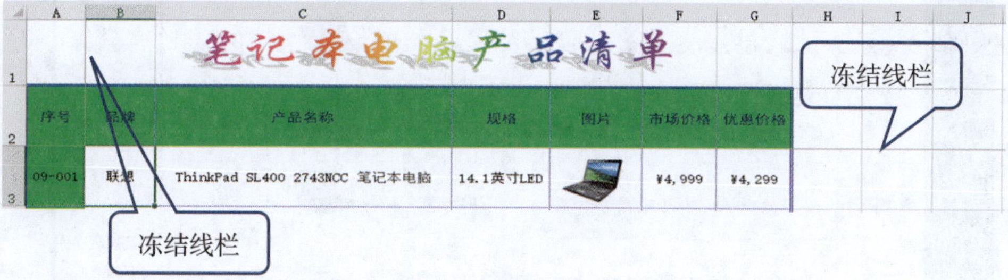

图 4-90 冻结线

当我们在制作一个 Excel 表格时，如果行、列数较多时，需要向下或向右滚动屏幕，这时表头也将跟着滚动，而不能在屏幕上显示。利用“冻结窗格”功能可以很好地解决这一问题。

冻结窗格是指滚动数据表的数据记录时将部分数据固定在窗口的上方或左侧，使表头始终显示在屏幕的可视区域中。

若想取消冻结窗格，则选择“窗口”菜单中的“取消冻结窗格”命令即可。

温馨提示

3. 打印预览产品信息表

通过以上操作，我们已经完成了“产品信息表”的制作，为了便于宣传，需要将制作好的“产品信息表”打印出来。为使打印出来的“产品信息表”美观大方，我们还需要对打印页面进行设置。

（1）分页预览。选定要预览的工作表，单击“视图”选项中的“分页预览”按钮，此时工作表从普通视图转为分页预览视图，如图 4-91 所示。

笔记本电脑产品清单						
序号	品牌	产品名称	规格	图片	市场价格	优惠价格
09-001	联想	ThinkPad SL400 2743NCC 笔记本电脑	14.1英寸LED		¥4,999	¥4,299
09-002	三星	Samsung R453-DS0B 笔记本电脑	14.1英寸		¥4,999	¥3,788
09-003	华硕	ASUS F6K42VE-SL 笔记本电脑	13.3英寸		¥7,299	¥4,769
09-004	东芝	Toshiba Satellite L332 笔记本电脑	14.1英寸		¥4,999	¥3,999
09-005	联想	ThinkPad X200S 7462-A14 笔记本电脑	12.1英寸		¥6,899	¥6,288
09-006	宏基	Acer AS4535G-652G32Mn 笔记本电脑	14英寸LED		¥4,899	¥4,099
09-007	惠普	HP 4416s VH422PA#AB2 笔记本电脑	14英寸高清		¥4,499	¥4,199
09-008	清华同方	TongFang 锋锐K40笔记本电脑	14.1英寸		¥3,299	¥2,599
09-009	苹果	pple MacbookAir MB940CH/A 笔记本电脑	13英寸		¥21,999	¥19,999
09-010	海尔	aier A600-T3400G10160BGLJ 笔记本电脑	14.1英寸		¥5,100	¥2,799
09-011	三星	Samsung N310-KA05 笔记本电脑	10.1英寸		¥4,299	¥3,699

图 4-91　“分布预览”视图

（2）设置打印区域。工作表中蓝色边框包围的区域为打印区域，灰色区域为不可打印区域。如果打印区域不符合要求，可通过拖曳图中的分页符来调整其大小。

① 将光标移到垂直分页符上，鼠标指针变为“↔”形状时，向右拖曳分页符，增加水平方向的打印区域。

② 将光标移到水平分页符上，鼠标指针变为“↕”形状时，向下拖曳分页符，增加垂直方向的打印区域。

（3）设置打印标题。Excel 表格通常会包含几十甚至成百上千行的数据，正常情况下，打印时只有第 1 页能打印出标题行，单独看后面的页面时会很不方便，因此打印时需要设置打印标题。

① 单击“页面布局”选项“页面设置”组中的“打印标题”按钮，打开“页面设置”对话框的“工作表”选项卡。

② 单击“打印标题”选项中的“顶端标题行”右侧的折叠按钮，打开“页面设置-顶端标题行”对话框，出现“$2：$2”，表示选择第 2 行为打印输出时的标题行。如图 4-92 所示。

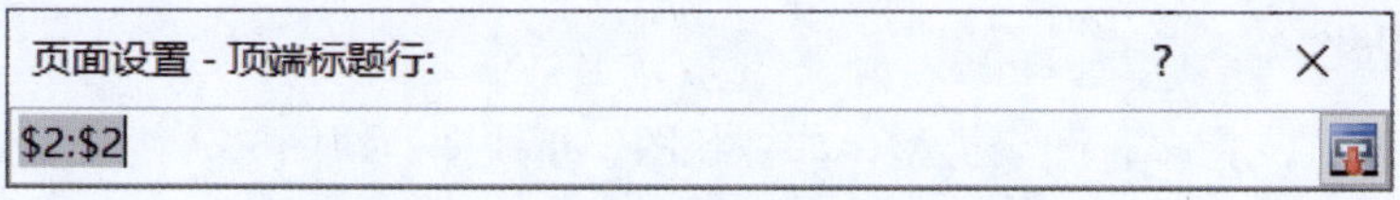

图 4-92　“页面设置-顶端标题行”对话框

③ 单击“页面设置-顶端标题行”对话框右上角的“关闭”按钮区，返回“页面设置”对话框，单击“确定”按钮，完成页面设置。

讨论交流

1. 当表格很大，超出一屏时，如何保证表格的标题行和标题列在其他部分滚动时仍可见？

2. 在对 Excel 表格内容进行打印时，有时不想全部打印，而只想打印其中的某一部分，该如何操作？

单元小结

Excel 2016 作为微软推出的一款强大电子表格处理软件，广泛应用于数据分析、财务管理、报告制作等多个领域。总结如下：

1. 数据输入与编辑

（1）单元格选择：支持多种选择 方式，包括单个单元格、相邻单元格区域、不相邻的多个单元格等。

（2）数据输入：可以直接在单元格中输入文本、数字、日期等数据，并支持自动填充和公式计算。

（3）数据编辑：支持插入、删除、复制、移动单元格或单元格区域的操作。

2. 数据格式设置

（1）数字格式：包括常规、货币、日期、时间、百分比等，支持自定义格式以满足特殊需求。

（2）对齐方式：可以设置文本的对齐方式，如左对齐、右对齐、居中对齐等。

（3）边框和填充：可以为单元格添加边框和背景色，使数据表格更加清晰易读。

3. 数据处理与分析

（1）数据筛选：支持自动筛选和高级筛选，快速定位和分析数据。

（2）排序功能：可以对单列或多列数据进行升序或降序排序。

（3）条件格式：根据单元格的值设置特定的格式，如突出显示重复值、低于或高于某个值的单元格等。

（4）公式与函数：内置了大量公式和函数，用于执行复杂的计算和分析任务。

4. 数据可视化

（1）图表创建：支持多种图表类型，如柱状图、折线图、饼图等，用于直观地展示数据。

（2）数据透视表：可以快速汇总、分析、探索大量数据，并以各种交互方式查看数据。

5. 数据导入与导出

（1）数据导入：支持从多种来源导入数据，如文本文件、数据库、Web 页面等。

（2）数据导出：可以将数据导出为多种格式，如 CSV、PDF、Excel 文件等，方便与其他软件共享数据。

6. 其他功能

（1）数据验证：可以设置数据验证规则，限制用户输入的数据类型和范围。

（2）保护工作表：可以设置密码保护工作表，防止未经授权的修改。

通过以上功能，Excel 2016 为用户提供了一个强大的数据处理和分析平台，帮助用户更好地管理和利用数据资源。

单元测试

一、选择题

1. 下列关于电子表格工作簿、工作表和单元格的描述中正确的是（　　）。

A. 工作簿、工作表和单元格是三个相互独立的数据存储单位

B. 工作簿以文件形式存储，工作表和单元格则以表格形式存储

C. 工作簿以文件形式存储，工作簿中可以存储工作表，工作表由单元格组成

D. 单元格中可以存储工作表，工作表中可以存储工作簿

2. 在工作簿中，有关移动、复制工作表的说法，正确的是（　　）。

A. 工作表只能在所在工作簿内复制，不能移动

B. 工作表可以移动到其他工作簿内，不能复制到其他工作簿内

C. 工作表可以移动到其他工作簿内，也可以复制到其他工作簿内

D. 工作表只能在所在工作簿内移动，不能复制

3. 要在单元格中输入一个公式，则需要首先输入符号（　　）。

A. <>　　B. $　　C. +　　D. =

4. 若在工作表的单元格中出现一连串的“######”符号，则表示（　　）。

A. 需删去该单元格　　B. 需删去这些符号

C. 需调整单元格的宽度　　D. 需重新输入数据

5. 下列不属于 Excel 中的引用是（　　）。

A. 2NW　　B. $C8　　C. A8　　D. X4

6. 在 Excel 中，可对一组数据进行大小排名的函数是（　　）。

A. COUNT　　B. RANK　　C. AVERAGE　　D. RAND

7 公式中可以使用多个运算符，运算符的优先级别由高到低排列正确的是（　　）。

A. 算术运算>文本运算>关系运算>圆括号

B. 算术运算>圆括号>文本运算>关系运算

C. 圆括号>算术运算>关系运算>文本运算

D. 圆括号>算术运算>文本运算>关系运算

8. 某工作表的单元格 A2 值为“北京”单元格 B2 值为“欢迎你”，若要在单元格 F2 中显示“北京欢迎你”，可以使用公式（　　）。

A. =A2&B2　　B. =A2+B2　　C. =A2：B2　　D. =A2B2

9. 在公式中如需引用工作表 Sheet1 中的单元格区域 A2：B2，则该区域应表示为（　　）。

A. Sheet1.A2：B2　　B. Sheet1：A2：B2

C. Sheet1!A2：B2　　D. Sheet1$A2：B2

10. 在电子表格软件中，求平均数的函数为（　　）。

A. SUM　　B. AVERAGE　　C. MAX　　D. MIN

11. 在电子表格软件中，当鼠标指针为黑色十字形时，表示（　　）。

A. 自动填充　　B. 选择单元格

C. 移动单元格　　D. 删除单元格

12. 不同的图表类型展示数据的直观性也各有不同，（　　）用于显示随时间而变化的连续数据。

A. 柱形图　　B. 折线图　　C. 雷达图　　D. 饼图

13. 创建图表前需要选取图表所需数据源，按住（　　）键，可以选择不相邻的多个单元格区域。

A. Ctrl　　B. Shift　　C. Alt　　D. Esc

14.使用数据透视表时，数值区域默认的汇总方式是（　　）。

A. 求和　　B. 平均值　　C. 计数　　D. 乘积

15. 通过设置条件区域进行高级筛选时，条件区域中列与列之间的条件表示（　　）。

A. 或　　B. 与　　C. 非　　D. 异或

16. 关于分类汇总，以下说法错误的是（　　）。

A. 分类汇总前先要按分类字段排序

B. 一次分类汇总只能选择一种汇总方式

C. 多个分类汇总可以一次性删除

D. 一次只能对一个字段进行分类汇总

17. 在电子表格软件中复制筛选后的数据表区域，以下说法正确的是（　　）。

A 只复制筛选结果，不包括隐藏数据

B. 复制所有数据，包括隐藏数据

C. 只能复制到原表的其他位置，不可以复制到新表中

D. 粘贴后还有筛选下拉按钮

18. 关于电子表格软件中的排序功能，以下说法错误的是（　　）。

A. 可以按行排序　　B. 可以按列排序

C. 可以自定义序列排序　　D. 最多允许三个排序关键字段

19. 在电子表格软件中，若要输入分数 2/5，正确的输入方法是（　　）。

A. 2/5　　B. 0 2/5　　C. '2/5　　D. "2/5

20. 某单元格显示内容为 10，单击该单元格，在编辑栏不可能出现的是（　　）。

A. 10　　B. 4+6　　C. =SUM(A3 : B3)　　D. =A3+B3

21. 在电子表格软件中，当在单元格中输入数值时，默认的对齐方式是（　　）。

A. 左对齐　　B. 居中对齐　　C. 右对齐　　D. 两端对齐

二、填空题

1. 在电子表格软件中，当单元格内容超出列宽时，可以使用_________，使其分行显示。
2. 电子表格软件的排序功能包括升序、降序和_______________。
3. 某单元格名称为 B6，则该单元格位于 ______________。
4. 电子表格软件的数据筛选功能包括自动筛选、_______________和高级筛选。
5. 要清除单元格中内容可以使用______________键。
6. Excel 强大的制表功能，给我们的工作带来了方便，___________功能，可以减少录入数据的错误。
7. 创建数据透视表的命令在________________选项卡里。
8. 公式是以___________开头，对工作表中的数据执行运算的等式，也称表达式。
9. 在工作表中输入数据时，Tab 键的作用是__________________。
10. 单元格地址引用分为相对引用、______________、混合引用三种。

三、判断题

1. 公式中可以包括函数、引用、运算符和常量。（　　）
2. 在当前工作表名上右击，选择“插入”命令，会在其后面插入一张新表。（　　）
3. 绝对引用会因为公式所在位置的不同而发生相应的变化。（　　）
4. 一个电子表格工作簿最多只能包括三个工作表。（　　）
5. 在电子表格软件中，一次只能按一个关键字段进行排序。（　　）
6. 取消筛选后，数据表的行状态会自动恢复到筛选前的状态。（　　）
7. 分类汇总前必须先按分类字段进行排序。（　　）
8. 要想移动电子表格单元格中的数据，可以选中该单元格拖动到其他位置。（　　）
9. 在筛选后打印数据表，只会打印筛选后的结果。（　　）
10. 单元格内不能输入图表。（　　）

四、技能实践

1. 任务描述

（1）在 Sheet1 中，计算每件商品的实付总价（单价 × 购买数量，促销商品为原价打 9 折）。

（2）在单元格 G19 计算购买所有商品的总支出。

（3）筛选出“生活用品”类的商品，将结果复制至 Sheet2 中相应位置。

（4）在 Sheet3 中，计算每个类别商品的总支出（分类汇总）。

2. 完成样稿

完成后的样稿分别如图 4-93 ~ 图 4-95 所示。

	A	B	C	D	E	F	G
1	购物清单						
2	序号	商品名	商品类别	原价	是否促销	购买数量	实付总价
3	1	矿泉水	食品	¥ 2.00	否	5	¥ 10.00
4	2	垃圾袋	生活用品	¥ 5.00	是	10	¥ 45.00
5	3	饼干	食品	¥ 7.00	否	2	¥ 14.00
6	4	洗衣液	生活用品	¥25.00	否	2	¥ 50.00
7	5	牙膏	生活用品	¥10.00	是	2	¥ 18.00
8	6	信笺	文具	¥ 5.00	是	5	¥ 22.50
9	7	衣架	生活用品	¥ 5.00	否	10	¥ 50.00
10	8	橡皮擦	文具	¥ 2.00	否	5	¥ 10.00
11	9	U盘	电子产品	¥60.00	是	1	¥ 54.00
12	10	电风扇	电器	¥80.00	否	2	¥160.00
13	11	保鲜膜	生活用品	¥15.00	是	2	¥ 27.00
14	12	垃圾桶	生活用品	¥10.00	是	2	¥ 18.00
15	13	纯牛奶	食品	¥65.00	是	1	¥ 58.50
16	14	双面胶	文具	¥ 3.00	否	5	¥ 15.00
17	15	热水壶	电器	¥55.00	是	1	¥ 49.50
18							
19						合计支付	¥ 601.50

图 4-93　Sheet1 完成样稿

	A	B	C	D	E
1	生活用品清单				
2	商品名	商品类别	原价	购买数量	实付总价
3	垃圾袋	生活用品	¥ 5.00	10	¥45.00
4	洗衣液	生活用品	¥25.00	2	¥50.00
5	牙膏	生活用品	¥10.00	2	¥18.00
6	衣架	生活用品	¥ 5.00	10	¥50.00
7	保鲜膜	生活用品	¥15.00	2	¥27.00
8	垃圾桶	生活用品	¥10.00	2	¥18.00

图 4-94　Sheet2 完成样稿

	A	B	C	D	E	F	G
1	购物清单						
2	序号	商品名	商品类别	原价	是否促销	购买数量	实付总价
5			**电器 汇总**				¥209.50
7			**电子产品 汇总**				¥ 54.00
14			**生活用品 汇总**				¥208.00
18			**食品 汇总**				¥ 82.50
22			**文具 汇总**				¥ 47.50
23			**总计**				¥601.50

图 4-95　Sheet3 完成样稿

第五单元

程序设计

随着云计算、大数据、人工智能、物联网等新一代信息技术的迅猛发展，计算机已经渗入人们学习、工作、生活的方方面面，成为不可或缺的工具。那么，计算机是如何运行的呢？

自 1946 年第一台电子计算机 ENIAC 诞生以来，计算机技术便开启了革命性的发展历程。在这一历程中，约翰·冯·诺依曼作为计算机科学的奠基人之一，发挥了至关重要的作用。他提出的“存储程序”和“程序控制”理念，被誉为计算机的灵魂，对现代计算机的设计与发展产生了深远的影响。

程序语言的发展历经了多个阶段，从最初的机器语言，到稍后的汇编语言，再到如今的高级语言，每个阶段都为程序员提供了更高的抽象层次和更便捷的开发体验。从烦琐复杂的机器指令，到相对简洁的汇编指令，再到接近自然语言的高级编程语言，这一系列的演进极大地提高了程序设计的效率和可读性。

程序设计作为计算机科学的核心分支，旨在教会计算机如何执行特定任务。在科技日新月异的今天，计算机编程能力已成为一种普适的社会工作需求。

情境导入

上课了，今天李老师没有马上讲课，而是对坐在后排的小明说："小明，请帮我把教室的门关上。"

小明忙站起来，走过去关上门，又回到自己的座位。

李老师接着不慌不忙地说："请同学们按顺序描述小明完成这件事的步骤。"

任务 5.1 初识 Python

Python 是由荷兰数学和计算机科学研究学会的吉多·范罗苏姆（Guido van Rossum）设计的高级通用编程语言，以其解释型、脚本化的特性而广受欢迎。它主要应用于 Web 开发、数据分析与科学计算、人工智能和机器学习等多个领域，展现了其强大的适应性和实用性。

Python 语言的设计简洁明了，易于人类理解和编写，这种特性使得 Python 成为初学者和专业开发者的共同选择。此外，Python 的可扩展性允许开发者根据需要为其添加新的功能或模块，进一步丰富了 Python 的应用场景。

凭借其独特的优势，Python 已成为全球范围内最受欢迎的程序设计语言之一，为无数的项目提供了强大的支持。

学习目标

- ✧ 掌握计算机程序的基本概念和基本内容。
- ✧ 了解 Python 语言的应用领域。
- ✧ 掌握 Python 软件的安装方法。
- ✧ 能应用 Python 集成环境输入和调试程序。

职业素养

- ✧ 通过对计算机程序的认知，使学生全面了解程序设计对人类生产和生活的影响。
- ✧ 引导学生通过网络主动获取信息，培养良好的学习意识和行为习惯。
- ✧ 提醒学生不编写、使用具有危害性的程序，提升学生在信息社会的责任意识。

任务实施

计算机执行任务都是通过调用存储在内存中的程序来实现的。

认识程序

一、认识程序

1. 程序的概念

计算机程序是计算机能够识别和执行的指令或语句序列，它用某种程序设计语言编写，运行于某种目标结构体系上。

例如，你刚从学校回到家，就看到妈妈留下的字条：

（1）换衣服。

（2）吃饭。

（3）洗餐具。

（4）写作业。

计算机程序与此类似。程序是一些命令集，计算机会一个接一个地完成这些命令。程序还有一个名字叫作“软件”。例如，我们常用的微信、浏览器和 QQ 等都是程序（见图 5-1），正是这些程序让我们的设备更加智能。

图 5-1　常用程序图标

2. 编程语言

语言是人类进行沟通交流的表达方式，语言的核心是交流。我们去到某个地方，如果不懂那里的语言，就很难与当地人进行交流，所以语言是人类进行交流的桥梁。

要让计算机解决某个问题，也需要与计算机交流，也就是对计算机发送指令，编写这些指令的过程就是编程。

编程语言也是一门语言，与中文、英文这些语言的性质一样，是我们用来编写计算机指令的工具。编程语言拥有自己的语法和规则，目前存在多种编程语言，如 Java、Python 和 C++等，尽管这些编程语言各不相同，但它们的核心的功能都是和计算机进行交流。

编程语言分为低级语言和高级语言两种。更接近机器代码或二进制的编程语言被称为低级语言，包括机器语言和汇编语言两种。机器语言是由二进制 1 和 0 编写的。汇编语言是用助记符代替 1 和 0 的编程语言，虽然它比 1 和 0 更容易理解，但仍然很难阅读。因为低级语言编写的指令更接近于机器的思考模式，让程序员可以精确控制计算机的运行方式，因此其编写的程序运行速度快。而高级语言，如 Java、Python、C++等，更接近人类的交流方式，他们在指令中使用的语言与我们每天使用的语言相近，类似人类的自然语言，因此更易于编程和维护（见图 5-2）。

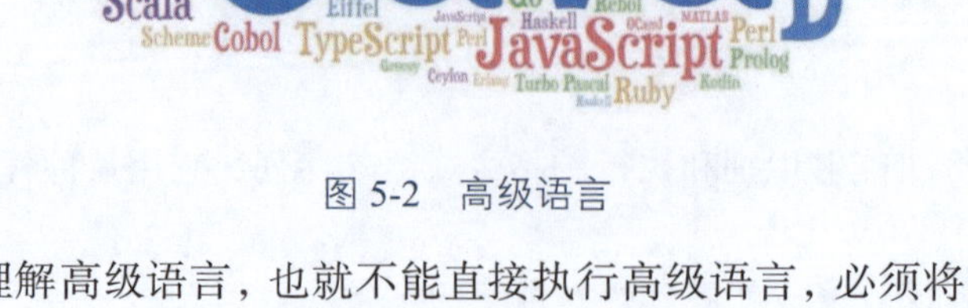

图 5-2　高级语言

因为计算机无法理解高级语言，也就不能直接执行高级语言，必须将高级语言编写的程序翻译成机器语言才能运行。翻译的方式有两种：编译方式和解释方式。两种方式只是翻译的时间不同。

编译方式：在程序运行前翻译，通过专门的编译器编译成机器语言文件（如 .exe），运行时直接执行编译后的文件，翻译只需一次，因此执行效率高。

解释方式：在程序运行时翻译，每个语句都是执行时才翻译，也需要通过专门的解释器。解释型语言每执行一次都要翻译一次，因此执行效率比较低。

二、认识 Python

认识 Python

编程语言并无优劣之分，只有最适合的。本单元的程序案例将以 Python 语言为例，深入探讨其特点与应用。Python 这一名称来源于英语中的“蟒蛇”。选择 Python 作为编程语言的主要原因有以下几点：首先，Python 的语法清晰明了，代码友好且易于阅读，这大大降低了编程的门槛，使得初学者和专业开发者都能快速上手；其次，Python 拥有庞大的第三方函数库，能够轻松地将使用其他语言（如 C、C++、Java）开发的模块联结在一起，这种强大的集成能力使得 Python 被誉为“胶水语言”；再者，Python 既是一门解释型语言，也是面向对象的语言，这使其具有较高的操作性和可移植性，从而被广泛应用于数据挖掘、信息采集、人工智能、网络安全、自动化测试等众多领域（见图 5-3）。

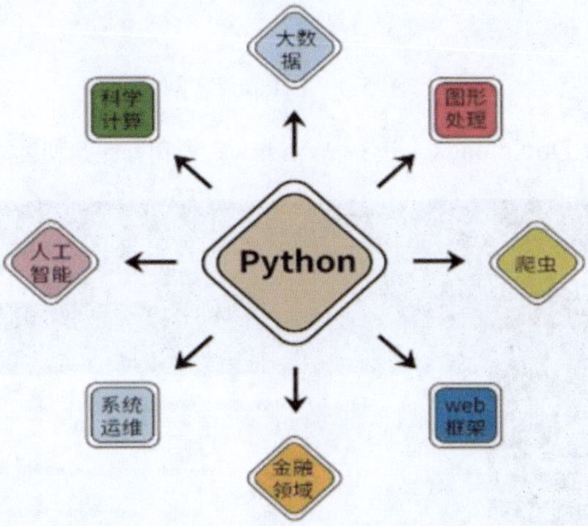

图 5-3　Python 应用领域

（一）Python 解释器的安装

1. 什么是 Python 解释器

Python 解释器是一款用于执行 Python 代码的应用程序。

2. 下载 Python 解释器

（1）登录 Python 官网（https：//www.python.ord/），如图 5-4 所示。

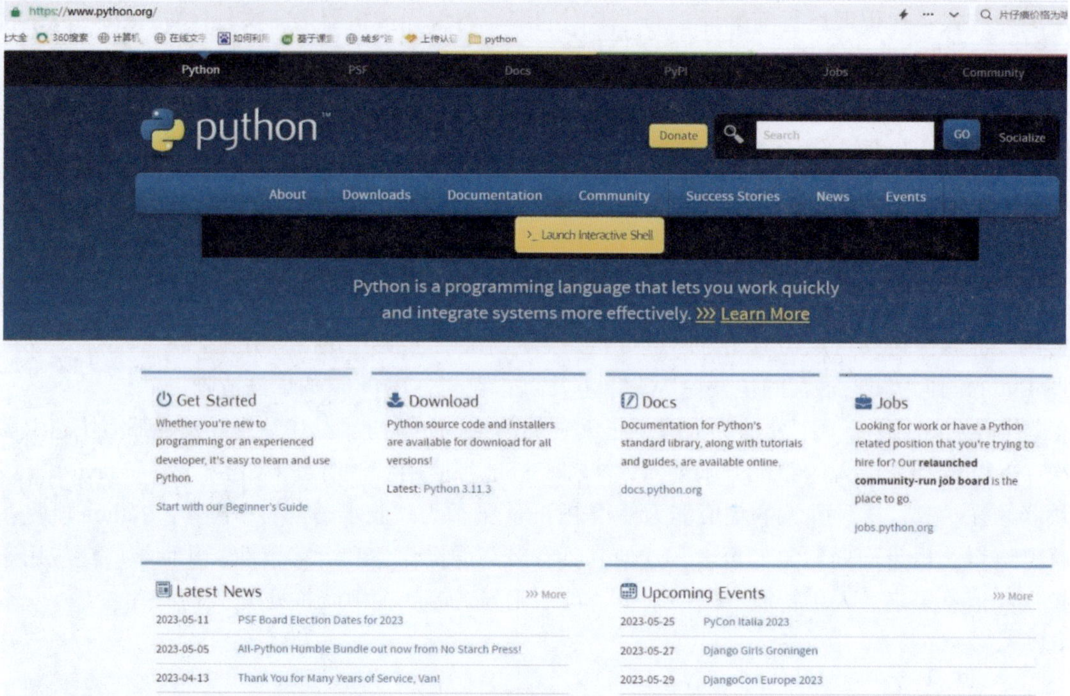

图 5-4　Python 官网

（2）进入首页，点击 Downloads，选择 Windows，如图 5-5 所示。

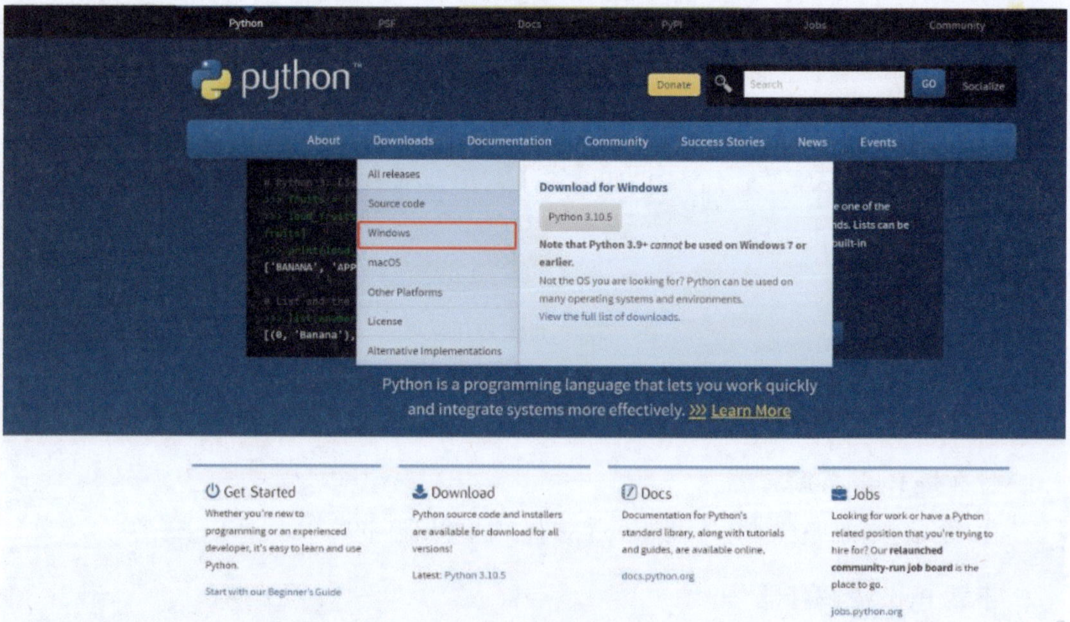

图 5-5　Python 首页

（3）如图 5-6 所示，可以看到许多 Python 版本。

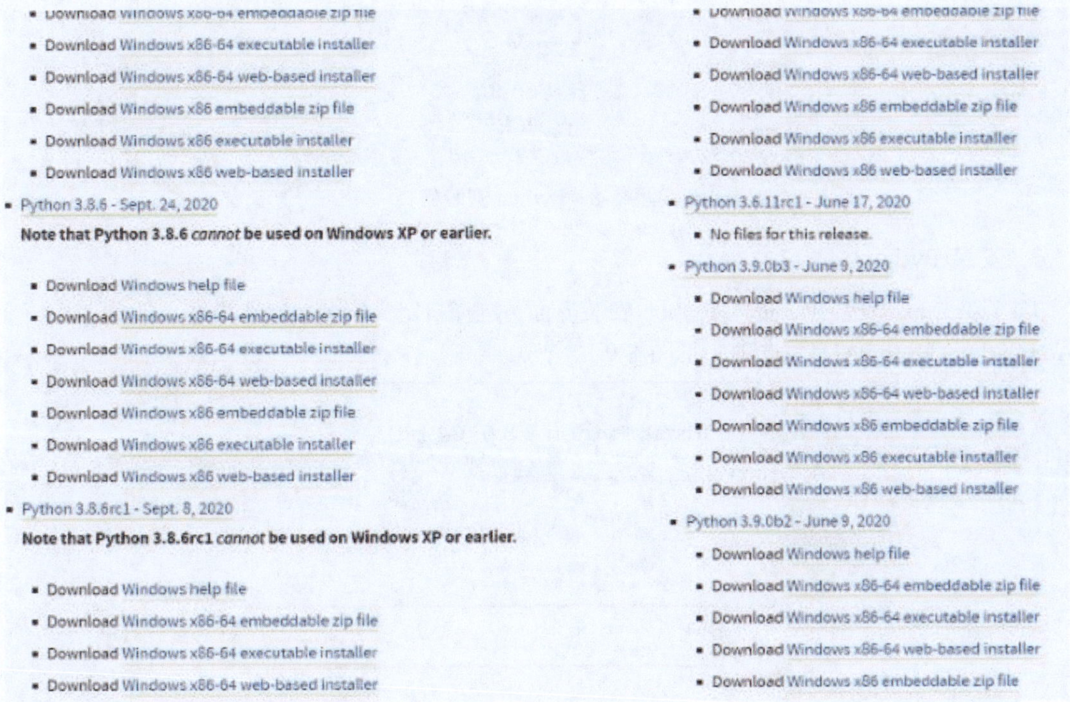

图 5-6　Python 版本

以 Windows x86-64 开头的是 64 位的 Python 安装程序；以 Windows x86 开头的是 32 位的 Python 安装程序；

embeddable zip file：表示 .zip 格式的绿色免安装版本，可以直接嵌入（集成）到其他应用程序中。

executable installer：表示 .exe 格式的可执行程序，这是完整的离线安装包，一般选择这个即可。

web-based installer：表示通过网络安装，也就是说下载到只是一个链接，安装过程中还需要联网。

（4）选择“executable installer”下载，如图 5-7 所示。

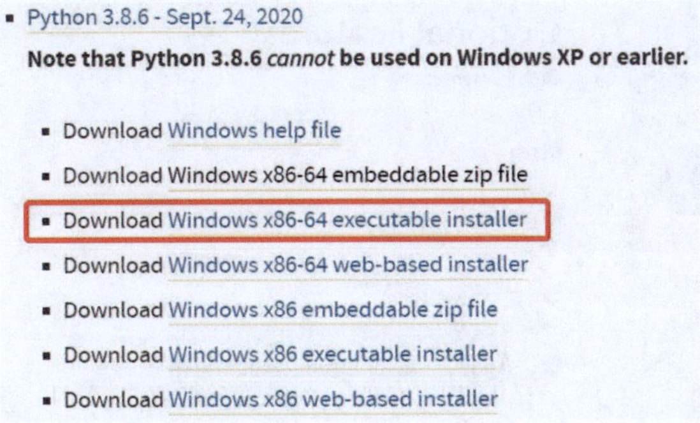

图 5-7　下载入口

下载后的“安装包”如图 5-8 所示。

图 5-8　Python 安装包

3. 安装 Python

（1）双击.exe 安装包，进入 Python 安装界面，选择自定义安装，勾选最底下的添加环境变量“Add Python 3.8 to PATH”选项（见图 5-9）。

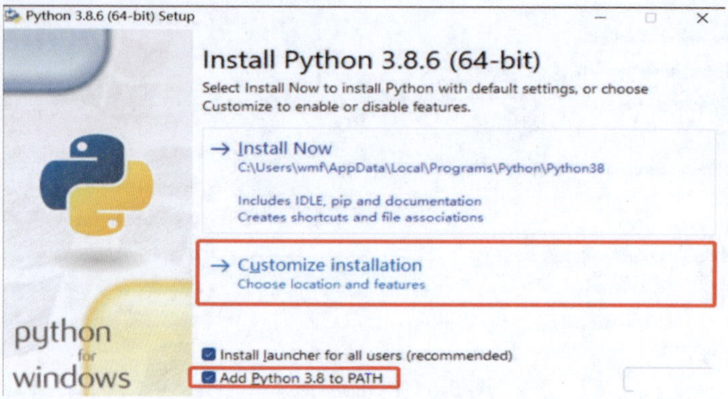

图 5-9　Python 安装界面（1）

界面说明：

✧　Install Now：默认安装（直接安装在 C 盘，并且勾选所有组件并下载）。

✧　Customize installation：自定义安装（可选择安装路径和组件）。

✧　Install launcher for all users（requires elevation）：给所有用户安装启动器（默认勾选）。

✧　Add Python 3.8 to PATH：添加 Python 解释器的安装路径到系统变量，目的为了操作系统更快地找到 Python 解释器（一定勾选）。

（2）点击 next（下一步），如图 5-10 所示，默认勾选全部选项。

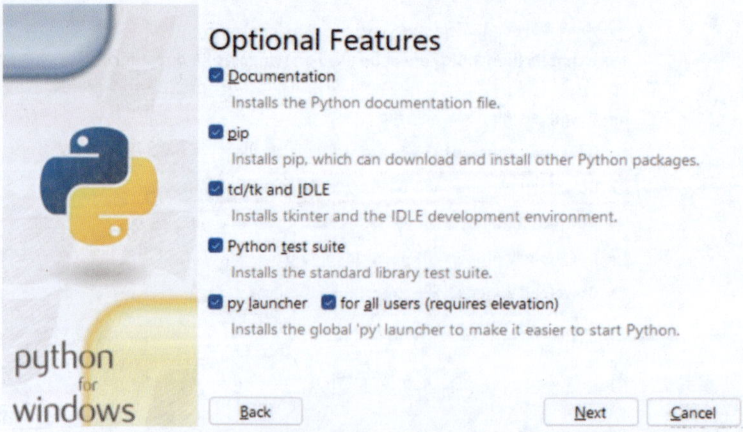

图 5-10　Python 安装界面（2）

（3）点击 next（下一步），如图 5-11 所示，勾选前 5 项。

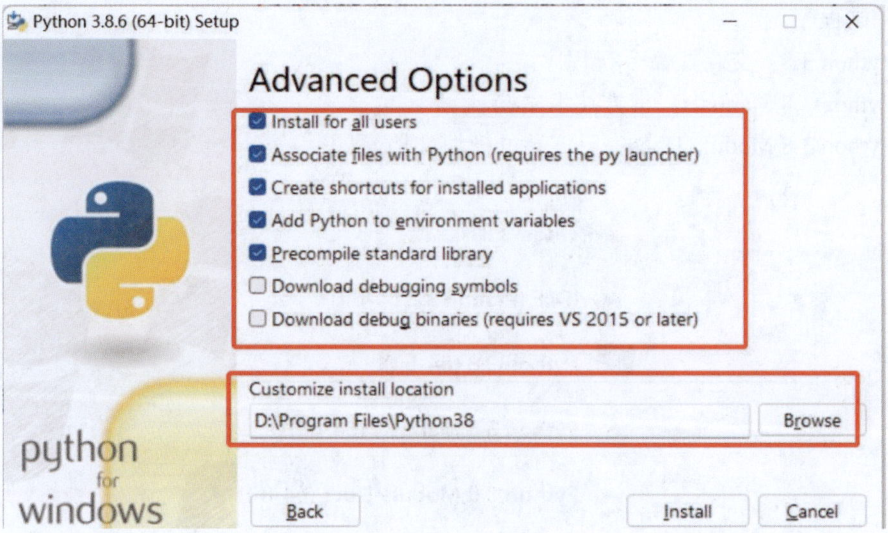

图 5-11　Python 安装界面（3）

（4）安装成功后，显示界面如图 5-12 所示。

图 5-12　Python 安装界面（4）

（二）Python 集成开发环境的使用

调试和运行 Python 程序通常有两种方式：一是使用交互式运行编程环境；二是使用第三方集成开发环境（IDE）工具。两种方式均需要搭建 Python 环境。

交互方式运行通常适合使用 Python 语言，如果要开发复杂的案例或实际项目可以使用 IDE 开发工具 PyCharm 来调试程序。本单元我们使用 Python 自带的编辑器 Python IDLE。

（1）安装后，在“开始”菜单可看到 Python 3.8 文件夹，它包含以下 4 个文件（见图 5-13）。

✧ IDLE：Python 自带的一个集成开发环境，初学者可以利用它方便地创建、运行、测试和调试程序。

✧ Python 3.8：交互式命令行程序。

✧ Python 3.8 Manuals：官方技术文档。

✧ Python 3.8 Module Docs：已安装的模块文档。

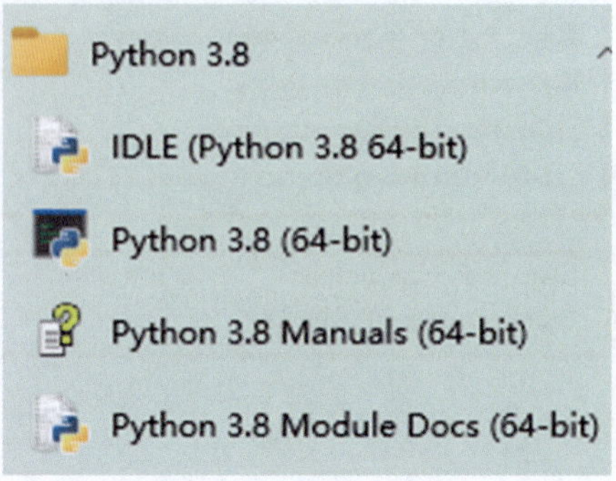

图 5-13　Python 文件夹

（2）单击“IDLE”，打开 Python 的交互命令行解释器窗口（见图 5-14）。

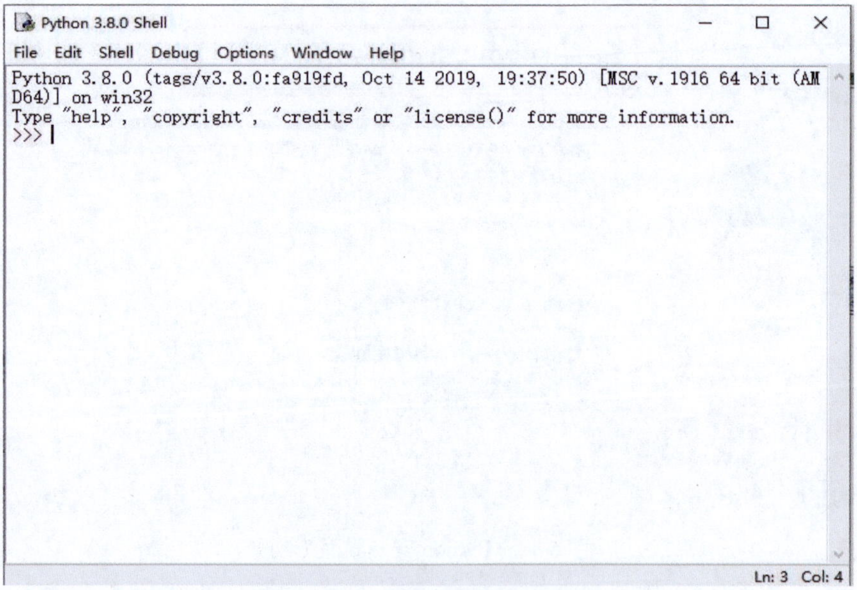

图 5-14　Python 交互命令窗口

在 Python 提示符>>>后面键入你想输入的指令，然后按下回车键。每键入一行指令都需要按下回车键，之后 Python 立即执行这个命令。如输入 print(“hello world”)，即可在屏幕上打印 hello world。

如果要运行 Python 程序，需要使用文本编辑器。在 IDLE 的菜单中选择“File—New File”，打开文本编辑器（见图 5-15）。

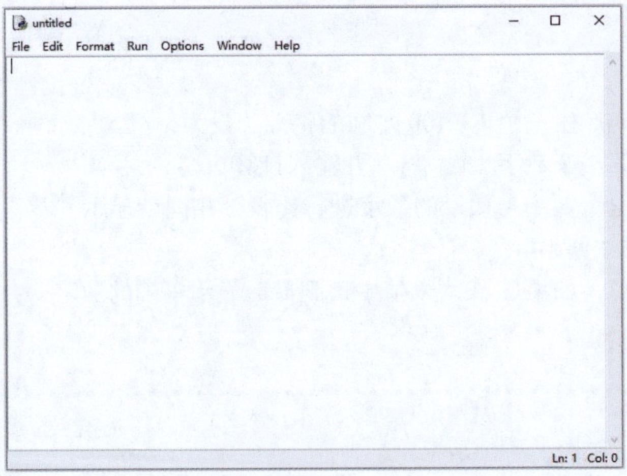

图 5-15　Python 文本编辑器

标题栏的“untitled”表示未命名，此时就可以在窗口中键入程序代码，完成后使用“File—Save/Save As”保存程序，保存类型为.py，表示这是一个 Python 程序。然后选择“Run—Run Module F5”运行程序。Python shell 窗口再次变成活动状态，并看到执行结果。

输出函数：print
格式：print（输出内容）
输入 函数：input
格式：x=input（“提示文字”）

输出函数：print
格式：print（输出内容）
输入 函数：input
格式：x=input（“提示文字”）

温馨提示

实践体验

猜数字游戏

元旦迎新活动中，有一个节目是和计算机玩猜数字（1 ~ 100）游戏，每位同学有 5 次机会，猜中得奖品，未猜中提示“偏大”或“偏小”，请调试并运行游戏程序。

1. 分析问题

设计流程如下：

（1）让计算机预先产生一个 1 ~ 100 之间的整数（设为 x）。

（2）让同学说出第 1 个数字（设为 y）并输入计算机。

（3）让计算机将这个数字与预设的数字进行比较，相同就显示“恭喜猜中！”并退出程序，否则就显示“偏大”或“偏小”。

（4）让同学继续猜，如果 5 次均未猜中，则最后显示正确的数字，并提示“谢谢合作！”。

2. 程序代码

```
import random
x=random.randint(1, 100)            #生成一个 1—100 的随机整数
for i in range(1, 6):
    print("第", i, "次猜数")
    y=int(input("请输入猜出的数字："))
    if y==x:
        print("恭喜猜中！")
        break
    elif y>x:
        print("偏大")
    else:
        print("偏小")
if i==5:
    print("正确数字为：", x, "谢谢合作！")
```

温馨提示

Python 中的内置 random 模块用于生成随机数，其中 randint() 函数生成一个整数。编写程序时，如果要使用内置模块中的函数，要先导入所需的模块，导入模块应写在程序的开始位置，基本格式为

```
import <模块名>
```

3. 调试运行程序

（1）打开 Python 自带的编辑器 Python IDLE，启动 Python Shell。操作方法如图 5-16 所示。

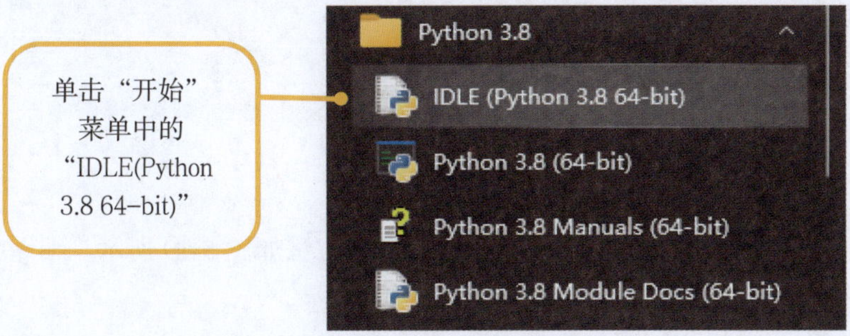

图 5-16　启动 Python Shell

（2）打开文本编辑器。在 Python Shell 的菜单中选择“File—New File”，操作方法如图 5-17 所示。

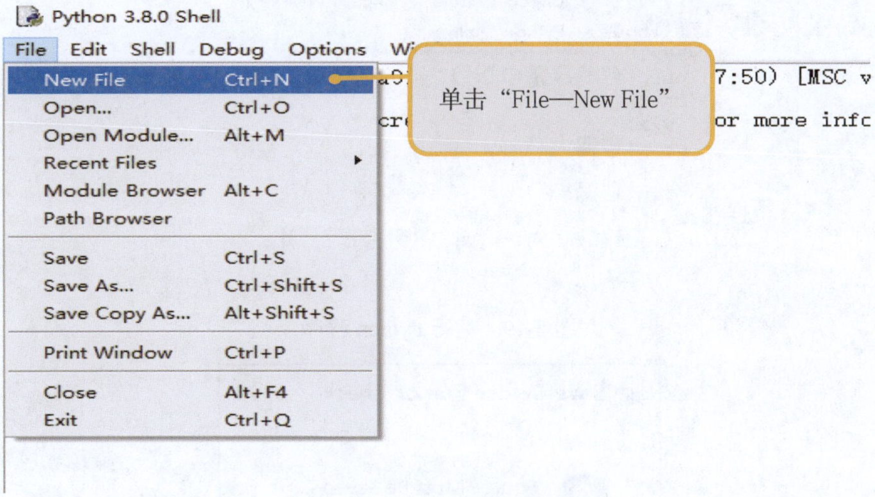

图 5-17　新建文本编辑器

（3）在如图 5-18 所示的文本编辑器中输入代码。

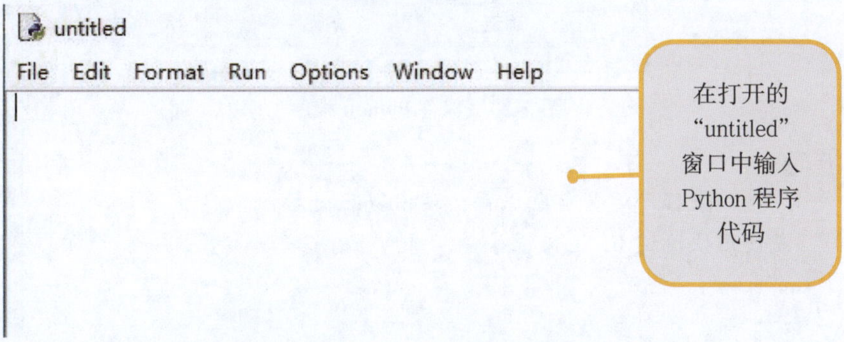

图 5-18　“文本编程器”窗口

为了更加清晰显示程序的逻辑结构，Python 中用缩进来表示代码块的层次关系，缩进通常使用 4 个空格，或使用一个制表符<Tab>。

温馨提示

（4）运行程序。单击“Run—Run Module”，操作方法如图 5-19 所示。编译前根据提示保存文件（见图 5-20）。

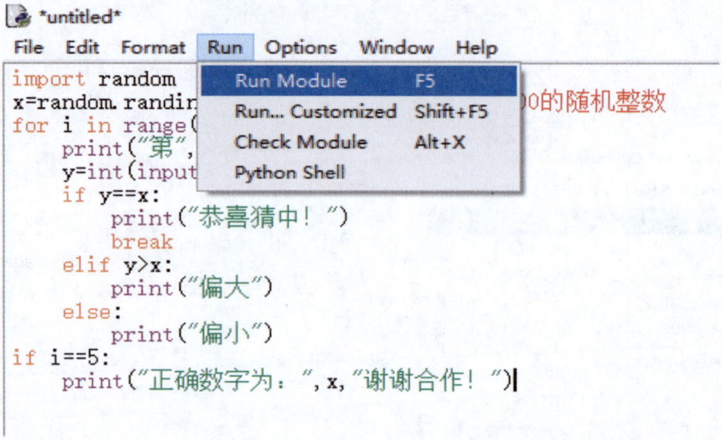

图 5-19　运行 Python 程序

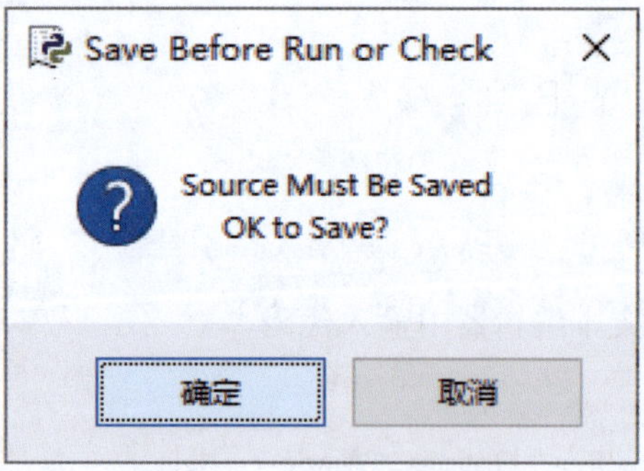

图 5-20　保存 Python 程序

如果程序运行前已保存，不出现此提示。或使用快捷键 F5 运行程序。

温馨提示

（5）运行程序后，得到图 5-21 所示结果。

```
Python 3.8.0 Shell
File  Edit  Shell  Debug  Options  Window  Help
Python 3.8.0 (tags/v3.8.0:fa919fd, Oct 14 2019,
D64)] on win32
Type "help", "copyright", "credits" or "license(
>>>
================= RESTART: C:/Users/Administratc
第 1 次猜数
请输入猜出的数字：50
偏大
第 2 次猜数
请输入猜出的数字：25
偏小
第 3 次猜数
请输入猜出的数字：35
偏小
第 4 次猜数
请输入猜出的数字：42
偏小
第 5 次猜数
请输入猜出的数字：56
偏大
正确数字为： 45 谢谢合作!
>>>
```

图 5-21　程序运行结果

讨论交流

利用网络查阅 Python 的发展历程，与同学们交流你了解的其他程序设计语言。

任务 5.2 基本语法

人和人进行交流需要语言，人和计算机进行交流也同样需要语言，要利用 Python 语言与计算机进行交流，实现编程，应遵循 Python 的语法规则，掌握 Python 的语法体系。

本节从基础学起，掌握 Python 常见的数据类型和数据结构，进而实现顺序结构的编写。

学习目标

✧ 掌握 Python 的保留字和标识符。
✧ 理解 Python 中变量的定义及使用。
✧ 掌握 Python 中的基本数据类型。
✧ 掌握数据类型之间的相互转换。
✧ 了解运算符的优先级和运算规则，能使用基本运算符进行运算，进而实现顺序结构程序设计。

职业素养

✧ 坚持立德树人的价值观，引导学生建立信息社会责任意识，建立健康技术价值追求，提高学生在信息技术时代中生存、发展与创新的能力。
✧ 引导学生面向现实生活，以编程解决现实问题，使学生体验编程的工具性，理解编程的实践性。
✧ 强调规范、规则的重要意义，培养学生精益求精的工匠精神。

任务实施

程序设计的目的是通过程序解决实际问题，通过对信息的获取、操作、处理来实现相应功能。因此我们在编写程序之前，要告诉计算机可以去操作哪些对象、对象放在什么地方、如何表达等，这个可以操作的对象就是数据类型。

一、保留字和标识符

保留字和标识符

（一）保留字

在 Python 中，保留字是指那些已经被 Python 赋予特定意义的单词。这些单词不能用作变量名、函数名、类、模块或任何其他的标识符名称。

Python 中的保留字共 35 个，如表 5-1 所示。

表 5-1　35 个保留字

Python 中的保留字						
and	as	assert	break	class	continue	def
del	elif	else	except	finally	for	from
False	global	if	import	in	is	lambda
nonlocal	not	None	or	pass	raise	return
try	True	while	with	yield	await	async

查看保留字的内置模块：import keyword。

（二）标识符

Python 中的标识符是用来标识变量、函数、类、模块或其他对象的名称。在 Python 中，标识符必须遵循特定的规则和约定。

1. 标识符的组成规则

（1）标识符可以是字符（英文或中文）、下划线和数字，并且第一个字符不能是数字。

（2）标识符不能使用 Python 中的保留字。

（3）标识符严格区分大小写。

（4）以下划线开头的标识符有特殊的意义，一般应避免使用相似的标识符。

（5）允许使用中文作为标识符，但不建议使用。

2. 标识符的命名规范

（1）模块名尽量短小，并且全部使用小写字母，可以使用下划线分隔多个字母。例如：program_main。

（2）包名尽量短小，并且全部使用小写字母，不推荐使用下划线。例如：com.ysjpython，不推荐使用 com_ysjpython。

（3）类名采用单词首字母大写形式。例如：MyClass。

（4）函数、类和属性和方法的命名，全部使用小写字母，多个字母之间使用下划线分隔。

（5）常量命名时采用全部大写字母，可以使用下划线。

（6）使用单下划线开头的模块变量或函数是受保护的，在使用“from xxx import *”（其中，xxx 表示要导入的模块名称，*为通配符，表示导入全部定义）语句从模块中导入时，这些模块变量或函数不能被导入。

（7）使用双下划线开头的实例变量或方法表示是私有类型。

（8）以双下划线开头和结尾的是 Python 的专用标识，例如：_init_()表示初始化函数。

二、变量和常量

变量和常量

（一）Python 的变量

变量是保存和表示数据值的一种语法元素，在程序运行过程中它的值可以发生改变。从形式上看，每个变量都拥有独一无二的名字。

例如：

num01 = 1

其中，num01 为变量名，1 为变量的值。

程序中的数据都要放在内存里，变量就是这块内存的名字（地址）。

1. Python 变量的命名

变量名是标识符的一种，是标识符中应用最多的，不能随便起，必须要遵守 Python 标识符命名规则。就好像我们人一样，需要起个名字，便于称呼、指代。

变量在命名时应遵循的规则：

（1）变量名必须是一个有效的标识符。

（2）变量名不能使用 Python 中的保留字。

（3）慎用小写字母 i，大写字母 I 以及大写字母 O 也尽量不要用，因为这些字母不容易看清楚，容易产生歧义。

（4）应选择有意义的单词作为变量名。如 my_name 一看就知道是我的名字

2. Python 变量赋值

赋值指的是将数据放入变量的过程。在 Python 中为一个变量赋值的同时就声明了该变量，该变量的数据类型就是赋值数据所属的类型，该变量还可以接收其他类型的数据，所以我们说 Python 是一种动态类型的语言。

Python 定义变量时必须要赋一个具体的值才可以，使用等号“=”给变量赋值，包括以下方式：

（1）单变量赋值。将一个值赋值给一个变量，如 a=1。

（2）多重赋值。将一个值同时赋值给多个变量，如 a=b=c=1。

（3）多元赋值。将多个值赋值给多个变量，要求变量的数量和等号右边的值数量相等，例如：

a,b,c=1,2,3

结果为变量 a 的值为 1，b 的值为 2，c 的值为 3。

Python 变量的数据类型可以随时改变，比如，同一个变量可以被赋值为字符串，也可以被赋值为整数，变量的数据类型根据赋值数据所属的类型推导出来。

例如：

```
t = "dream"        #当前 t 为 str 字符串型
t = 56             #当前 t 为 int 整型
```

（二）Python 的常量

在 Python 中没有专门定义常量的关键字，默认在给变量命名时，如果所有字母都大写，就认为它是一个常量。所谓常量是在程序运行过程中值不允许改变的量。

例如：

PI=3.1415929

表示定义了一个常量。

三、数据类型

数据类型

Python 的数据类型主要有以下四大类：整数型（int）、浮点数型（float）、布尔型（bool）和字符串（str），如表 5-2 所示。

表 5-2　Python 部分数据类型

数据类型	数据类型符	说明	举例
整数型	int	存储整数	100、0、-1
浮点数型	float	存储小数	3.14、-94.7
布尔型	bool	存储逻辑值	True、False
字符串	str	存储字符串	'123'、"asd"

1. 整数型（int）

整数型又称作整数，是没有小数点的数，它可以是正数、零和负数。在 32 位的计算机上，整数的位数是 32 位，取值范围是$-2^{31} \sim 2^{31}-1$，即-2147483648 ~ 2147483647；在 64 位系统上，整数的位数为 64 位，取值范围为$-2^{63} \sim 2^{63}-1$，即-9223372036854775808 ~ 9223372036854775807。

2. 浮点数型（float）

浮点数也叫作小数，是带小数点的数，如 3.1419526、-4.56，它可以是正小数，也可以是负小数，还可以用科学记数法表示。

3. 布尔型（bool）

布尔型就是我们平常所说的 True 和 False，即“真”和“假”，“真”用数字 1 表示，“假”用数字 0 表示，可参与计算。

4. 字符串（str）

字符串是 Python 中使用最多的数据类型，又被称作连续的字符序列，可以表示计算机能识别的一切字符。在 Python 中，加了引号的字符都被认为是字符串，其声明有三种方式，分别是：单引号、双引号和三引号；如"Hello World! "、'你好！中国'、"'123'"。

Python 中的字符串分为 ASCII 码和 unicode 码。ASCII 码无法表示中文，unicode 码能够表示任意字符，包括中文和其他语言。

如果想在字符串中包括一些特殊的字符，如换行符、制表符等，则需要使用转义符“\”，如表 5-3 所示。

表 5-3　Python 转义符

转义字符	说明
\n	换行（移到下一行开头）
\r	回车（移到本行开头）
\t	水平制表符
\'	单引号
\"	双引号
\\	反斜线

注：字符串前加“r”或“R”，表示转义字符失效，恢复原字符。

5. 类型转换

Python 中不同类型的数据允许出现在同一表达式中，但在计算时会发生类型转换，转换方式有两种：隐式转换和显式转换。隐式转换是在进行运算时自动完成的，显式转换是通过函数实现的，常用的函数如表 5-4 所示。

表 5-4　数据类型转换函数

函数	描述说明
int(x)	将 x 转换为整数类型
float(x)	将 x 转换为浮点数类型
str(x)	将 x 转换为字符串
chr(x)	将整数 x 转换为一个字符
ord(x)	将一个字符 x 转换为其对应的整数值
hex(x)	将一个整数 x 转换为一个十六进制字符串
oct(x)	将一个整数 x 转换为一个八进制字符串
bin(x)	将一个整数 x 转换为一个二进制字符串

四、运算符

运算符也称为操作符，用于执行运算，包括算法运算符、赋值运算符、关系运算符、逻辑运算符和位运算符等。本书先了解以下 4 种运算符。

运算符

1. 算术运算符

算术运算符完成各种各样的算术运算，如加、减、乘、除、取余以及幂运算等，如表 5-5 所示。

表 5-5　Python 算术运算符

运算符	优先级	说明	举例
+	3	加	30+20
-	3	减	30-20
*	2	乘	5*6
/	2	除	3/2
//	2	取整除（返回商的整数部分）	3//2
%	2	取余（返回余数部分）	3%2
**	1	指数幂	2**3

表中有两种除法：一种是普通的除法；一种是取整除。在进行普通除法运算时得到的结果是浮点型数据，这里发生了隐式类型转换；而取整除只要结果的整数部分。小学时我们学习过 0 是不允许做分母的，这在 Python 中也同样适用。

例如，进行如图 5-22 所示的运算 。

```
*untitled*
File Edit Format Run Options Window H
print("加法：",1+1)
print("减法：",1-1)
print("乘法：",2*3)
print("除法：",10/2)
print("整除：",10//3)
print("取余：",10%3)
print("幂运算：",2**4) #相当于2*2*2*2
```

图 5-22　运算示例

执行结果如图 5-23 所示。

```
IDLE Shell 3.9.13
File Edit Shell Debug Options W
Python 3.9.13 (tags/v3.9.13:6d
AMD64)] on win32
Type "help", "copyright", "cre
>>>
================= RESTART: C:/
加法： 2
减法： 0
乘法： 6
除法： 5.0
整除： 3
取余： 1
幂运算： 16
>>>
```

图 5-23　运算结果

2. 关系运算符

对变量或表达式的结果进行大小或真假的比较。其计算结果有两种：True 或 False，结果的数据类型为布尔类型。

表 5-6 给出了 Python 中所有的关系运算符的形式以及其含义。表中的 x、y、a 和 b 的取值为：x = 7，y = 8，a = 4，b = 7。

表 5-6　Python 关系运算符

关系运算符	说 明	举 例
>	大于	x>y，结果为 False x>a，结果为 True
<	小于	x<y，结果为 True x<b，结果为 False
==	等于	x==y，结果为 False x==b，结果为 True

续表

关系运算符	说 明	举 例
!=	不等于	x!=y，结果为 True x!=b，结果为 False
>=	大于或等于	x>=y，结果为 False x>=b，结果为 True
<=	小于或等于	x<=y，结果为 True x<=b，结果为 False

3. 赋值运算符

Python 中，变量无须定义，可以直接使用。使用时可以直接把基本赋值运算符“=”右边的值赋给左边的变量，也可以进行某些运算后再赋值给左边的变量。

Python 中的赋值运算符有两种形式：

（1）基本的赋值运算符，即单个“=”，表示把右边的值或运算结果赋给左边的变量。

（2）复合的赋值运算符，即由算术运算符和“=”组合成的赋值运算符，其兼有运算和赋值的功能，如“+=”，相当于左边的操作数加上右边的操作数后，再赋值给左边的操作数。

常见的赋值运算符如表 5-7 所示。

表 5-7 Python 赋值运算符

运算符	说 明	举 例
=	赋值运算符	x=7
+=	加法赋值运算符	y=3 y+=4 相当于 y=y+4
−=	减法赋值运算符	y=8 y-=3 相当于 y=y-4
*=	乘法赋值运算符	a=3 a*=2 相当于 a=a*2
/=	除法赋值运算符	x=9 x/=3 相当于 x=x/3
%=	取模赋值运算符	x=9 x%=4 相当于 x=x%4
**=	幂赋值运算符	x=3 x**=3 相当于 x=x**3
//=	整除赋值运算符	x=7 x//=5 相当于 x=x//5

Python 中还支持一种赋值方式，叫作链式赋值。例如，将 a、b、c 同时赋值成 100，可以写成如下形式：

a=b=c=100

除此之外，它还支持系列解包赋值，例如：

a,b,c,d="root"

4. 逻辑运算符

逻辑运算符是对表达式进行运算，表达式可以是布尔值，也可以是任意类型的表达式，其结果仍然是布尔类型数据，如表 5-8 所示。

表 5-8 Python 逻辑运算符

运算符	优先级	说 明	举 例
and	2	逻辑与，前后表达式均为真时，结果为真	表达式 1 and 表达式 2
or	3	逻辑或，前后表达式只要有一个为真，结果为真	表达式 1 or 表达式 2
not	1	逻辑非，将当前逻辑值取反	not 表达式

实践体验

编程初体验：我想看世界

1. 分析问题

要求：完成字符串拼接，接收用户输入的两个字符串，将它们组合后输出。

例如：界面提示“请输入一个人的名字：”，用户输入“三毛”；界面又提示“请输入一个国家的名字：”，用户输入“巴西”。

预期输出：世界那么大，三毛想去巴西看看。

2. 编写程序

根据 Python 语法，程序代码如下：

```
name=input("请输入一个人的名字：")
country=input("请输入一个国家的名字：")
# 连接两个字符串，并输出
print("世界那么大，{}想去{}看看。".format(name, country))
```

3. 调试运行程序

在 Python Shell 中输入程序代码，并进行调试运行，查看运行结果（见图 5-24）。

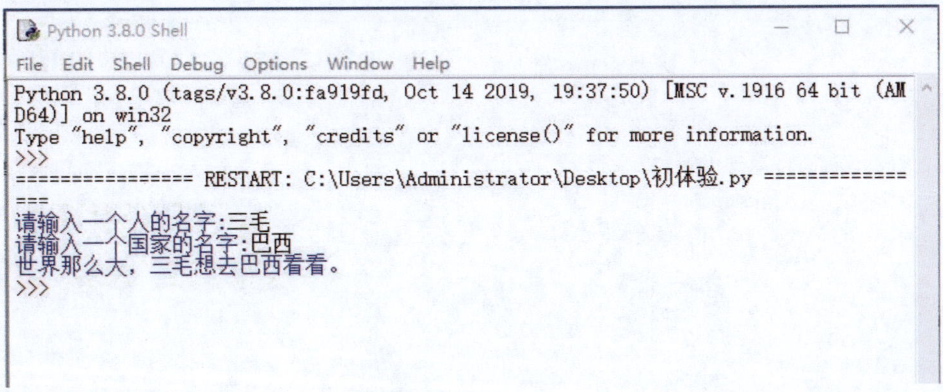

图 5-24 运行结果

（1）input 函数的功能是获取用户通过键盘输入的数据，float 函数是将整数和字符串转换为浮点数，int 函数是将数字或字符串转换为整数。

（2）代码中的空格使用规范：赋值符号“=”前后各有一个空格；所有二元运算符（有两个操作数）应使用空格与操作符分开；语句中间的逗号、分号、冒号前面不需要空格，后面加一个空格。

（3）程序代码中使用空行将逻辑相关的代码段加以分隔，以提高可读性。

（4）format()为格式化输出，即把传统的%替换为{}来实现格式化输出。

温馨提示

讨论交流

1. 数组如何存储?
2. Python 中的列表与数组有什么区别?

任务 5.3 程序体验

做任何事情都要遵循一定的规则。例如，开车需要有驾驶证，并且驾驶证应在有效期内，两个条件缺一不可。程序设计也是如此，需要利用流程控制实现与用户的交流，并根据用户的需求决定程序“怎么做”。如果没有流程控制语句，整个程序将按照线性顺序来执行，无法完成用户想要程序“做什么”的任务。

本任务将继续从实际问题出发，学习程序的选择结构、循环结构的应用。

学习目标

- ✧ 熟练掌握 Python 选择结构与循环结构语法规则，理解缩进的作用。
- ✧ 熟练运用 if、for 和 while 语句完成任务。
- ✧ 理解 break 语句和 continue 语句在循环中的作用。
- ✧ 理解并能够熟练设计选择结构和循环结构程序。

职业素养

- ✧ 通过编写程序培养学生耐心、细致、有条理的工作作风；通过调试程序培养学生面对问题时自信、沉着、冷静的心理素质。
- ✧ 培养学生由浅入深的思维方式和反复推敲代码的习惯。
- ✧ 引导学生做一个凡事有条理的人，懂得按照计划和规律行事，懂得统筹管理，节约时间，提高效率。
- ✧ 培养学生解决比较复杂的问题时，把握全局、统筹规划的能力。

任务实施

一、选择结构

选择结构

我们很多时候需要判断一件事是否可行，然后我们才去做，这种情况在程序中用选择结构实现，选择结构又称分支结构，通过以下三种语句实现：

1. 单分支 if

单分支是最简单的一种形式，其语法如下：

```
if 表达式:
    语句块
```

其中语句后面的冒号“：”是不可缺少的，表示一个语句块的开始。

单分支执行流程如图 5-25 所示。

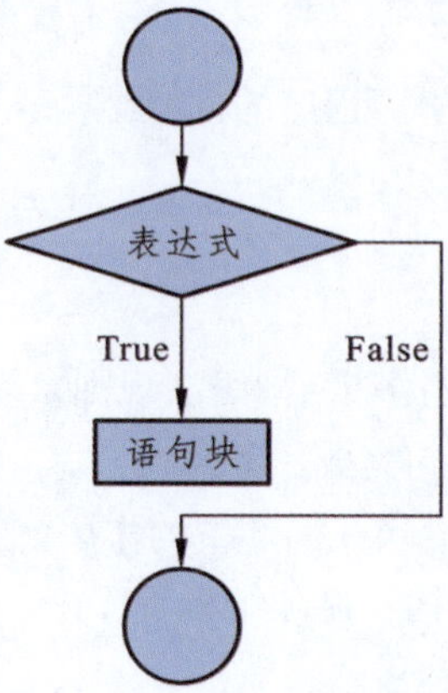

图 5-25　单分支执行流程

示例代码如下：

```
# 判断一个整数是否为负数
x = int(input( “请输入一个整数：” ))
if   x < 0：
print(“您输入的是一个负数。”)
```

2. **双分支** if-else

if-else 用于双重分支，其语法如下：

```
if 表达式:
    语句块 1

else:
语句块 2
```

双分支执行流程如图 5-26 所示。

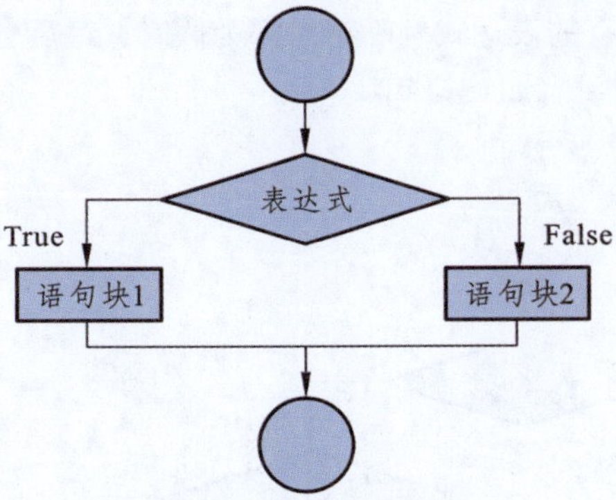

图 5-26　双分支执行流程

示例代码如下：

```
# 设计一个程序：将密码设置成 888888，当从键盘上输入的密码比 888888 大（整数间的比较），就显示“right”，否则显示“wrong”。

p = int(input( “请输入 6 位数密码：” ))
if   p > 888888：
print(“right”)
else：
print(“wrong”)
```

3. 多分支 if-elif-else

if-elif-else 用于多重分支，其语法如下：

```
if      表达式 1：
        语句块 1

    elif      表达式 2：
        语句块 2

    elif      表达式 n：
        语句块 n

else：
    语句块 n+1
```

elif 语句的多个分支只会执行一个代码块，其他分支的代码块都不会执行，elif 语句实际上是

if-else 语句的多层嵌套。当所有的表达式判断结果都为假时，最后会执行 else，else 这个结构不是多分支结构当中必需的，可以没有 else 语句块。

多分支执行流程如图 5-27 所示。

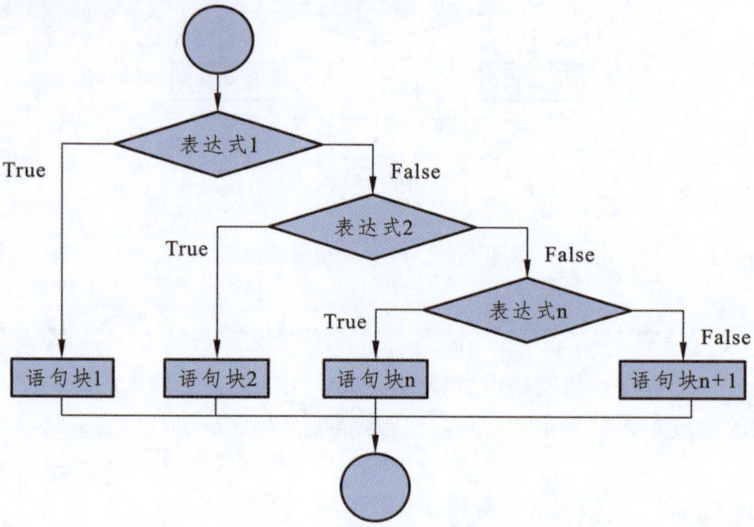

图 5-27　多分支执行流程

示例代码如下：

```
# 会员购物时，根据积分的不同享受不同的折扣。计算会员购物时获得的折扣。小于 2000 打 9 折，2000-4000 打 8 折，4000-8000 打 7 折，大于 8000 打 6 折。
score = int(input('请输入您的会员积分：'))
if    score <= 2000:
print('打九折')
elif   score <= 4000:
print('打八折')
elif   score <= 8000:
print('打七折')
else:
print('打六折')
```

实践体验

机票折扣程序

机票的价格受季节（旺季、淡季）的影响，头等舱和经济舱价格也不同。假设机票原价为 5 000

元，请根据出行的月份和选择的舱位输出实际的机票价格。

1. 分析问题

旺季（每年的 4 ~ 10 月）头等舱九折，经济舱八折；其余月份为淡季，头等舱五折，经济舱四折。控制台输出示例如下：

请输入您出行的月份：1-12　　5
请选择头等舱（1）还是经济舱（2）　2
您的机票价格为：4000.0

2. 编写程序

根据 Python 语法，程序代码如下：

```
month = int(input('请输入出行的月份：　'))
b =int(input('请输入头等舱(1)还是经济舱(2)：'))
price = 5000
zk = 0
if 4 <= month and month <= 10：
if b == 1：
zk = 0.9
else：
zk=0.8
else：
if b == 1：
zk =0.5
else：
zk =0.4
print(f'你的机票价格：{price *zk}')
```

3. 调试运行程序

在 Python Shell 中输入程序代码，并进行调试运行，查看运行结果。

讨论交流

对三种选择语句进行比较，说说它们有什么区别。

二、循环结构

循环结构

日常生活中很多问题都无法一次解决，比如爬楼梯，需要一个台阶一个台阶地往上爬；还有一些事物需要周而复始地运转，比如城市摆渡车每天往返于火车站和长途汽车站之间。类似这种反复做同一件事的情况，称为循环。在程序设计中，要实现重复执行某些语句就需要使用循环结构。

循环结构是指程序在执行过程中，某一段代码被重复执行若干次，被重复执行的代码称为循环体，循环体能否继续重复执行，取决于循环的终止条件。

Python 的循环结构有两种语句：while 和 for。

1. 无限循环语句 while

while 语句通过一个条件去控制判断是否要继续反复重复执行循环体当中的语句，其语法如下。

```
while    表达式:
         语句块
```

无限循环执行流程如图 5-28 所示。

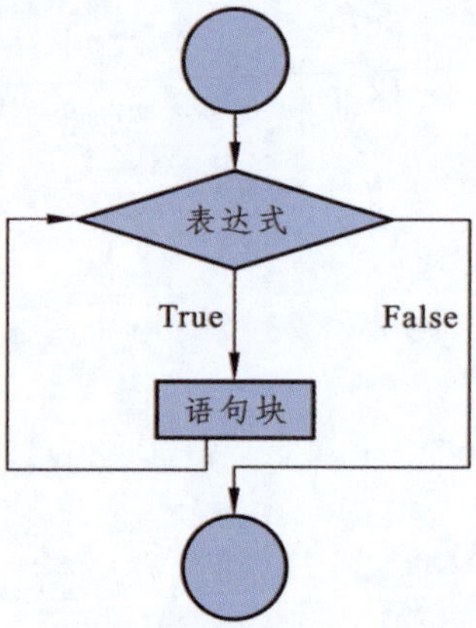

图 5-28　无限循环语句执行流程

示例代码如下：

```
# 找出平方数小于 500 的最大整数
i = 0
while    i *i < 500  :
i += 1
print(i-1)
```

（1）赋值运算符“+=”是一种简写，常用于变量自身的变化，例如“a+=b”等价于“a=a+b”，算术运算符都有对应的赋值运算符。

（2）while 语句只能写一个布尔型的条件表达式，只要循环条件满足，循环体就会一直执行。

温馨提示

2. 遍历的循环结构 for 语句

for 语句常用于已知循环次数的循环，其语法如下。

```
for  <迭代变量>  in  <序列>:
        语句块
```

遍历的循环执行流程如图 5-29 所示。

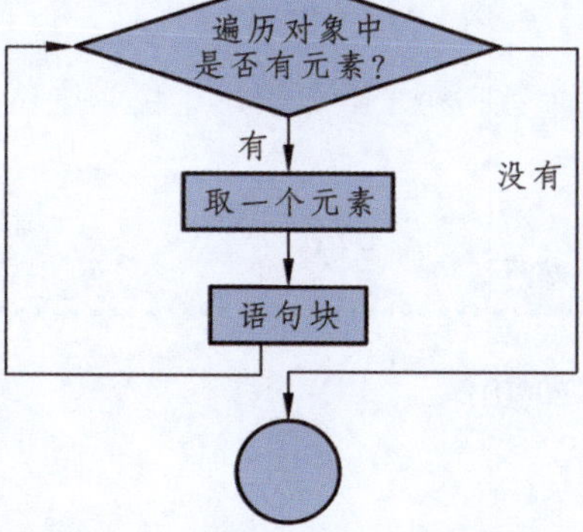

图 5-29　遍历循环结执行流程

例代码如下。

```
# 计算从 1 到 100 的和
s = 0
for   i   in   range(1,101):
s+=i
print(s)
```

（1）range()函数用于创建一个整数序列，通常用于 for 循环，语法为“range（初值，终值[，步长]）”，计数从初值开始，到终值（不包括终值）结束，步长省略时默认为 1。

（2）for 循环执行时，迭代变量依次从序列中迭代取出相应的元素。

温馨提示

实践体验

打印“水仙花数”

所谓“水仙花数”是指一个三位数，其各位数字立方和等于该数本身。例如：153 是一个“水仙花数”因为 $153=1^3+5^3+3^3$。

1. 分析问题

利用 for 循环控制 100 ~ 999 个数，每个数分解出个位、十位、百位。

2. 编写程序

根据 Python 语法，程序代码如下：

```
for i in range(100，1000):
a = i//100
b=(i%100)//10
c=i%10
if(i == a*a*a+b*b*b+c*c*c):
print(i)

print(i)
```

3. 调试运行程序

在 Python Shell 中输入程序代码，并进行调试运行，查看运行结果。

讨论交流

while 语句和 for 语句的区别，如何避免出现死循环？

单元小结

本单元主要学习了算法、程序的基本概念，程序基本结构，Python 基本语法及简单程序设计的基础知识，初步掌握了程序设计的方法，能使用程序设计工具编辑、运行和调试简单的程序，具备了运用程序设计解决简单问题的初步能力。

程序的基本结构包括三种：顺序结构、选择结构（也被称为分支结构）和循环结构。无论程序的规模大小，它都是由这三种结构相互嵌套、配合构建而成的。

选择结构，即分支结构，存在三种主要形式：单分支结构（使用 if 语句）、双分支结构（使用 if...else...语句）以及多分支结构（使用 if...elif...else 语句）。这些结构允许程序根据条件执行不同的代码块。

在循环结构方面，我们学习了两种主要的循环方式：无限循环（使用 while 语句）和遍历循环（使用 for 语句）。while 循环会持续执行其内部的代码块，直到满足某个特定的终止条件；而 for 循环则用于遍历一个可迭代对象（如列表、元组或字符串），并对其中的每个元素执行相应的操作。

单元测试

一、选择题

1. 计算机语言经历了由低级到高级的过程，按发展过程，以下顺序正确的是（　　）。

A. 机器语言、汇编语言、高级语言

B. 汇编语言、机器语言、高级语言

C. 高级语言、汇编语言、机器语言

D. 机器语言、高级语言、汇编语言

2. 能将高级语言源程序转换为目标程序的是（　　）。

A. 编辑程序　　B. 编译程序　　C. 调试程序　　D. 翻译程序

3. Python 语言属于（　　）。

A. 机器语言　　B. 汇编语言　　C. 高级语言　　D. 自然语言

4. 结构化程序设计的 3 种基本结构是（　　）。

A. 输入、处理、输出　　B. 总线型、星状、环状

C. 顺序、选择、循环　　D. 主程序、函数、功能库

5. 下列运算符中优先级最高的是（　　）。

A. **　　B. ·　　C. //　　D. /

6. 有两个条件 p 和 q，只要有一个条件为真，结果一定为真的值是（　　）。

A. not p　　B. p and q　　C. p or q　　D. not p and not q

7. 描述“60<x<100”表达式为（　　）。

A. x>=60 and x<=100　　B. x>=60 or x<100

C. x>=60 and <100　　D. not x<60 and x>=100

8. 在 Python 中，要交换变量 x 和 y，应使用语句（　　）。

A. x=y；y=x　　B. x=y；y=z；z=x

C. z=x；y=x；　y=z　　D. xy=y，x

9.在 Python 中，不合法的语句是（　　）。

A. x=y=z=2　　B. x=(y=z+2)　　C. x+=y　　D. x，y=y，x

10. 设 i 的初值为 3，则执行语句“i-=i*3”后，i 的值是（　　）。

A. O　　B. 9　　C. 12　　D. －6

11. 以下程序段的输出结果是（　　）。

```
i.j= 1，5
if j<0：
i=-1
else：
i=0
print(i)
```

A. 0　　B. 1　　C. −1　　D. 5

12. 设有以下程序段，循环将执行（　　）。

```
i=10
while i<10：
i-=1
```

A. 10 次　　B. 0 次　　C. 无限次　　D. 1 次

13. 在列表 n 中，元素 n[2]表示第（　　）个元素。

A. 1　　B. 2　　C. 3　　D. 4

14. 使用选择排序法对数据“8，7，5，9，5，6”从大到小排序，共需经过（　　）次数据对调。

A. 3　　B. 4　　C. 5　　D. 6

二、填空题

1. ____________是计算机解决问题所依据的步骤。

2. 计算机程序是计算机能够________和________的指令或语句的序列，是算法的一种描述。

3. 程序的基本结构包括顺序结构________和________。

4. 函数是指一段封装在一起的可实现某一特定功能的程序块，具有________、________和返回值。

5. ________是由常量、变量和函数通过运算符连接起来的有意义的式子。

三、编程题

1. 某工人一天的薪水等于其时薪之和，再加上加班费。加班费等于总的加班时间乘以时薪的 15 倍。请编写一个程序，以时薪、常规工作时间、加班工作时间作为参数，显示该工人一天总薪水。

2. 某企业给销售员发放奖金是根据利润进行提成。利润低于或等于 10 万元时，奖金可提成 5%；利润高于 10 万元，低于 20 万元时，低于 10 万元的部分按 10%提成，高于 10 万元的部分可提成 15%；20 万元到 50 万元之间时，超过 20 万元的部分，可提成 20%；高于 50 万元时超过 50 万元的部分按 2%提成。请编写一个程序，从键盘输入当月利润，计算应发放奖金总数。

3. 在计算机屏幕上绘制如图所示的三角形状。

```
   *
  ***
 *****
*******
```

操作提示：下一行比上一行多两颗星，位置左移一格。

第六单元

感知数字媒体技术

短视频行业的迅猛崛起再次彰显了信息技术的强大力量。如今，在抖音、快手等平台，每个人都能轻松找到符合自己兴趣的内容，这一行业不仅满足了人们的娱乐需求，还满足了社交需求，已深度渗透到人们的工作、生活等各个领域。

作为新时代的青年，我们要积极拥抱变革。在本单元中，我们将一同走进数字媒体的精彩世界，深入感受图像、视频、演示文稿等数字媒体的设计与制作，领略新技术的无限魅力！

情境导入

学校即将迎来职业宣传活动周，为了让广大师生对我校各个专业有更深入的了解，展现我校学生的风采，校方举办了技能竞赛。

小天用相机把赛场的精彩瞬间拍摄下来，运用这些照片制作成了短视频，配上了青春洋溢的音乐，老师和同学们看到了纷纷夸赞小天技术高超，是班级的“大导演”。

任务 6.1 初识数字媒体技术

初识数字媒体技术

本任务重点介绍数字媒体的定义及特点、常见数字媒体的类型、数字媒体的传播渠道，掌握运用多种途径获取数字媒体素材的方法。

学习目标

- ✧ 了解数字媒体技术的定义。
- ✧ 了解数字媒体技术的特点。
- ✧ 了解常见数字媒体的类型及其传播渠道。
- ✧ 掌握各种类型数字媒体的获取方法。

职业素养

- ✧ 让学生了解数字媒体技术对人们的学习、工作、生活以及社会发展带来的巨大改变。
- ✧ 激发学生对信息技术的学习热情，培养学生处理信息的能力。

任务实施

一、数字媒体技术

1. 数字媒体技术的定义

数字媒体技术是指利用计算机技术和通信技术，对信息进行处理、存储、传输、展示和交互的技术。它融合了计算机技术、网络技术、通信技术、数字信号处理技术和多媒体技术等多个学科的知识，是多媒体应用的基础。

2. 数字媒体技术的特点

（1）数字化：数字媒体技术将模拟信号转换为数字信号，实现了数字化处理，提高了信号的质量和精度。

（2）互动性：数字媒体技术实现了用户与多媒体内容的互动，用户可以通过键盘、鼠标、触摸屏等设备对内容进行操作。

（3）可变性：数字媒体技术可以根据用户的需求和环境的变化自动调整媒体内容的呈现方式，提供个性化的服务。

（4）网络化：数字媒体技术基于网络通信技术，可以实现远程访问和交互，方便用户的使用和管理。

3. 数字媒体技术的应用

（1）娱乐领域：数字媒体技术在游戏、电影、音乐、电视等娱乐领域得到了广泛应用，提供了更加丰富、多样化的娱乐体验，如影视后期特效制作等。

（2）教育领域：数字媒体技术在教育领域可以提供丰富的教学资源和互动体验，提高了教学质量和效率，如虚拟仿真实训室、3D 模型等。

（3）广告营销领域：数字媒体技术在广告营销领域可以提供更加个性化、精准的广告服务，提高了广告效果和用户体验。运用虚拟现实、增强现实等技术手段使广告更加生动，吸引用户的注意力。

（4）医疗领域：数字媒体技术在医疗领域可以提供更加智能化、便捷化的医疗服务，改善了医疗体验和效果。医生可以利用医学影像处理软件对患者的影像进行分析和诊断，提高了医疗诊断的准确性和效率。

图 6-1 展示了数字媒体技术在不同领域的应用场景。

（a）娱乐领域

（b）教育领域

（c）广告营销领域

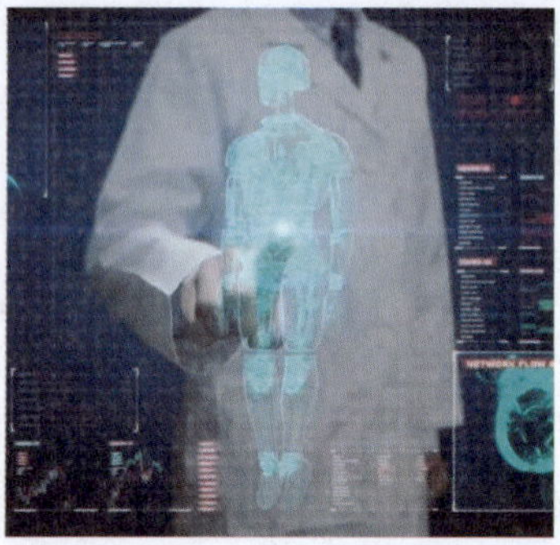

（d）医疗领域

图 6-1　数字媒体技术的应用领域

二、常见数字媒体的类型

（1）文字媒体：以文字为主要内容的数字化媒体，包括新闻、博客、社交媒体等。

（2）图片媒体：以图片为主要内容的数字化媒体，包括摄影、插画、漫画等。

（3）音频媒体：以声音为主要内容的数字化媒体，包括音乐、广播、语音等。

（4）视频媒体：以视觉为主要内容的数字化媒体，包括电影、电视剧、短视频等。

（5）互动媒体：以交互方式为主要特点的数字化媒体，包括游戏、虚拟现实、在线教育等。

三、数字媒体的传播渠道

数字媒体时代，信息的传播渠道变得更加丰富，以下为当前流行的传播渠道。

1. 新闻平台

随着信息技术的飞速发展，大数据和算法技术的广泛应用，人们获取信息的途径变得更为便捷。与传统的报刊相比，现代新闻媒体平台借助网络的力量，能够传播包括文字、图片在内的多样化媒体信息，极大地丰富了信息的呈现形式。更为重要的是，这些平台能够实时更新新闻内容，更加凸显了新闻的时效性，使公众能够迅速掌握最新的社会动态。

2. 社交平台

微信、微博、QQ 等社交软件已然成为我们日常生活中不可或缺的信息交流主渠道，同时它们也是数字媒体信息传播的关键途径。在这些平台上，朋友圈和微信群中的信息传递速度之快，无疑展现了网络信息传播的巨大优越性。然而，面对海量信息，我们也需要保持警惕，审慎辨别信息的真实程度。

3. 短视频平台

随着短视频平台的迅速崛起，抖音、快手等应用已成为手机用户普遍使用的软件。这些短视频平台凭借其时长短、主题内容突出的特点，以及碎片化、交互性强的优势，日益成为人们获取信息的主要渠道。同时，平台上的热点内容也引发了广泛的模仿热潮，展现了短视频的巨大影响力和传播效应。

实践体验

介绍自己的家乡

“小城不大，风景如画”，这是外界对我们家乡泰来县的评价，那么你眼里的泰来县是什么样的呢？发挥网络的作用，完成表 6-1 的填写，使用多种途径获取数字媒体资源，向大家介绍你的家乡——泰来。

表 6-1　家乡资源获取表

素材形式	获取途径	网址
文字		
图片		
视频		
音频		

小贴士：数字媒体素材的获取途径

1. 文字素材的获取

(1) 键盘输入。

(2) 图像识别技术。

(3) 语音识别技术。

2. 图片素材的获取

(1) 镜头拍摄。

(2) 扫描仪扫描。

(3) 屏幕截图。

(4) 运用图形图像处理软件制作。

3. 视频素材的获取

(1) 通过摄像头拍摄。

(2) 运用视频剪辑软件制作。

注意：所有类型的数字媒体素材均可从网络下载获取，但应注意不能侵犯他人的知识产权。

讨论交流

讨论 1：短视频行业发展前景十分广阔，同学们有制作短视频的经验吗？可以与大家分享一下。

讨论 2：数字媒体技术的出现丰富了我们的生活，说说数字媒体技术给我们的生活带来了哪些影响？

任务 6.2 图形图像处理

图形图像处理

本项目将了解常见的图形图像文件，了解常见的图形图像处理软件，认识 Photoshop 2020 软件的界面，掌握 Photoshop 2020 软件的基本操作，能够运用 Photoshop 2020 完成简单的图像处理。

学习目标

✧ 了解位图和矢量图的区别。
✧ 了解常见图形图像文件的扩展名。
✧ 认识 Photoshop 2020 软件的界面。
✧ 掌握 Photoshop 2020 软件的基本操作。
✧ 能够运用 Photoshop 2020 软件进行简单的图像处理。

职业素养

✧ 通过完成证件照的制作，体验图形图像处理技术的强大之处。
✧ 激发学生学习信息技术的兴趣。

任务实施

一、常见的图像文件

图像分为位图和矢量图两种。常见的图像文件有 BMP、JPG、JPEG、PNG、GIF、PSD 等类型，Photoshop 2020 默认的文件扩展名为 PSD。

1. 位　图

位图又称栅格图像，是由像素点阵组成的画面。位图表现力强，色彩丰富，图像更接近于真实。但位图无法真正地制作 3D 图像，并且图像旋转和缩放时会产生失真现象（见图 6-2），同时文件较大，对内存和硬盘容量要求较高。我们日常生活中运用手机和数码相机拍摄的照片就是位图。

图 6-2　位图

2. 矢量图

矢量图也称为面向对象的图像，是用软件设计出来的。矢量图与分辨率无关，放大后图像也不会失真（见图 6-3），文件占用的内存空间较小，但无法展现色彩层次丰富的逼真图像效果。

图 6-3　矢量图

二、常见的图形图像处理软件

（1）Adobe Photoshop：主要处理以像素所构成的数字图像，包含众多的编修与绘图工具，可以有效地进行图片编辑工作。本项目我们主要学习运用 Photoshop 软件进行图像处理。

（2）3d Max：三维动画渲染和制作软件，广泛应用于广告、影视、工业设计、建筑设计、三维动画、多媒体制作、游戏、辅助教学以及工程可视化等领域。

（3）Adobe illustrator：一种应用于出版、多媒体和在线图像的工业标准矢量插画的软件，该软件主要应用于印刷出版、海报书籍排版、专业插画、多媒体图像处理和互联网页面的制作等。

（4）美图秀秀：一款在移动端和 PC 端均可以使用的免费图片处理软件，操作简单，功能强大，具有图片特效处理、滤镜、拼图等功能。

图 6-4 所示为几种常用图形图像处理软件的图标。

图 6-4　常见的图形图像处理软件

三、Photoshop 2020 的界面

Photoshop 是 Adobe 公司开发的一个跨平台的平面图像处理软件，是专业设计人员的首选软件。主要应用于平面设计、网页设计、数码暗房、建筑成效图后期办理以及影像创意等。

Photoshop 2020 的工作界面分为菜单栏、工具栏、属性栏、组合面板区和绘图区 5 个部分，如图 6-5 所示。

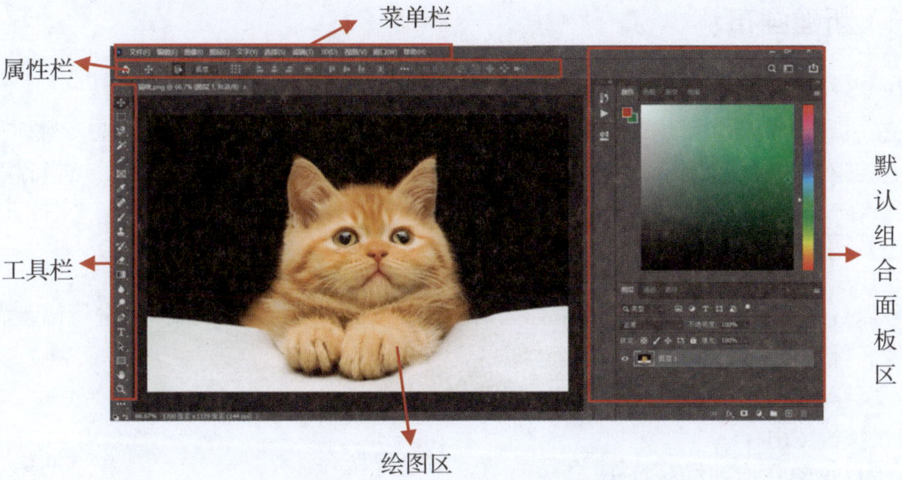

图 6-5　Photoshop2020 软件界面

（1）菜单栏：一共有 11 个操作按钮，每个操作按钮都对应各自相关操作指令列表，如果菜单显示灰色则表示当前为不可操作状态。

（2）工具栏：界面的最左边是工具栏，共有 20 多个工具供选择，每个小图标右下角小三角符号显示有扩展选项，鼠标右击可以选择对应工具。在工具栏空白处单击并鼠标长按可以将其拖动到任意位置。

（3）属性栏：菜单栏的下面一行就是属性栏，也是可以随意拖动位置，方法同工具栏介绍。属性栏是根据工具选择而变化的。例如，我们选工具栏第二列倒数第三个“直排文字工具”选项，那么，PS 的属性栏就会变成对应的字体、大小、样式等属性。

（4）默认组合面板区：默认组合面板分上中下三部分，上部分颜色选区面块，中部是调整/样式面块，下部分是图层/通道/路径面块。其中下部分的三个功能块相当重要，直接是默认的基础功能。在组合面板空白处单击鼠标并长按可以将其拖动到任意位置。

（5）绘图区：中间黑色的占比最大的区域为绘图区，是 ps 中的主要工作区，可在此区域创建画布，进行作品设计。

四、Photoshop 2020 的基本操作

（一）软件的打开与关闭

1. 打开 Photoshop 2020 的方法

（1）双击桌面图标。

（2）选中“图标—右键—打开”，即可打开软件。

2. 关闭 Photoshop 2020 的方法

（1）单击软件右上角的关闭按钮。

（2）点击“文件菜单—退出”命令。

（3）双击左上角的软件图标。

（二）新建画布

想要在 PS 中进行作品设计，我们首先需要一块画布，新建画布有两种方法：

（1）在主界面单击“新建”按钮，在弹出的新建文档界面设置画布的相应参数。

（2）在已有画布的基础上，使用快捷键 Ctrl+N 也可以打开新建文档页面，进行相应设置。

（三）打开图片

除了可以自己设计作品以外，PS 最强大的功能是可以对已经存在的图像进行修改和调整，想要修改图像，首先要在 PS 中打开图像。

（1）文件菜单—打开命令。

（2）快捷键 Ctrl+O。

（3）直接将图片拖动到软件中。

（四）保存图像

与常用的办公软件一样，保存文件时我们选择存储或另存为，选择“存储”则会覆盖原来的文件，“存储为”不改变原来的文件，将修改后的文件存储为新文件、新格式。

1. 存　储

（1）使用“文件菜单—存储”命令。

（2）使用快捷键 Ctrl+S。

2. 存储为

（1）使用“文件菜单—存储为”命令。

（2）使用快捷键 Ctrl+Shift+S。

（五）关闭图像

将修改后的图像保存后，需要将打开的文件关闭，有以下 5 种方法：

（1）使用“文件菜单—关闭”命令。

（2）使用快捷键 Ctrl+W。

（3）单击图像窗口右上角的“关闭”按钮。

（4）“文件菜单—全部关闭”命令。

（5）使用快捷键 Alt+Ctrl+W。

实践体验

制作胸牌

小天进入了学校学生会，需要收取一张一寸红底电子照片，制作胸牌，可小天只有一张白底的照片，老师告诉他可以用 PS 换背景色，让我们帮助小天完成任务吧。

1. 复制图层

打开 PS，在当前界面单击“打开”按钮（见图 6-6），找到素材存放的位置，双击打开素材，或者直接将图片拖放到当前界面，在 PS 中打开照片。

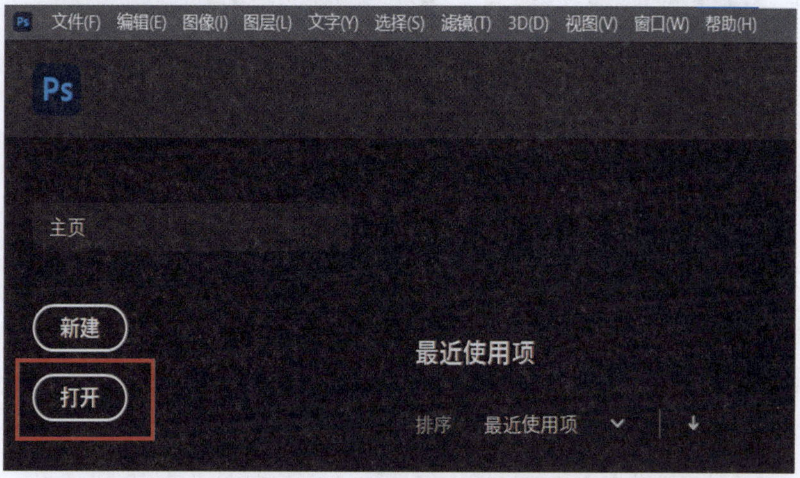

图 6-6 在软件中打开素材

在右侧图层面板中，用右键点击背景图层，在弹出的快捷菜单中选择“复制图层”，在弹出的对话框中更改名称，单击确定。

2. 使用魔棒工具

在左侧工具栏中找到对象选择工具，单击右键，选择魔棒工具，此时鼠标会变成魔棒工具的形状，如图 6-7 所示。

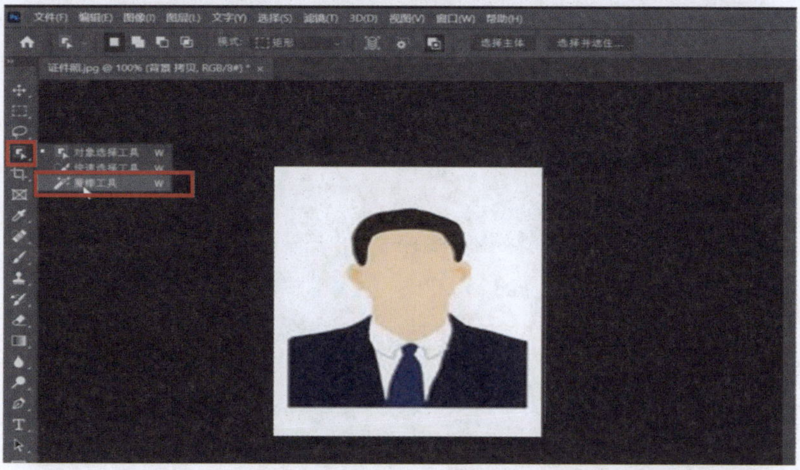

图 6-7 切换为魔棒工具

在复制图层上用鼠标单击照片上的白色背景，此时照片上会出现虚线选区，这个选区就是我们要更换背景颜色的区域，如图 6-8 所示。

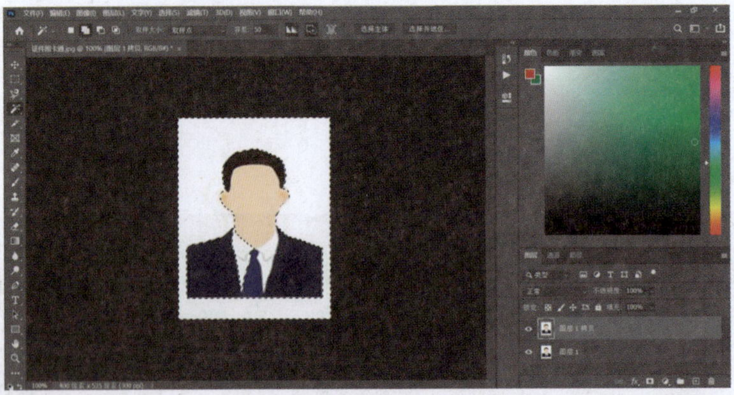

图 6-8　添加选区

如果选区添加不合适，可以单击属性栏中的“添加到选区”“从选区减去”等按钮，调整选区。

3. 更改背景颜色

在右侧的颜色面板中，将前景色设置为红色（见图 6-9）。使用快捷键<Alt+Backspace>，为选区填充红色背景，如图 6-10 所示。

图 6-9　设置背景颜色

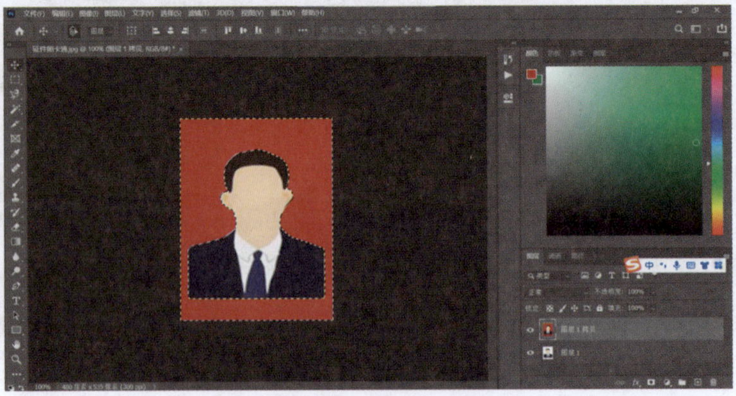

图 6-10　使用前景色填充选区

注：使用快捷键<Ctrl+D>可取消选区。

4. 调整照片尺寸

按照一寸照的要求，使用裁剪工具，将多余部分裁去。

一寸照片的尺寸为高 3.5 厘米，宽 2.5 厘米，按照这个标准，调整图像大小。单击“图像”菜单，在下拉菜单中选择“图像大小”（见图 6-11），在“图像大小”对话框中将宽度更改为 2.5，高度更改为 3.5，分辨率调整为 300，单击“确定”保存设置并退出对话框（见图 6-12）。

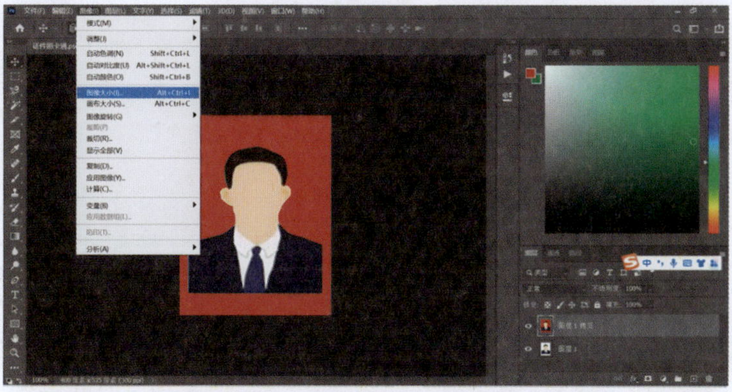

图 6-11 选择“图像大小”

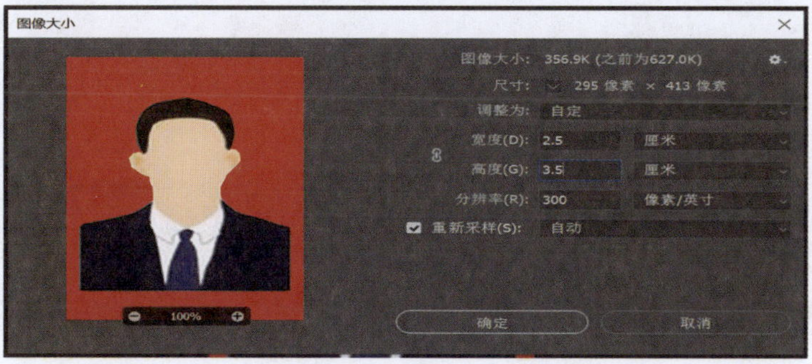

图 6-12 调整图片大小

5. 保存图像

（1）单击“文件”菜单，选择“存储”命令，单击“保存在您的计算机上”按钮，在保存对话框中选择存储路径，更改保存类型为 JPEG，单击“保存”按钮。

（2）在弹出的“JPEG 选项”对话框中，单击“确定”按钮完成保存。

（3）再次单击“文件”菜单，选择“存储”命令，单击“保存在您的计算机上”按钮，在保存对话框中选择存储路径，将 PSD 格式的工程文件也进行保存。

（4）单击右上角关闭按钮，退出软件。

讨论交流

讨论 1：除了运用魔棒工具，我们还可以运用套索工具完成背景的置换，小组合作试一试。

讨论 2：运用 Photoshop 软件制作的图片默认扩展名文？这种文件格式与 JPG 格式有什么区别？

知识拓展

格式工厂

图片的文件格式有很多种，你知道不同的格式之间可以相互转换吗？格式工厂是一款功能非常强大的数字媒体素材处理软件，使用格式工厂就可以完成同种类型素材、不同格式间的转换。格式工厂的操作界面如图 6-13 所示。

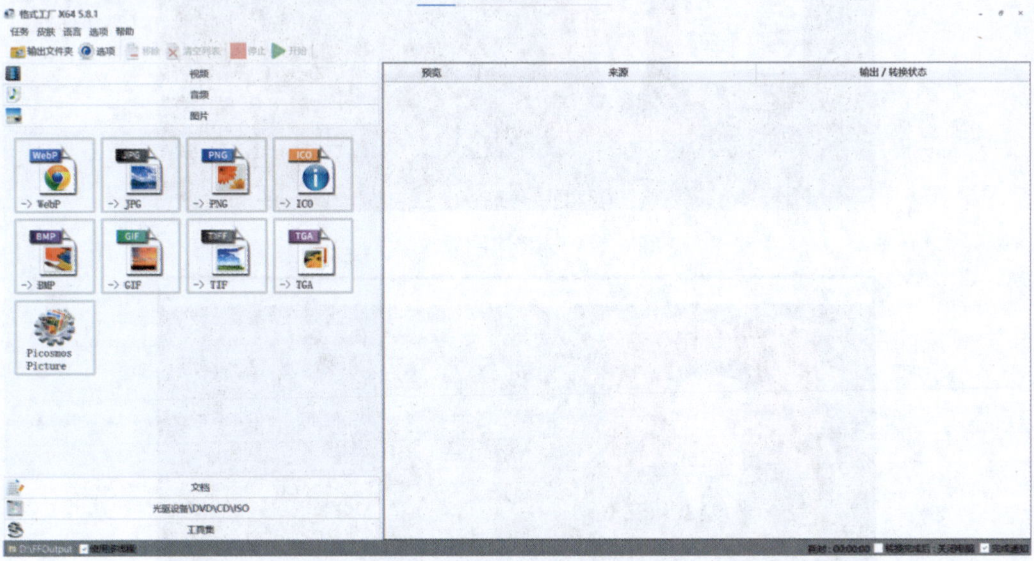

图 6-13　格式工厂操作界面

任务 6.3 视频剪辑技术

本项目将了解常见的视频剪辑软件、认识 Premiere CC2018 软件的界面，掌握 Premiere CC2018 软件的基本操作，能够运用 Premiere CC2018 制作电子相册、添加视频转场效果和完成音频效果的设置。

学习目标

- ✧ 了解常见的视频剪辑软件。
- ✧ 了解常见的视频文件扩展名。
- ✧ 认识 Premiere CC2018 软件的界面。
- ✧ 掌握 Premiere CC2018 软件的基本操作。
- ✧ 能够运用 Premiere CC2018 制作简单的电子相册。
- ✧ 能够为视频添加转场效果，设置音频效果。

职业素养

- ✧ 通过完成电子相册的制作，让学生体验视频剪辑技术。
- ✧ 激发学生对本学科的学习兴趣。

任务实施

一、常见的视频文件

初识视频剪辑技术

视频文件格式是指视频保存的一种格式，视频是计算机中多媒体系统的重要一环。为了适应储存视频的需要，人们设定了多种视频文件格式来把视频和音频放在一个文件中，以方便同时回放。

常见的视频文件格式有：MP4、AVI、WMV、MOV、FLV 等。

二、常用的视频剪辑软件

视频剪辑的进阶

1. Premiere

Premiere 是 Adobe 公司开发的一款基于非线性编辑的专业的视音频编辑软件，可以与各种平台和硬件配合使用，被广泛应用于电视台、广告制作、电影剪辑等领域。本项目我们主要学习运用 Premiere 软件进行图像处理。

2. Corel VideoStudio

Corel VideoStudio 的中文名为会声会影，是加拿大 Corel 公司制作的一款功能强大的视频编辑软件，具有图像抓取和编修功能，提供有超过 100 多种的编制功能与效果，可导出多种常见的视频格式。

3. Camtasia Studio

Camtasia Studio 是美国 TechSmith 公司出品的屏幕录像和编辑的软件套装。该软件提供了强大的屏幕录像、视频的剪辑和编辑和视频播放功能等。用户可以方便地进行屏幕操作的录制和配音、视频的剪辑和过场动画、添加说明字幕和水印、制作视频封面和菜单、视频压缩和播放。

4. 剪　映

剪映是一款移动端和 PC 端都可以使用的视频编辑工具，带有全面的剪辑功能，支持变速，有多样滤镜和美颜的效果，有丰富的曲库资源。

常见的视频剪辑软件图标如图 6-14 所示。

图 6-14　常见的视频剪辑软件

三、Premiere CC2018 的界面

Premiere Pro CC2018（简称为 Pr）是一款由 Adobe 公司开发的非线性剪辑处理软件，具有强大的视频和音频内容实时编辑合成功能，操作界面简便直观，功能全面，因此被广泛应用于视频剪辑、广告制作等领域。

基础的 Premiere 工作界面包括项目面板（A）、监视器源面板（B）、时间轴面板（C）、监视器节目面板（D）、工具面板（E）五大板块，如图 6-15 所示。

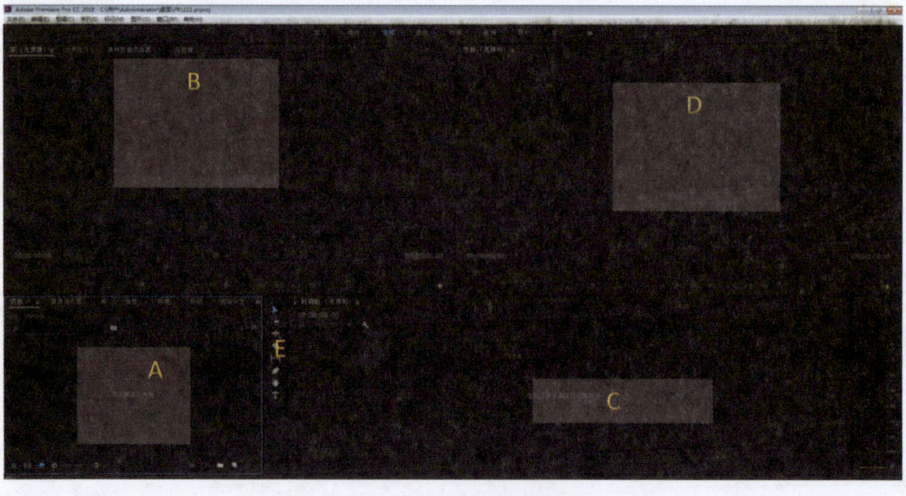

图 6-15　Pr 工作界面

1. 项目面板

项目面板主要用于导入、组织、存放需要编辑合成的原始素材，导入的素材可以为视频、音频、图片，也可以导入项目。在项目面板中双击素材，选中的素材会显示在监视器源面板中，用户可在此对所选素材进行画面编辑。

2. 监视器源面板

监视器源面板主要用于预览和对源素材进行初步剪辑。

3. 时间轴面板

时间轴面板也是整个 Premiere Pro 软件的核心功能区域，日常大部分视频编辑工作，如剪辑、加字幕、加效果、等等，都需要在这个面板区域内完成，它包含了视频、音频轨道，可以使用各种工具在其中进行编辑操作。

4. 监视器节目面板

监视器节目面板常用于预览和剪辑已经置入时间轴面板进行编辑的片段，也是视频输出前的最终效果展示。通常情况下，我们可以将其理解为“主窗口”。

5. 工具面板

工具面板中包含各种在时间轴面板中进行编辑的工具，一旦选择某种工具，鼠标会在时间轴面板中显现出此工具的形状，并具有其相应的编辑功能。

四、Premiere CC2018 的基本操作

想要进行视频剪辑，首先要收集素材，Pr 中支持导入视频、音频、动画以及图片等素材，建议将所需的素材放在一个文件夹中进行存储和管理。

1. 新建项目

（1）打开 Pr 软件，映入眼帘的是开始对话框，在这个对话框中我们可以进行新建项目或打开项目的操作。如果是要进行一个新的视频剪辑选择“新建项目”，如果是想继续未完成的剪辑，选择“打开项目”。这里我们选择“新建项目”，如图 6-16 所示。

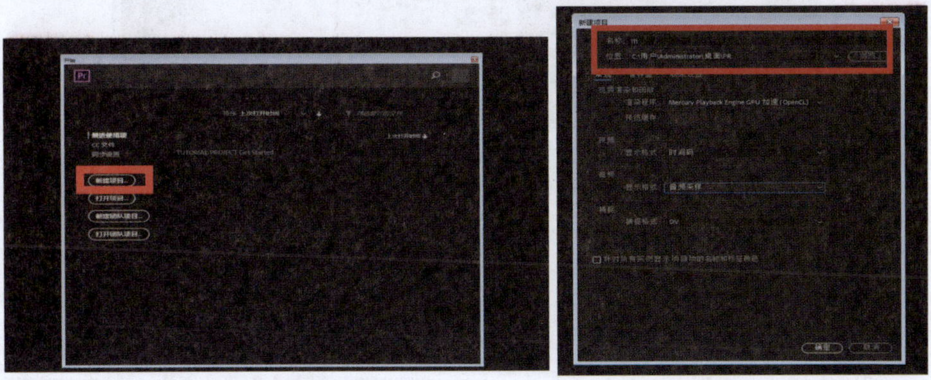

图 6-16　新建项目并设置参数

（2）在新建项目对话框中，设置存储位置和项目名称，其他选项可以保持默认设置。建议将项目文件与素材文件存放在一个文件夹中。

2. 导入素材

项目建好之后，将需要进行剪辑的素材导入，有以下 4 种方法：

（1）选择“文件—导入”命令，找到素材存放位置，再选择“素材—打开”。

（2）在项目面板单击右键，选择“导入”命令，找到素材存放位置，再选择“素材—打开”。

（3）在项目面板处双击右键，找到素材存放位置，再选择“素材—打开”。

（4）使用快捷键 Ctrl+I。

3. 新建序列

素材导入之后，在项目面模板中双击素材，我们可以在监视器源面板中对素材进行初步剪辑，但精准的剪辑和效果的添加需要在时间轴面板中进行，需要创建序列。当然序列不是随意创建的，我们需要根据实际需求或者素材的大小进行创建。主要有以下几种方法：

（1）选择“文件—新建—序列”。

（2）在项目面板单击右键，选择“新建项目—序列”；

（3）使用快捷键 Ctrl+N。

（4）直接将素材拖动到时间轴面板。

执行以上任何一种操作，界面上都会弹出“新建序列”对话框，如图 6-17 所示。

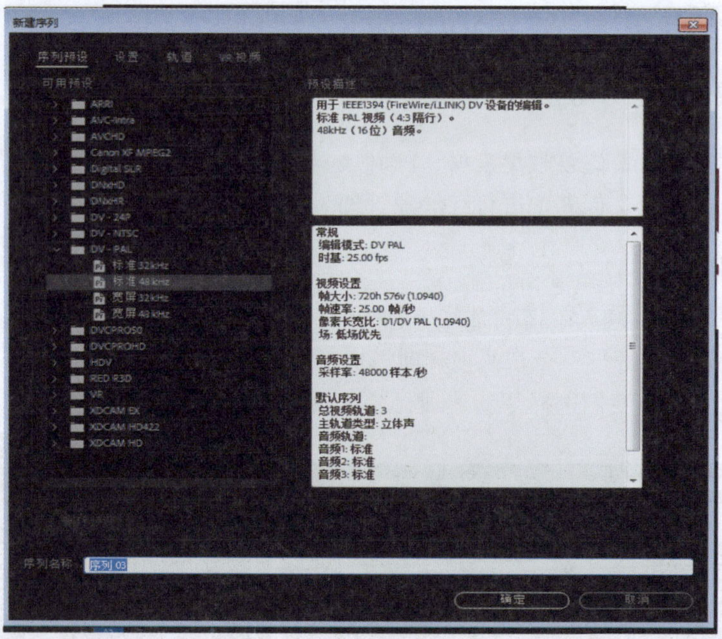

图 6-17　新建序列对话框

在这个界面我们可以选择系统为我们提供的序列设置，为了对序列进行区分，我们对序列进行命名。如果系统中的序列设置不符合要求，我们可以选择“设置”选项卡，创建新的序列，如图 6-18 所示。

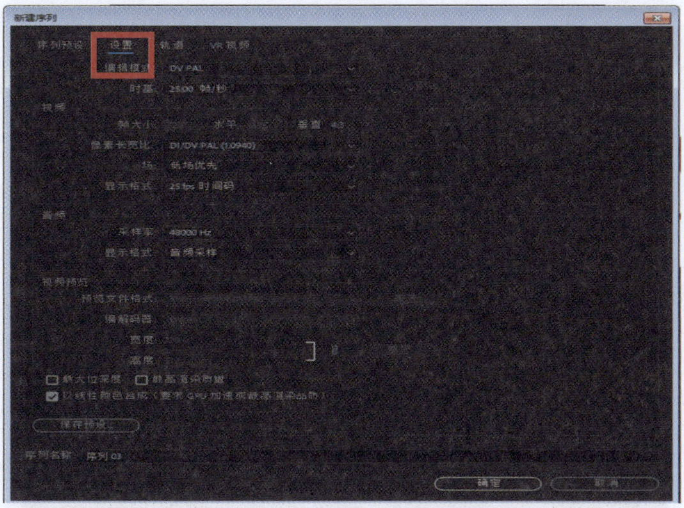

图 6-18　自定义序列设置

设置好各项参数后，单击确定，项目面板中会出现新建的序列，时间轴面板也会出现视频和音频轨道，如图 6-19 所示。

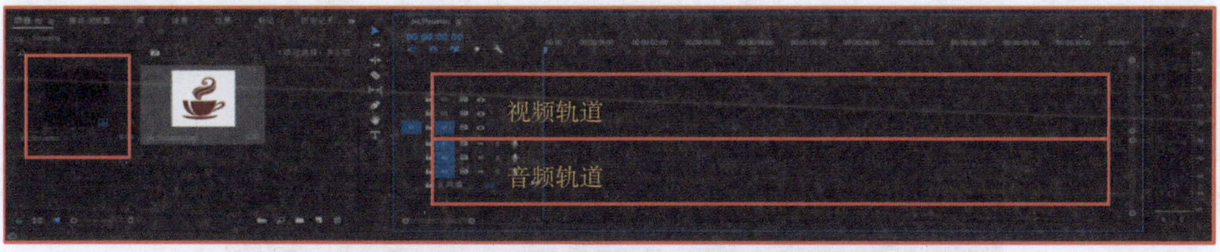

图 6-19　项目面板中的序列和音视频轨道

4. 剪辑/拼接素材

新建好序列后，就可以正式进入剪辑工作了。将素材按顺序拖动到时间轴面板的视频轨道，即可初步完成视频制作。如果视频中有冗余片段，我们可以运用工具栏中的剃刀工具，将多余的片段切除。具体方法如下：拖动时间轴确定需要裁剪的视频片段，选择工具栏中的剃刀工具，在时间轴位置处单击，切换到选择工具，选中需要删除的片段，按下 Delete 键，如图 6-20

图 6-20　视频剪辑与拼接

5. 添加字幕

在视频制作的过程中，可以像影视剧那样为作品添加字幕，在 Premiere Pro 中创建字幕的具体操作步骤如下：

（1）选择“文件—新建—旧版标题”。

（2）在弹出的“新建字幕”对话框中修改字幕名称，其他参数保持默认，最后单击“确定”，如图 6-21 所示。

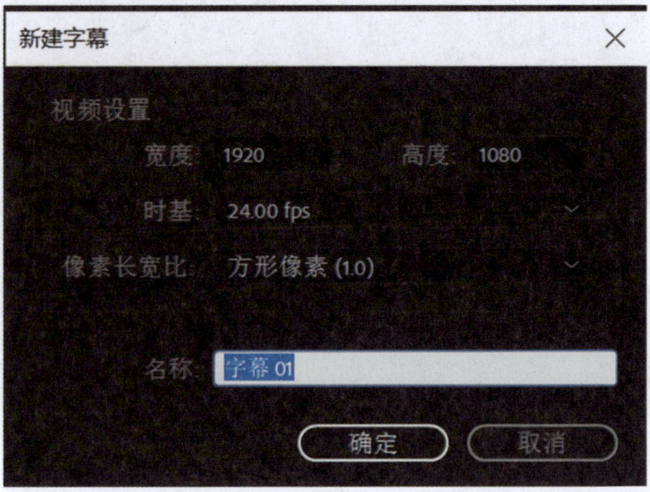

图 6-21　设置字幕名称及参数

（3）此时鼠标会变成文字工具的形状，单击监视器节目面板，即可进行字幕编辑，使用右侧面板中的旧版标题工具、旧版标题样式和旧版标题属性，可以对字幕进行相应的设置，如图 6-22 所示。

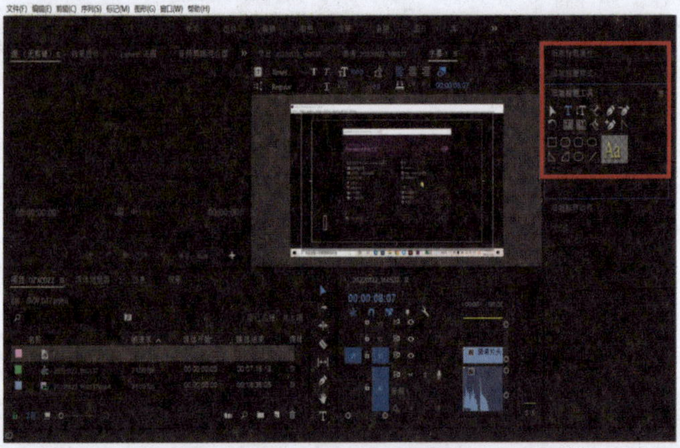

图 6-22　编辑、设置字幕

6. 导出视频

视频剪辑完成后，需要将制作好的视频导出，生成新的视频文件。操作步骤为“文件—导出—媒体”，或者使用快捷键 Ctrl+M。

无论运用哪种方法，都会打开“导出设置”对话框。

常见的视频文件有很多种格式，Pr 中默认的导出格式为 AVI，如果要生成常用的 MP4 文件，需要在导出设置中进行参数的更改。

“格式”选项可以调整输出视频的格式，选择 H.264 则可输出 MP4 视频文件。

“输出名称”，选项可以调成视频文件的存储位置和名称。

其他参数可根据实际情况进行调整，参数设置完成后，单击“导出”按钮，即可导出视频文件，如图 6-23 所示。

图 6-23　导出视频设置

实践体验

制作电子相册

生活中我们经常用照片来记录生活中的精彩瞬间，如果把它们制作成电子相册，搭配酷炫的转场效果和背景音乐，会显得更加高级，下面就一起来体验运用 Premiere CC2018 制作电子相册吧！

1. 新建项目

（1）双击桌面快捷方式，在弹出的“开始”对话框中选择“新建项目”按钮。

（2）在弹出的“新建项目”对话框中，设置项目名称、存储位置等参数。（建议将项目名称命名为英文缩写，项目文件与素材存放在一个文件夹中。）

2. 新建序列

要制电子相册，需要大量的图片素材和音乐素材，为了方便素材的使用与管理，我们可以在项目面板新建素材箱，将各类素材进行分类。

在项目面板处右键，在弹出的快捷菜单中选择新建素材箱，根据素材类型对素材箱进行重新命名，双击素材箱将相应的素材导入，如图 6-24 所示。

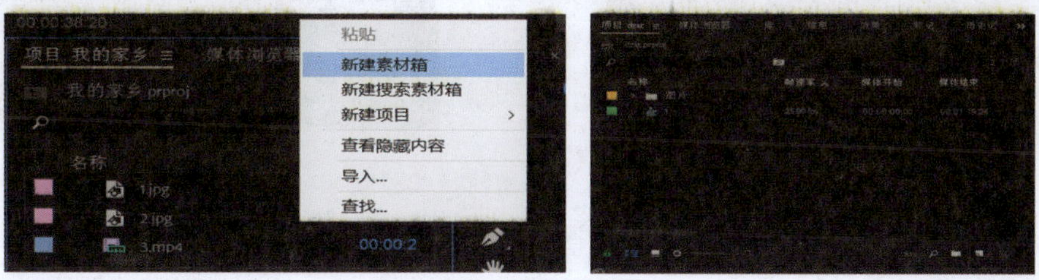

图 6-24　新建素材箱并导入素材

将一个图片素材拖动到时间轴面板中，新建一个序列，如图 6-25 所示。

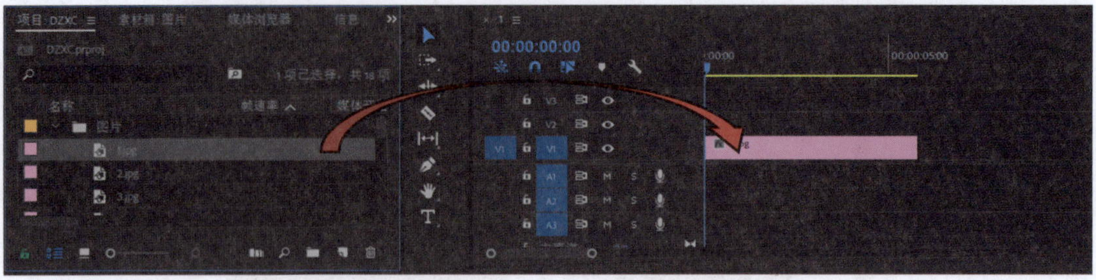

图 6-25　拖动素材新建序列

3. 调整参数，添加转场

1）调整素材持续时间

Pr 中图片的默认持续时间为 5 秒钟，我们可以根据实际需求调整素材的持续时间，方法如下：

方法一：在项目面板中选中相应素材，用右键选择“速度/持续时间”，更改持续时间的数值，如图 6-26 所示。

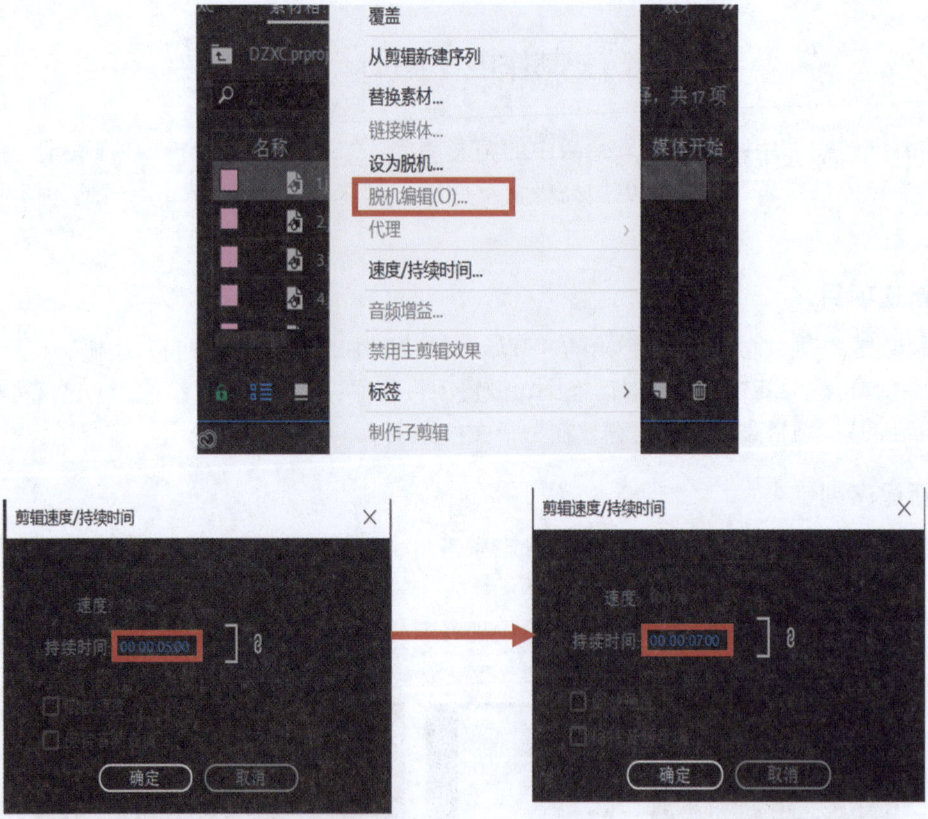

图 6-26　调整素材持续时间

方法二：将素材拖动到时间轴面板，在时间轴面板中选中相应素材，用右键选择“速度/持续时间”，更改持续时间数值。

2）调整素材的大小

我们将所需的图片按顺序拖动到时间轴面板的视频轨道上，单击监视器节目面板中的“播放/停止”按钮，就可以预览目前的视频制作情况。

在预览中发现，有一些图片的大小与序列设置不符。以图 6-27 所示案例中的图片为例，由于图片的尺寸小于序列的尺寸，在预览窗口中视频有黑边。

图 6-27　图片大小与序列不符

为了解决这种情况，需要对素材的大小进行调整，方法如下：

（1）在时间轴面板中单击选择相应的素材，如图 6-28 所示。

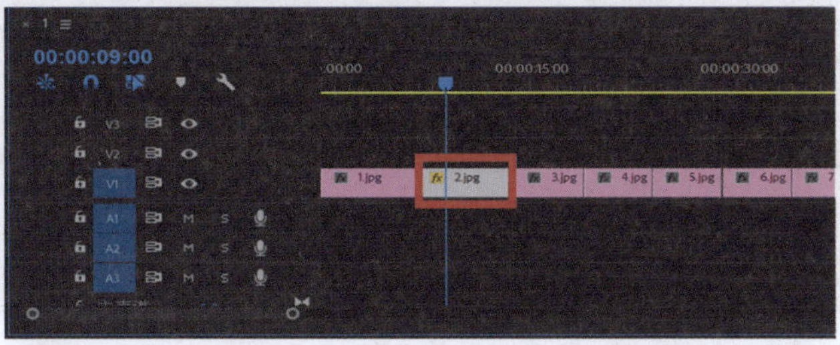

图 6-28　在时间轴面板中选中素材

（2）在监视器源面板中选择“效果控件”选项卡，打开“运动”下拉菜单，更改“缩放”属性的数值直到合适为止，如图 6-29 所示。

如果要有需要的话，可以调整“位置”属性中的数值，使画面更加美观。

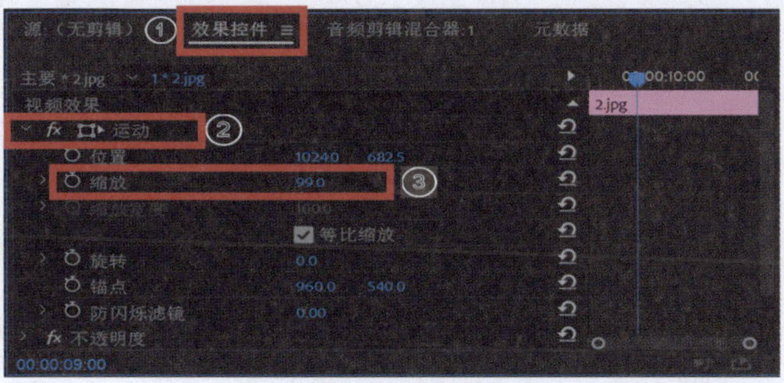

图 6-29　在效果控件中调整素材大小

3）添加转场效果

大小调整结束后，在预览的过程中发现两张图片之间的切换过于生硬，这就需要我们在两个画面之间添加上转场效果，增强画面感。具体操作如下：

在项目面板中选择“效果”选项卡，打开“视频过渡”下级菜单，选择一种过渡效果（见图 6-30），将选中的“效果”拖动到时间轴面板中两个素材中间（见图 6-31）。

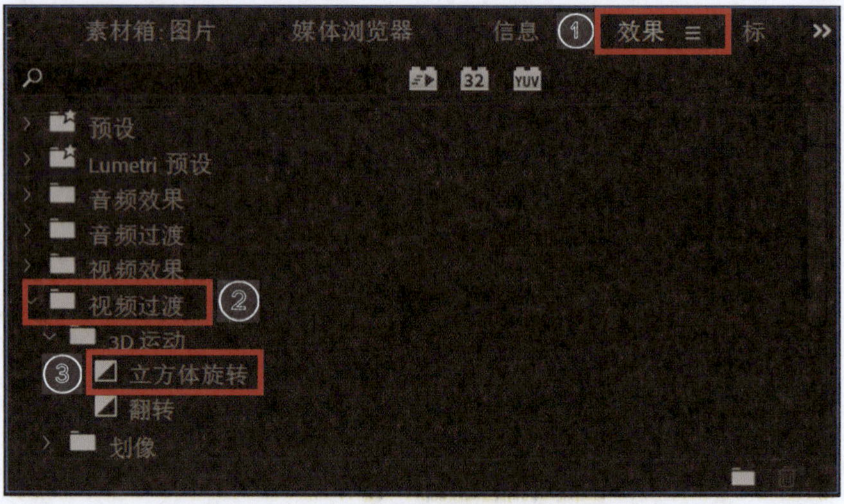

图 6-30　在效果面板中选择合适的转场效果

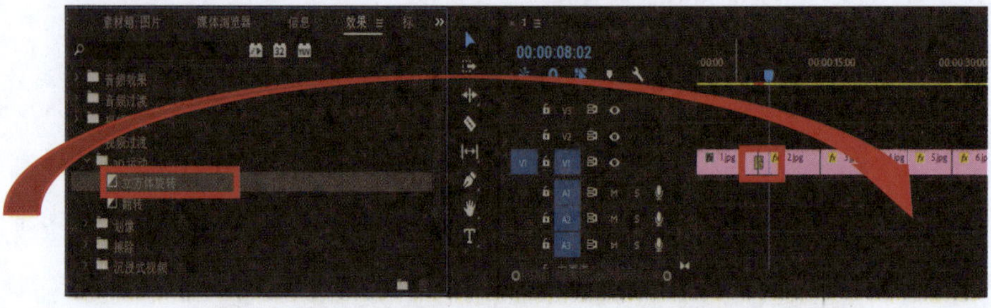

图 6-31　将转场效果添加至两个素材之间

如果想换一种过渡效果，选择时间轴面板中的原有过渡效果块，单击 Delete 键删除，然后再选择其他的过渡效果。

小贴士：什么是视频过渡？

视频过渡是指两个画面之间的一种过渡效果，视频效果是对视频画面的处理，让画面呈现得更丰富多彩。

4. 添加音乐，导出作品

1）为电子相册添加背景音乐

将所需的音乐文件导入到项目面板，选中项目面板中的音乐文件，拖动到时间轴面板中的音频轨道。

如果音乐文件的时间比视频时间长，选择工具面板中的“剃刀工具”，裁减掉多余的音乐，使用“选择工具”选择多余的部分，运用 Delete 键删除。

2）导出作品

电子相册制作结束后，将作品导出生成新的视频文件。

选择“文件—导出—媒体”，“格式”选择 H.264，更改输出名称和视频存储位置（建议与素材文件存储在同一个文件夹下），导出文件。

讨论交流

讨论 1：如果视频的背景音乐过大，如何将音量降低？如何去掉视频中自带的背景音？

讨论 2：如果导出的视频不够清晰，如何能够导出高质量的视频文件？

任务 6.4　制作演示文稿

本项目将认识 PowerPoint 2016 的软件界面，掌握制作演示文稿的基本操作，掌握运用多媒体素材丰富演示文稿，掌握运用超链接、动画等制作灵动的演示文稿。

演示文稿的基本操作

学习目标

✧ 认识 PowerPoint 2016 的软件界面，了解各个区域的功能。
✧ 了解不同视图的功能。
✧ 掌握制作演示文稿的基本操作。
✧ 掌握美化幻灯片的方法。
✧ 掌握超链接和动画的设置。

职业素养

✧ 掌握现代职场的必备技能，为今后的工作打下基础。
✧ 激发学生的学习兴趣和自信心，培养学生的信息素养。

任务实施

一、PowerPoint 2016 的工作界面

PowerPoint 2016 是微软公司推出的 Microsoft Office 2016 办公套件中的一个组件，运用 PowerPoint 可以制作出图文并茂、生动形象的演示文稿（俗称幻灯片）。它因此被广泛应用于各种会议、产品演示、学校教学等场景。其生成的文件默认扩展名为.pptx。

要想用 PowerPoint2016 制作出好的演示文稿，我们先要熟悉它的工作界面（见图 6-32）。

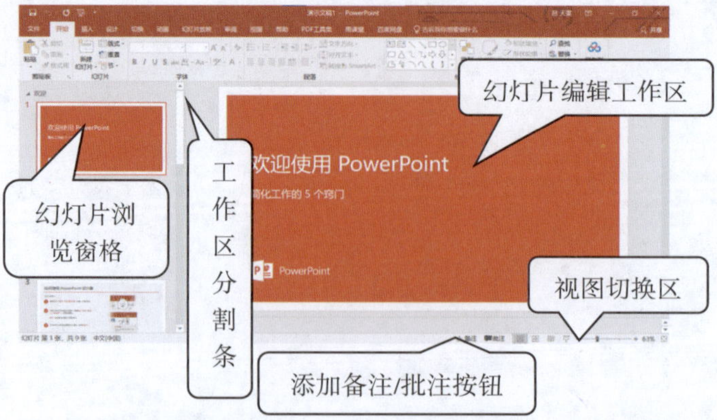

图 6-32　演示文稿制作界面

（1）幻灯片编辑工作区：主要工作区，在这里完成幻灯片的显示与编辑。

（2）幻灯片浏览窗格：用于显示幻灯片的缩略图及顺序，便于掌握演示文稿的结构。

（3）工作区分割条：工作区的大小可以通过拖动工作区之间的分割条进行调整。

（4）视图切换区：PowerPoint 共有 4 种视图模式，通过单击视图切换区的按钮，可以切换视图模式。

小贴士：幻灯片视图类型

普通视图：是 PowerPoint 的默认视图，在该视图下可以编辑单张幻灯片的内容，调整幻灯片的结构。

幻灯片浏览视图：所有的幻灯片均呈现出来，在该视图下可以对幻灯片进行整体编辑，可重新排列、插入、复制、移动、删除幻灯片，但不能编辑单张幻灯片。

阅读视图：在窗口中播放幻灯片，单击查看动画和切换效果，不需要切换到全屏放映。

幻灯片放映视图：可以查看幻灯片的放映效果，查看幻灯片中的动画、切换方式及声音效果，是现场进行演示放映的视图，不能编辑单张幻灯片。

二、PowerPoint 2016 的基本操作

1. 新建演示文稿

（1）打开 PowerPoint 2016 软件。

（2）选择想要使用的模板，单击创建按钮（见图 6-33）。如果想要自己设计，选择空白演示文稿（见图 6-34），即可开启创作之旅。

图 6-33　使用模板创建演示文稿

图 6-34　创建空白演示文稿

2. 幻灯片版式设置

幻灯片版式是指一张幻灯片中文本和图片等元素的布局方式，它定义了幻灯片上要显示内容的位置和格式设置信息。

PowerPoint 中提供了一些设计好的版式，新建一个空白文档后，自动以默认版式创建了一张幻灯片。可以在新建幻灯片时设置幻灯片的版式，有以下两种操作方式：

方法一：在浏览窗格中选中幻灯片，右键在弹出的快捷菜单中选择“版式”，选择一种幻灯片版式，具体步骤如图 6-35 所示。

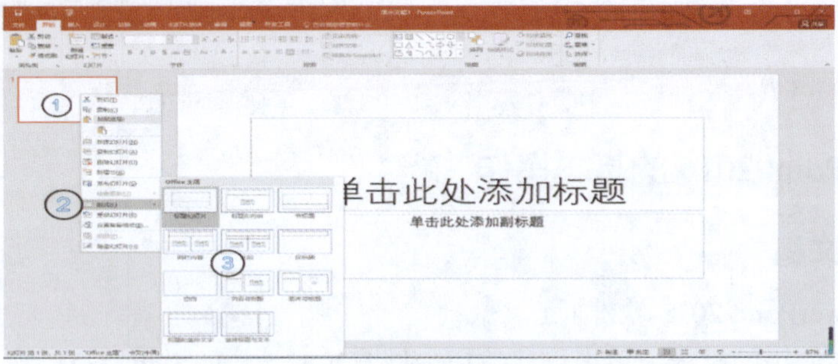

图 6-35　使用快捷菜单更改版式

方法二：在浏览窗格中选中幻灯片，打开“开始”选项卡下的“版式”按钮，选择一种幻灯片版式，具体步骤如图 6-36 所示。

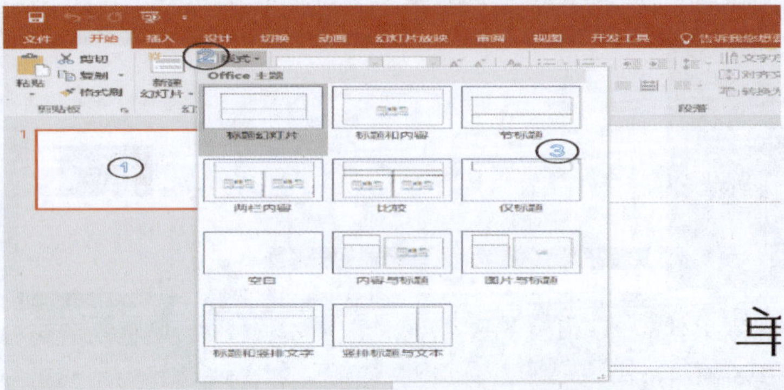

图 6-36　在“开始”选项卡中更改版式

3. 新建幻灯片

一个演示文稿中往往需要新建多张幻灯片。新建幻灯片的方法有以下 3 种：

（1）在浏览窗格单击右键，在弹出的快捷菜单中选择“新建幻灯片”命令。

（2）单击“开始”选项卡下的新建幻灯片按钮，打开下拉菜单可以选择幻灯片版式。

（3）在浏览窗格中选择一张幻灯片，按下回车键直接新建一张幻灯片。

4. 复制幻灯片

如果想要采用相同的幻灯片版式，可以采取复制幻灯片的方法。复制幻灯片的方法有以下两种：

（1）在浏览窗格中选择想要复制的幻灯片，单击右键，在弹出的快捷菜单中选择复制幻灯片选项，如图 6-37 所示。

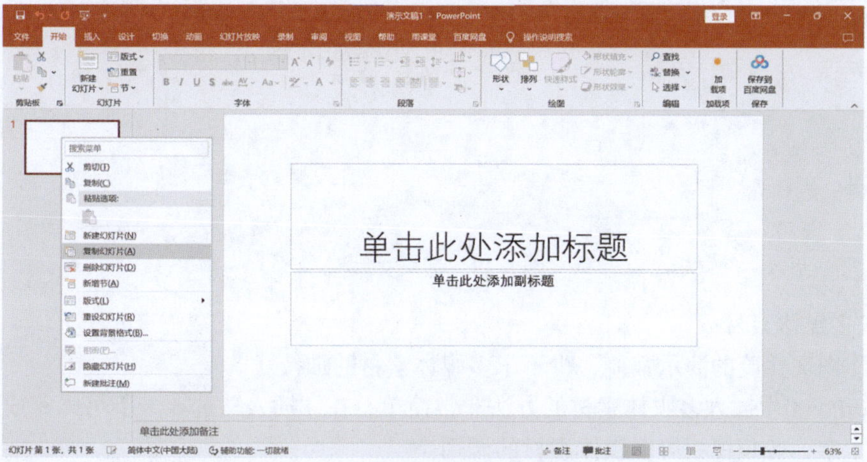

图 6-37　使用快捷菜单复制幻灯片

（2）在浏览窗格中选中幻灯片，使用快捷键 Ctrl+C 将幻灯片页复制到剪贴板，使用 Ctrl+V 进行复制。

5. 调整幻灯片顺序

调整幻灯片顺序是通过移动幻灯片的位置实现的，主要有以下两种方法：

（1）在浏览窗格选中幻灯片，按住鼠标左键直接拖动。

（2）在浏览窗格选中幻灯片，单击右键，在弹出的快捷菜单中选择“剪切”命令，将光标定位到新的位置，单击右键在弹出的快捷菜单中选择“粘贴”命令。

6. 删除幻灯片

删除演示文稿中多余的幻灯片页的方法如下：在浏览窗格中选中要删除的幻灯片，按下 Delete 键；或者单击右键，在弹出的快捷菜单中选择“删除幻灯片”命令。

7. 编辑幻灯片页

PowerPoint 最大的特点是能制作出图文并茂的演示文稿，每一张幻灯片中都可以编辑文字、图片、视频、音乐等多媒体素材。

1）添加文字

文字是演示文稿中最常用的素材，幻灯片版式中单击即可编辑文字。

PowerPoint 中的文字编辑还有一个特点——自由，文本框的位置可以自由移动。如果不想使用版式中的文本框，可以插入新的文本框。

进入“插入”选项卡，选择“文本”组中的“文本框”按钮，选择想要使用的文本框类型，按住鼠标左键，在幻灯片上拖动即可插入文库本框，进而进行文字编辑，如图 6-38 所示。与 Word 中一样，PowerPoint 中可以对文字进行颜色、字体、字号等属性设置。

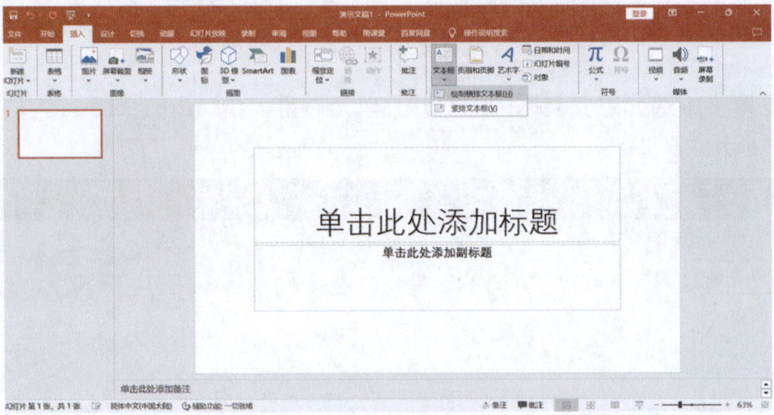

图 6-38　插入文本框

2）插入多媒体素材

想要制作图文并茂的演示文稿，少不了多媒体素材的加持。

在 PowerPoint 中插入多媒体素材的方法非常简单，在“插入”选项卡下可以完成图像、自定义形状、艺术字、音频视频等多媒体素材的调用。

3）幻设置灯片大小

在 Word 中可以对纸张大小进行更改，与之类似，我们也可以对幻灯片的大小进行设置。具体操作如下：

选择“设计”选项卡，找到“自定义”组中的“幻灯片大小”，系统定义好了两种格式：标准（4：3）和宽屏（16：9），可以根据实际需求进行选择，如图 6-39 所示。

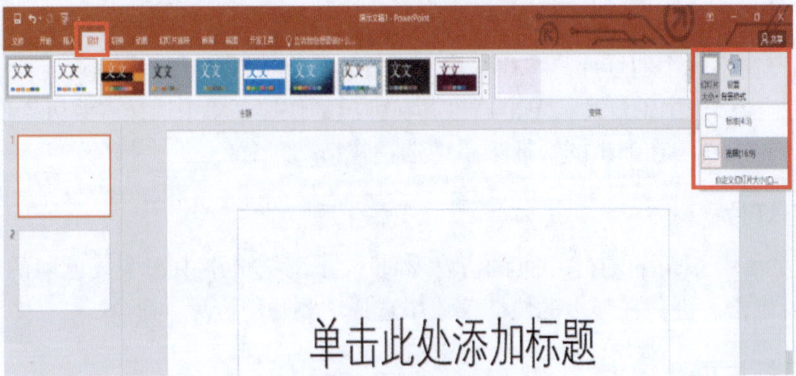

图 6-39　设置幻灯片大小

如果这两种格式都不符合要求，可以选择“自定义幻灯片大小”选项。在弹出的“幻灯片大小”对话框中进行相应的参数设置即可，如图 6-40 所示。

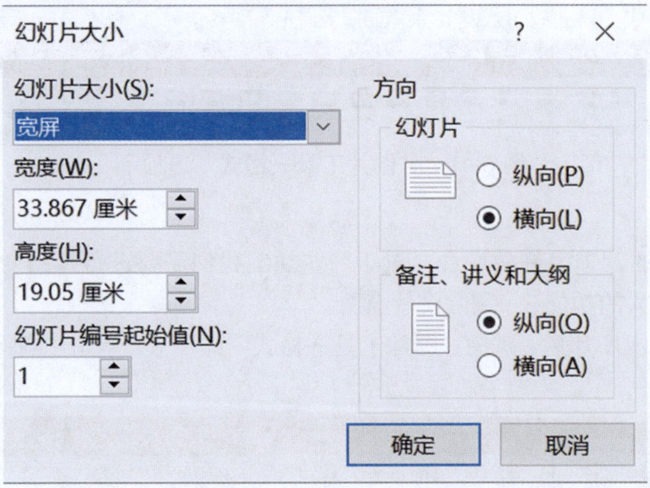

图 6-40　自定义幻灯片大小

8. 保存文件

完成演示文稿的制作之后，需要对文件进行保存，可以单击快速访问工具栏上的“保存”按钮，或者单击“文件—保存”命令保存文件，或者使用快捷键 Ctrl+S。

对于新创建的文件，在第一次进行保存操作时，会弹出另存为对话框，并对文件进行重命名。

小贴士：幻灯片的制作要素

制作一个高质量的演示文稿，不仅要有好的构思，还要有不厌其烦的耐心。制作演示文稿时需要注意以下几点：

（1）明确主题，搜集素材。

（2）结构完整，布局合理。

（3）色彩搭配，风格统一。

（4）图文并茂，版面简洁。

（5）动画适当，生动形象。

三、美化演示文稿

演示文稿是一种视觉艺术，一个高质量的演示文稿作品要求图文并茂，配色合理。

美化演示文稿

演示文稿中的图片主要分为两大类：插图和背景。

1. 插图的美化

在 PPT 中插入图片很简单，图片一定要与页面内容相对应，但图片也仅仅是插入进来而已，有时候反而会影响整体效果，PowerPoint 中提供了图片美化的功能。

在幻灯片中插入图片后，会自动出现“图片工具—格式”选项卡（见图 6-41），在这个选项卡中可以对图片的样式、大小、层级关系等进行调整。

图 6-41　“图片工具—格式”选项卡

1）删除背景

为了能与 PPT 的背景很好的融合，对于一些插图我们需要进行抠图处理，这就需要运用到 PowerPoint 的一个强大的功能——删除图片背景。

在幻灯片页中插入图片后，选中“图片工具—格式”选项卡，点击“删除背景”按钮，如图 6-42 所示。

图 6-42　删除图片背景功能

此时系统会自动添加删除的区域（紫色部分为删除区域），如果与我们想要的效果不同，可以通过“标记要保留的区域”和“标记要删除的区域”这两个按钮进行调整。这个案例明显删除的区域过多，因此选择“标记要保留的区域”按钮，鼠标变成笔的形状在图片上勾勒出要保留的区域即可，设置好之后，单击“保留更改”按钮，完成抠图。

2）图片的美化

PPT 中的图片美化主要是对图片效果的设计，PPT 中提供了一些设计好的图片样式（见图 6-43），也可以通过“图片边框”和“图片效果”自行设计。

图 6-43　使用“图片样式”进行图片美化

3）图片大小的调整，图片大小的调整有两种方法：一是选中图片，拖动周围的拖动点可以调整图片大小；二是选中图片后，在“大小”组中更高宽度和高度的数值即可（见图 6-44）。

在这里还有一个小知识点，图片的宽高比一般是固定的，因此更改任意一个值，另一个值都会相应改变。那么如何做到两个数值都可以随意更改呢？

图 6-44　设置图片大小

2. 设置幻灯片背景

好看的 PPT 背景可以提升整个 PPT 的格调以及感觉，在 PowerPoint 中设置幻灯片背景的方法有以下三种：

方法一：在浏览窗格中选中幻灯片页，单击右键，在弹出的快捷菜单中选择设置“背景格式”命令，页面右侧会出现“设置背景格式”窗格，进行相应设置即可（见图 6-45）。

图 6-45　使用快捷菜单设置背景（一）

方法二：在浏览窗格中选中幻灯片页，在幻灯片编辑工作区单击右键，在弹出的快捷菜单中选择设置“背景格式”命令，页面右侧会出现“设置背景格式”窗格，进行相应设置即可（见图 6-46）。

图 6-46　使用快捷菜单设置背景（二）

方法三：在浏览窗格中选中幻灯片页的“设计”选项卡单击“自定义”组中的“设置背景格式”按钮，页面右侧会出现“设置背景格式”窗格，进行相应设置即可（见图 6-47）。

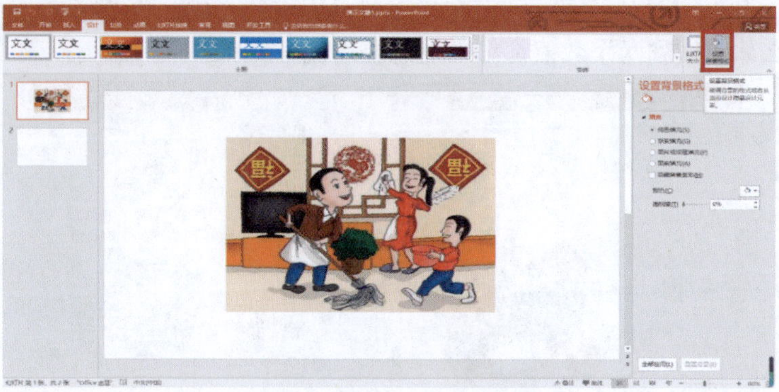

图 6-47　在“设计”选项卡中设置背景

小贴士：幻灯片的背景填充方式

PowerPoint 中提供了 4 种背景填充方式：

（1）纯色填充。

（2）渐变填充。

（3）图片或纹理填充。

（4）图案填充。

如果单击“应用到全部”按钮，所有的幻灯片页会统一背景，否则只有当前页应用设置。

3. 使用主题

如果没有创作思路，我们可以使用 PowerPoint 中设计好的主题。主题是相互辉映的一组颜色、字体和特殊效果（如阴影、反射、三维效果等）。优秀的设计人员在 PowerPoint 中创建了各个主题。选中浏览窗格中的幻灯片页，选择“设计”选项卡，“主题”组中为系统设计好的主题。鼠标放在一个主题上，即可在编辑工作区预览效果（见图 6-48）。

图 6-48　使用主题美化演示文稿

单击选择某一个主题后，所有的幻灯片页均会使用该主题。如果想要仅在某一张幻灯片使用主题，操作步骤如下（见图 6-49）：

（1）在浏览窗格中选择幻灯片页。

（2）选择“设计”选项卡。

（3）鼠标放在主题上，单击右键，在弹出的快捷菜单中选择“应用于选定幻灯片”命令。

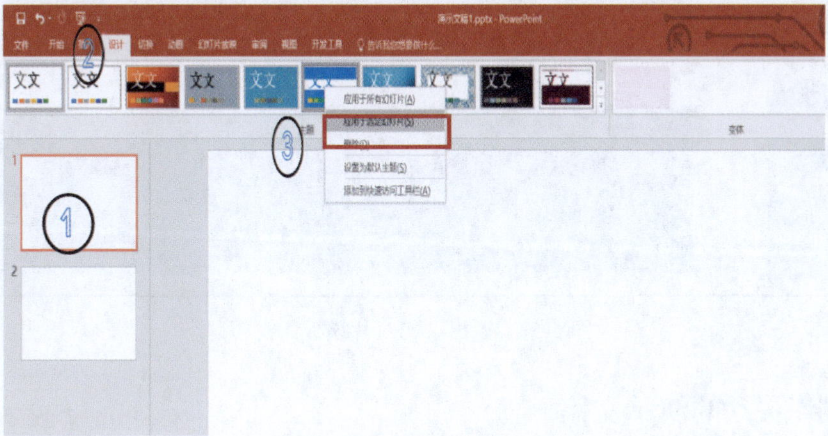

图 6-49　为某一幻灯片添加主题

4. 幻灯片母版

幻灯片母版用于设置幻灯片的样式，它能够使整个 PPT 具有统一的风格和样式。在 PowerPoint 中有 3 种母版：幻灯片母版、标题母版、备注母版。

第一步：选择“视图”选项卡，单击“母版视图”中的幻灯片母版（见图 6-50）。

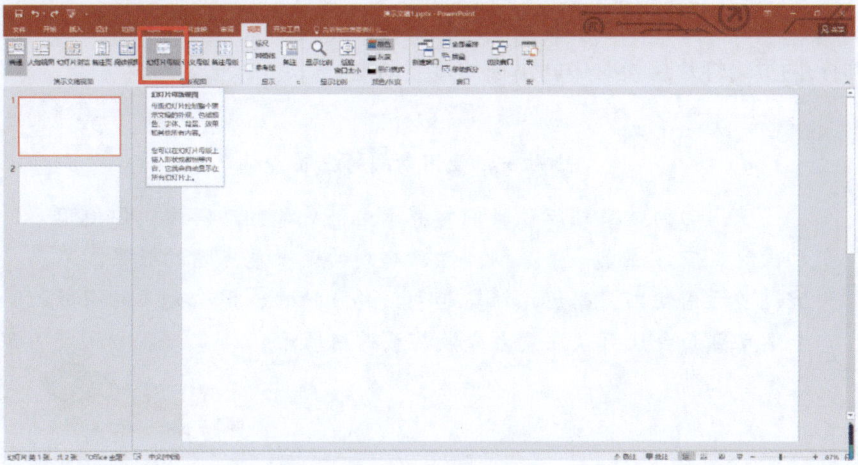

图 6-50　打开“幻灯片母版”视图

第二步：进入幻灯片母版视图后，选择第一张幻灯片，可以对其进行背景图片、字体、插入多媒体素材等设置，注意第一张幻灯片母版的设置会运用到全部幻灯片中。

第三步：母版设计结束后，单击右上角的“关闭母版视图”按钮，返回到普通视图（见图 6-51）。

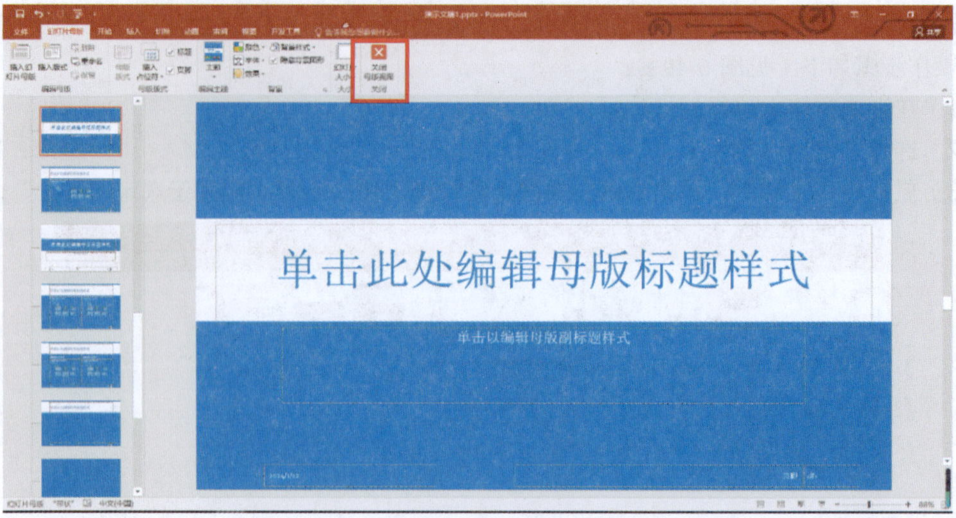

图 6-51　退出“幻灯片模板”视图

四、制作灵动的演示文稿

制作灵动的演示文稿

Word 文档也可以制作图文并茂的文章，与 Word 相比，PowerPoint 最大的优点就是可以让页面和素材动起来。

1. 动画和切换

演示文稿中的动画主要分为两种：对象动画和切换动画。

对象动画：对某一页幻灯片中的素材设计动画（包括文本框、图片、图表等）。对象动画主要有进入动画、强调动画、退出动画和自定义路径四种。

切换动画：两页幻灯片切换时中间出现的过渡动画。

小贴士：使用动画的原则

使用动画效果可以让我们的演示文稿更加生动活泼，但使用动画时也应该注意一条原则：动画起到的是画龙点睛的效果，不宜过多运用动画，而应该让它起到画龙点睛的作用；太多的闪烁和运动画面会让听众注意力分散甚至感到烦躁。

2. 超链接和动作按钮

一般情况下，幻灯片的放映都是按照顺序进行的，但我们也可以实现“任意门”的效果，想去哪里就去哪里，这就是超链接和动作按钮的作用。动作按钮只能实现在同一演示文稿中不同页的跳转，超链接可以连接到外部文件甚至是互联网。

3. 演示文稿的放映

在上台进行演讲的过程中，可以放映演示文稿，让听众有更好的观感。

单击“幻灯片放映”选项卡（见图 6-52），在“开始放映幻灯片”组中单击“从头开始”或者“从当前幻灯片开始”按钮即可放映幻灯片，也可以单击视图切换区中的“幻灯片放映”按钮，放映幻灯片。

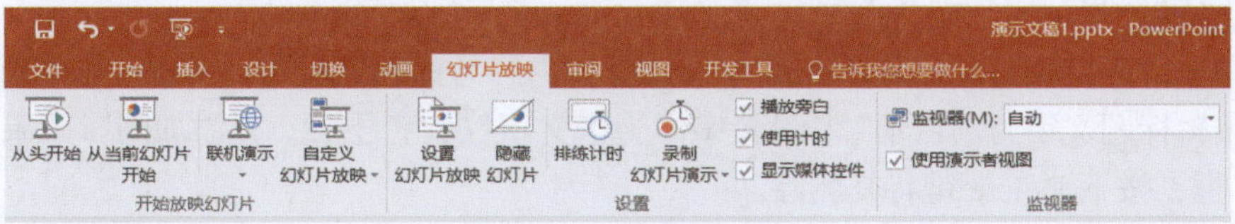

图 6-52　放映演示文稿

4. 演示文稿的打包

为了能在未安装 PowerPoint 的计算机中也能打开演示文稿，我们可以将制作好的演示文稿打包导出成其他类型文件。

单击“文件”菜单，选择“导出”选项，可以将演示文稿导出为 PDF/XPS 文档、创建视频、将演示文稿打包成 CD、创建讲义等（见图 6-53）。

图 6-53　打包演示文稿

实 践 体 验

制作“春节习俗”PPT

一个完整的 PPT 包括：封面页、目录页、过渡页、内容页以及封底页 5 种结构。为了保证制作过程的顺利，在正式制作之前，我们需要构思 PPT 的内容并且搜集素材。

在本任务中，以制作“春节习俗”PPT 为例，一起体验 PPT 的制作。

1. 新建空白演示文稿

打开 PowerPoint2016，在开始界面单击“空白演示文稿”按钮即可。

2. 保存演示文稿

为防止文件的丢失，可以先将文件进行保存。

点击“文件—保存”命令，选择存储位置，将文件命名为“春节习俗”，单击保存。

3. 制作封面页

新建的演示文稿会默认添加一页幻灯片，且版式为标题幻灯片，更改封面页的标题为“春节习俗”，设置字体为华文新魏、字号100，字体颜色黑色，并添加阴影效果。选中副标题的文本框，单击Delete键将其删除。

4. 制作目录页

（1）单击“新建幻灯片”的下拉菜单，选择“内容与标题”版式，新建一张幻灯片页。

（2）编辑标题文字为“目录”，设置字体为华文新魏、字号72，并添加阴影效果。选中标题下方的文本框，按下Delete键将其删除。

（3）单击右侧的文本框，编辑文字“01　春节的来历”，设置字体为华文新魏、字号44，并添加阴影效果，拖动文本框周边的按钮，调节文本框的大小。

（4）复制两个内容文本框，分别更改文字为“02　春节的传统”“03　春节的美食”，按住Ctrl键选择3个文本框。

选择“形状格式”选项卡，单击“对齐”按钮，选择左对齐和纵向分布，使界面更加美观，如图6-54所示。

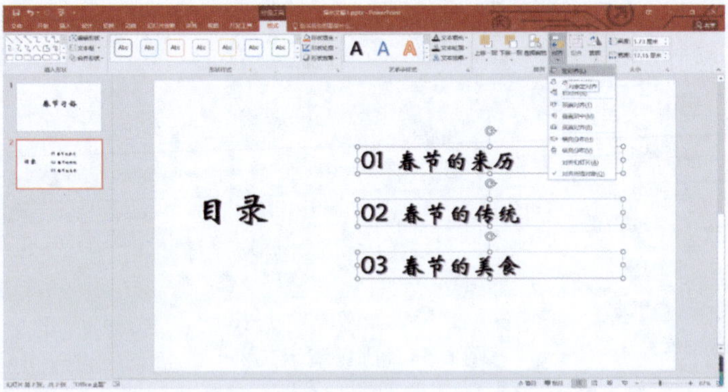

图6-54　编辑目录页

5. 制作过渡页

过渡页也就是章节页，只显示这一部分的标题。

单击“新建幻灯片”的下拉菜单，选择“节标题”版式，新建一张幻灯片页。更改标题文字为“01 春节的来历”，将字体调整为“隶书”、字号调整为66，居中，设置阴影效果。单击下方的文本框，按下Delete键将其删除。

在这个演示文稿中共需要3个版式相同的过渡页，只需复制当前页到合适的位置，再更改文字即可。

6. 制作内容页

单击开始选项卡下的“新建幻灯片”按钮，新建一张版式为“标题和内容”的幻灯片页。在标题文本框中输入文字“01　春节的来历”。

打开素材中的文字素材Word文档，将相应的文字复制到内容文本框中。设置标题文字字体为“华文新魏”，字号44，设置阴影效果；设置内容文字字体为“隶书”，字号24（见图6-55）。

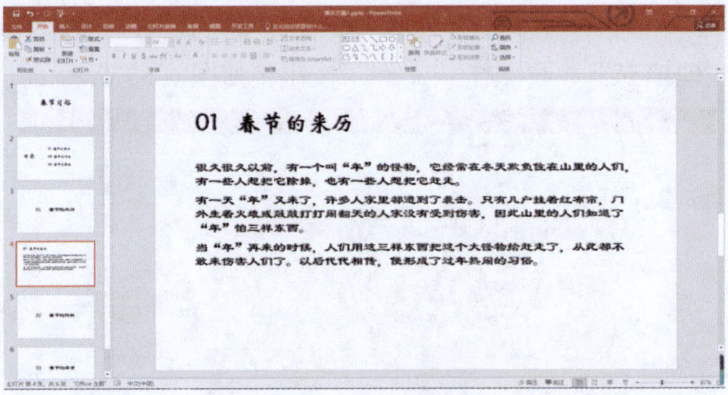

图 6-55　内容页的制作

其他内容页的设计均如此，因此直接复制本页，按照实际情况更改文字即可。

7. 制作封底页

封底页与封面页的设计一致，只需要将文字更改为“新年快乐”即可。复制一张封面页，并将其移动至最后一页，更改标题内容。最后制作效果如图 6-56 所示。

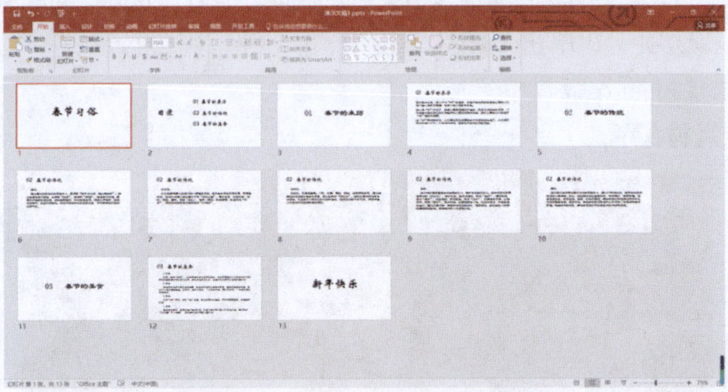

图 6-56　幻灯片制作效果图

8. 在母版视图下制作新的版式

选择“视图”选项卡，单击“母版视图”中的幻灯片母版，进入幻灯片母版视图。

1）制作封面封底版式

（1）选择最后一张版式，单击“编辑母版”组中的“插入版式”按钮，选中新插入进来的版式，如图 6-57 所示。

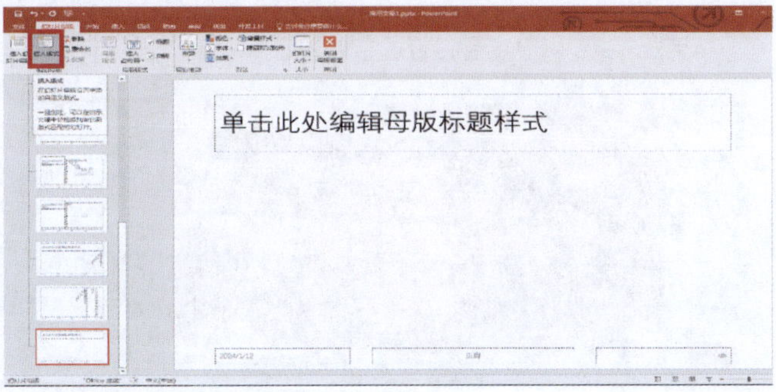

图 6-57　制作新的版式

（2）单击“背景”组中的“背景样式”按钮，设置背景格式命令，在右侧的“设置背景格式”窗格中选择“图片或纹理填充”，再单击“文件”按钮，如图 6-58 所示。

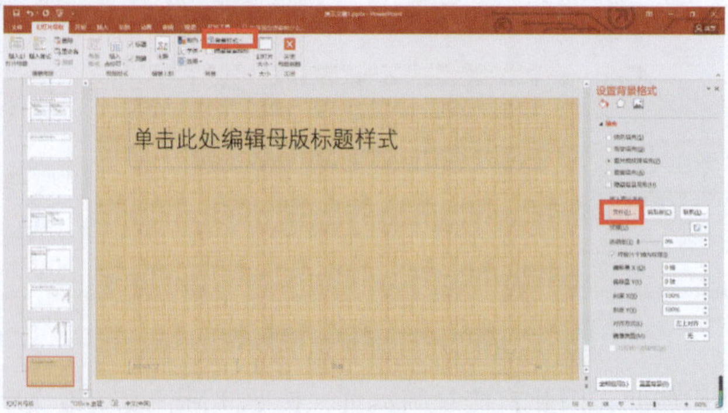

图 6-58　设置背景格式

（3）在素材文件夹中选择“封面、章节背景”图片，单击插入按钮，将其设置为封面页的背景。

（4）将版式中原有的文本框全部删除，选中文本框，按下 Delete 键删除即可。

（5）选择“插入”选项卡，单击“图片”按钮，依次将“中国云纹”“边框”“灯笼”“花”“花 2”“云”这 6 张素材插入版式中。

参考图 6-59 调整素材位置。

图 6-59　素材位置参考图

（6）选中图片“灯笼”，复制并移动到右侧；选中右侧的灯笼，在“图片工具—格式”选项卡中点击“旋转—水平翻转”，使左右两个灯笼对称。效果如图 6-60 所示。

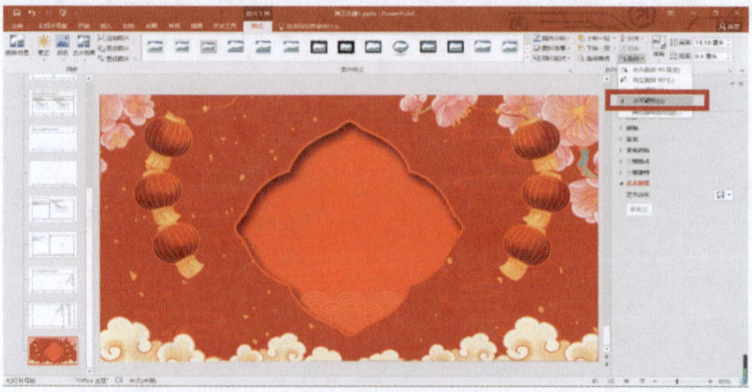

图 6-60　调整版式效果

（7）选择“幻灯片母版”选项卡，单击“编辑母版”组中的重命名按钮，将版式重新命名为“封面封底”，如图 6-61 所示。

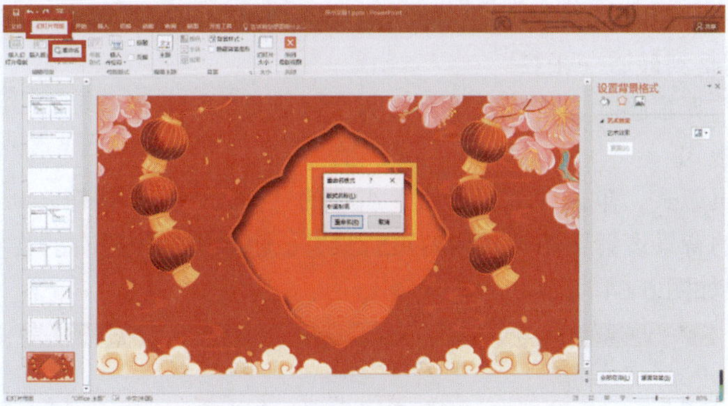

图 6-61　重命名幻灯片版式

2）制作目录页版式

目录页的版式与封面页差不多，可直接在母版视图中复制一张版式。

（1）在左侧选中最后一张版式—右键—在弹出的快捷菜单中选择“复制版式”命令。

（2）选中复制的版式，将两侧的灯笼删除，将“边框”图片移动到页面的左侧，在“图片格式”选项卡中设置“边框”图片的高、宽分别为 10.85 和 10.95。最终效果如图 6-62 所示。

图 6-62　更改图片大小

（3）插入元宝图片点缀，选中图片，调整图片大小，按住鼠标可调整旋转角度。将版式重命名为“目录页”。版式最终效果如图 6-63 所示。

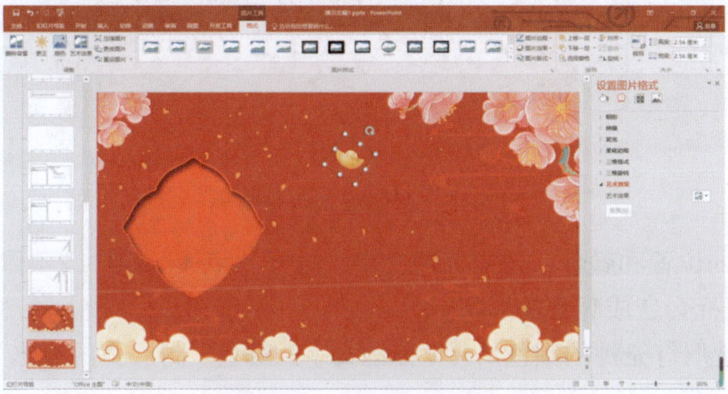

图 6-63　目录页版式效果

3）制作过渡页版式

过渡页的版式与封面页差不多，直接在母版视图中复制一张版式。

（1）在左侧选中“封面封底”版式，单击右键在弹出的快捷菜单中选择“复制版式”命令，将新复制出的版式调整到最后一张。

（2）将“灯笼”元素删除，将版式重命名为“过渡页”。

4）制作内容页版式

（1）选中过渡页版式，单击“编辑母版”组中的“插入版式”按钮，新插入一个版式。

（2）将该版式的背景设置为图片“内容页背景”，删除版式中原有的文本框，将版式重命名为“内容页”。效果如图 6-64 所示。

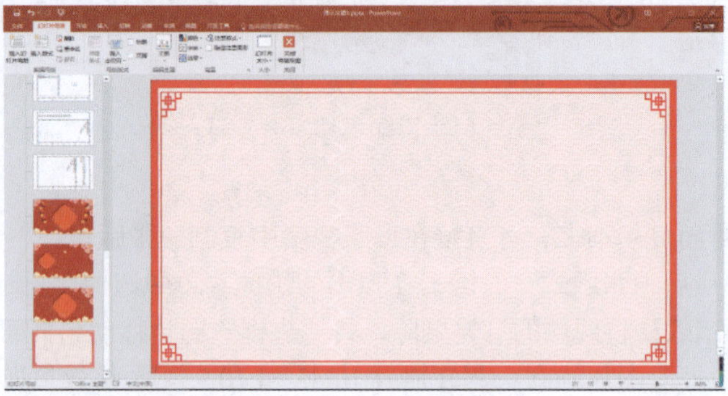

图 6-64　内容页版式效果

本案例中所需的版式到此制作结束，单击“关闭母版视图”按钮，返回到普通视图。

9. 运用版式美化演示文稿

1）美化封面页

（1）在浏览窗格中选择封面页幻灯片，单击“幻灯片”组中的“版式”按钮，在版式中选择刚才制作的“封面封底”版式，如图 6-65 所示。

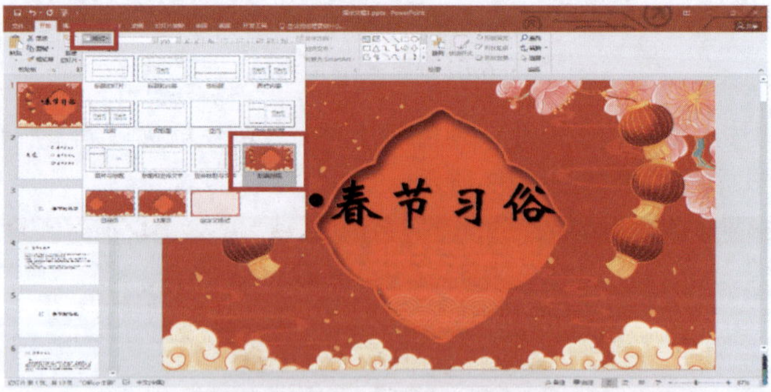

图 6-65　运用版式美化封面

（2）调整标题的位置和颜色，选中标题文字，打开“字体”组中“字体颜色”的下拉菜单，选择取色器，此时鼠标会变成吸管的形状。

（3）用取色器选取灯笼穗的颜色，调整标题文字的颜色。封底页的美化与之相同，如图 6-66 所示。

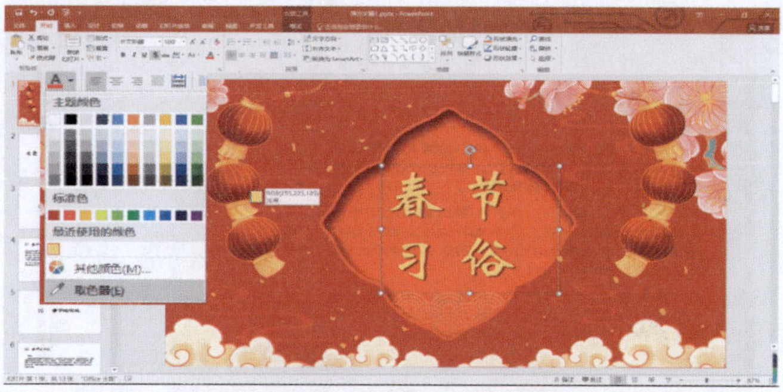

图 6-66　设置封面和封底字体颜色

2）美化目录页

与美化封面页类似，目录页所使用的版式为“目录页”，更改好版式后，进行文字颜色和一些细节调整即可，最终效果如图 6-67 所示。

图 6-67　美化目录页效果

3）美化过渡页

过渡页所使用的版式为“过渡页”，调整标题文字位置和颜色即可，其他过渡页均如此，最终效果如图 6-68 所示。

图 6-68　美化过渡页效果

4）美化内容页

（1）内容页所使用的版式为“内容页”，调整标题文字位置和颜色即可，将标题文字颜色调整为“深红”，如图 6-69 所示。

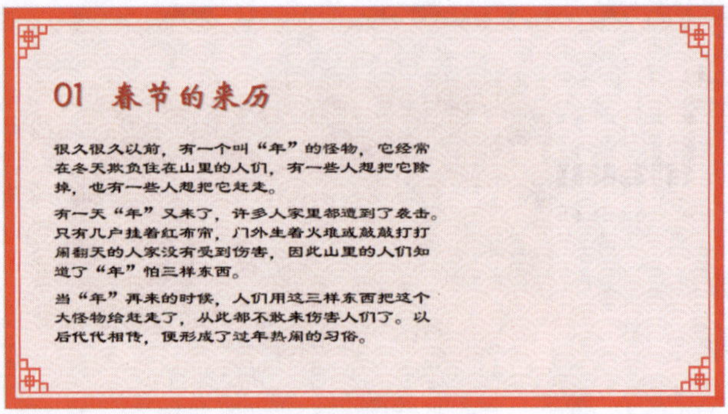

图 6-69　内容页美化

（2）插入图片。在第四张幻灯片中插入图片“儿童”，将图片调整到幻灯片的右侧，为图片添加图片效果为“预设”中的预设 5（见图 6-70）。其他的内容页均按照这两步进行美化，注意插入的图片素材要与文字描述相对应。

图 6-70　在内容页中添加图片

10. 让演示文稿“动”起来

1）为对象添加动画

选中封面页中的标题文本框，单击“动画”选项卡，在“动画”组中选择进入动画中的“缩放”，为标题文字添加效果，如图 6-71 所示。

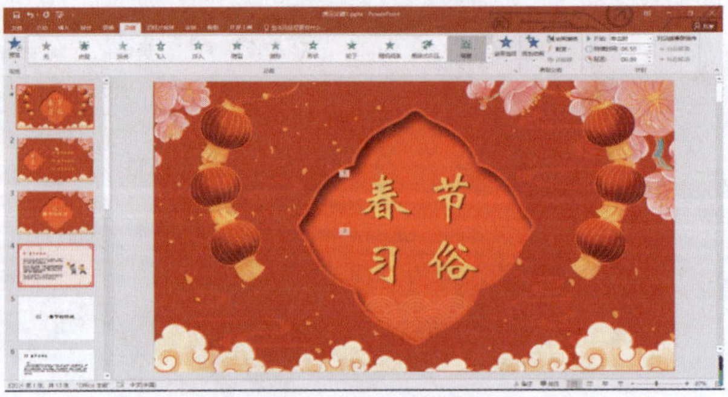

图 6-71　设置动画效果

用这种方式添加的动画都保持着系统的默认设置，我们还可以通过该选项卡下的其他功能组设计高级动画。

（1）单击“动画”组中的“效果选项”按钮，可以为某些动画更改方向，如图 6-72 所示。

图 6-72　调整动画方向

（2）单击“动画”组右下角的按钮，打开高级动画设计对话框（见图 6-73），在该对话框中可以进行为动画添加声音、设计触发效果、速度等操作。

图 6-73　打开高级动画对话框

尝试为其他幻灯片中的素材添加动画效果，如图 6-74 所示。

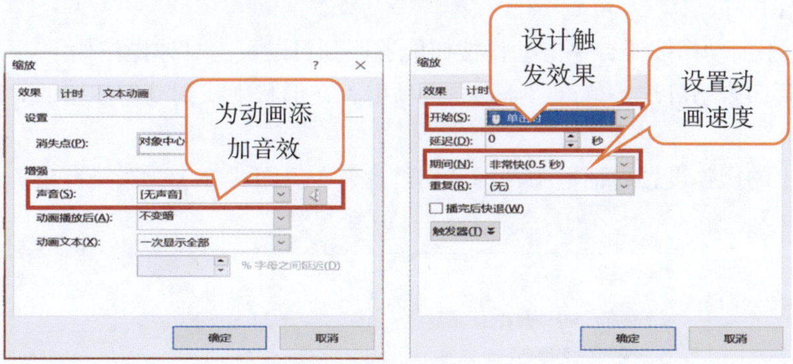

图 6-74　设置高级动画

小贴士：动画的顺序

为素材添加动画后，素材的左上角会出现数字角标，数字代表动画出现的顺序。默认需要单击鼠标左键才能触发动画效果，如果想要动画自动放映，我们需要在“计时”组将动画的开始条件设置为“与上一动画同时”或“上一动画之后”。动画出现的顺序也是可以更改的，在“计时”组中，通过“向前移动”和“向后移动”两个按钮调整动画顺序。

2）为目录页添加超链接

如果想单击目录中的“春节的来历”文字，就能直接跳转到相应的内容页，需要在目录页设计超链接。

方法一：单击选中“春节的来历”文本框，单击“插入”选项卡，选择“链接”组中的“链接”按钮，在弹出的“插入超链接”对话框中选择“本文档中的位置”，在右侧选择第四张幻灯片，确定预览效果无误后，单击确定，完成超链接的设置，如图 6-75 所示。

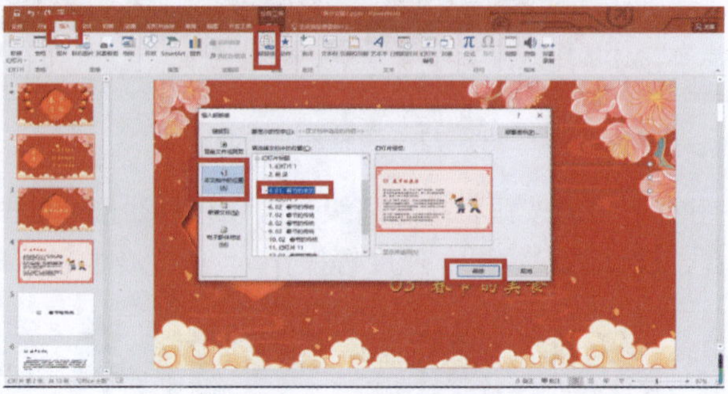

图 6-75　为目录页添加超链接

方法二：选中“春节的传统”文本框，单击右键，在弹出的快捷菜单中选择“超链接”命令，在弹出的“插入超链接”对话框中进行相应的设置即可。

3）添加动作按钮

在内容页中添加动作按钮，单击动作按钮能够回到目录页。具体操作如下：

（1）选择第四张幻灯片，单击“插入”选项卡，在形状中找到动作按钮的“转到主页”插入幻灯片的右下角。

（2）在弹出的操作设置对话框中选择“幻灯片”（见图 6-76），选择目录页，单击确定（见图 6-77）。

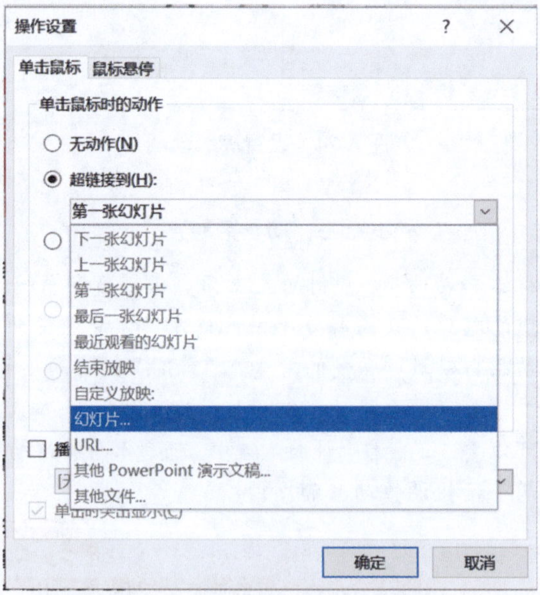

图 6-76　设置动作按钮超链接形式

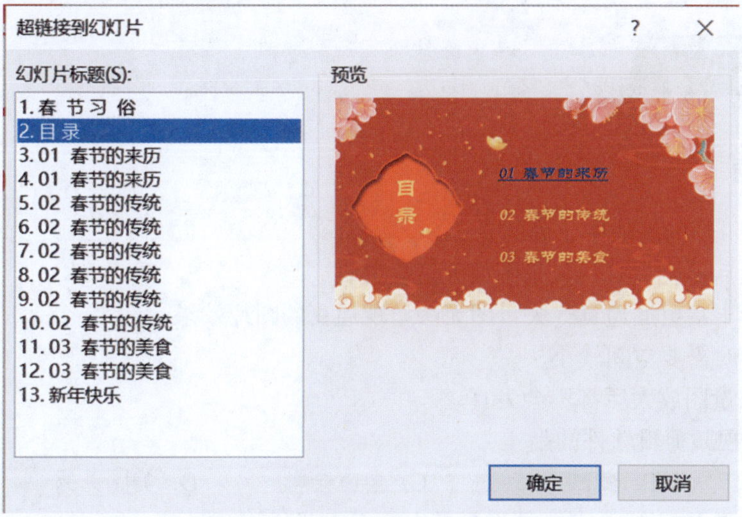

图 6-77　设置动作按钮超链接位置

在其他内容页中重复此操作，为所有的幻灯片添加动作按钮。

4）为幻灯片添加切换动画

（1）在浏览窗格中选择封面页，单击“切换”选项卡，在“切换到此幻灯片”组中选择“推出”，与动画效果一样，可以在“效果选项”中调整动画方向。

（2）在“计时”组可以设计切换动画的音效以及持续时间等，单击“应用到全部”按钮，该切换效果会应用到所有幻灯片中，如图 6-78 所示。

图 6-78　设置幻灯片切换效果

讨论交流

讨论 1：除了图片，我们还可以插入其他的多媒体素材吗？尝试在演示文稿中插入背景音乐。

讨论 2：幻灯片的放映只能手动播放吗？如何让其自动循环放映呢？

单元测试

一、选择题

1. 位图与矢量图的说法中正确的是（　　）。
A. 位图放大后不会失真，矢量图放大后会失真
B. 位图色彩丰富更加逼真，矢量图无法呈现逼真的图片效果
C. 位图保存时需要空间较小
D. 位图和矢量图放大后都不会失真
2. 以下不是视频剪辑软件的是（　　）。
A. premiere　　B. 剪映　　C. 会声会影　　D. 美图秀秀
3. 下列哪个是 PHOTOSHOP 图像最基本的组成部分（　　）。
A. 像素　　B. 色彩空间　　C. 节点　　D. 路径
4. 在 PHOTOSHOP 中，取消选区的快捷键为（　　）。
A. Ctrl+S　　B. Ctrl+D　　C. Ctrl+N　　D. Ctrl+T
5. PowerPoint2016 默认的文件保存格式为（　　）。
A. jpg　　B. psd　　C. prproj　　D. PPTX
6.（　　）工具可以将片段分为两个部分。
A. 剃刀　　B. 剪刀　　C. 文字工具　　D. 渐变
7. 以下哪一项属于叠化过渡类型（　　）。
A. 中心剥落　　B. 交叉缩放　　C. 随机擦除　　D. 胶片溶解
8. Premiere 中存放素材的窗口是（　　）。
A. 项目窗口　　B. 素材窗口　　C. 监视器窗口　　D. 时间线窗口
9. 中国普遍采用的视频制式是（　　）。
A. PAL　　B. NTSC　　C. SECAM　　D. 其他制式
10. 在下列 PowerPoint 的各种视图中，可编辑、修改幻灯片内容的视图是（　　）。
A. 普通视图　　B. 幻灯片浏览视图
C. 幻灯片放映视图　　D. 都可以
11. 在 PowerPoint 中，“背景”设置中的“填充效果”所不能处理的效果是（　　）。
A. 图片　　B. 图案　　C. 纹理　　D. 文本和线条
12. PowerPoint 的“超链接”命令可实现（　　）。
A. 幻灯片之间的跳转　　B. 演示文稿幻灯片的移动
C. 中断幻灯片的放映　　D. 在演示文稿中插入幻灯片
13. 下列关于自选图形对象操作描述不正确的是（　　）。
A. 通过“插入”菜单中的“图片”命令可插入自选图形
B. 同一幻灯片中的自选图形对象可任意组合，形成一个对象
C. 自选图形内不能添加文本
D. 采用鼠标拖动的方式能够改变自选图形的大小与位置

14. 幻灯片中占位符的作用是（　　）

A. 表示文本长度　　B. 限制插入对象的数量

C. 表示图形的大小　　D. 为文本、图形预留位置

15. 下列哪种文件储存格式能够保留图层信息？（　　）

A. TIFF　　B. EPS　　C. P SD　　D. JPEG

16. 设置一张幻灯片切换效果时，可以（　　）

A. 使用多种形式　　B. 只能使用一种

C. 可用鼠标单击切换　　D. 以上全对

17. 输入或编辑 PowerPoint 幻灯片标题和正文应在（　　）下进行。

A. 幻灯片普通视图模式　　B. 幻灯片放映视图模式

C. 幻灯片浏览视图模式　　D. 幻灯片“备注”窗格

18. 幻灯片上可以插入（　　）多媒体信息。

A. 音乐、图片、WORD 文档　　B. 声音和超链接

C. 声音和动画　　D. 剪贴画、图片、声音和影片

19. 下列哪个选区创建工具可以用于所有图层?（　　）

A. 魔棒工具　　B. 矩形选框工具　　C. 椭圆选框工具　　D. 套索工具

20. 关于演示文稿下列说法错误的是（　　）。

A. 可以有很多页　　B. 可以调整文字的位置

C. 不能改变文字大小　　D. 可以有画面

二、填空题

1. PowerPoint 中共有______、______、_______、______四种视图模式。

2. 不支持无损压缩的图片文件格式为______。

3. PR 中视频剪辑的主要工作区为________。

4. PowerPoint 中想要设置幻灯片大小应在_______选项卡。

5. PowerPoint 中的默认视图为_________。

6. PR 中可以在____________面板设置字幕的颜色、字体等属性。

7. PowerPoint 中幻灯片的切换效果是指______________________。

8. 在 Powerpoint 的幻灯片放映视图放映演示文稿过程中，要结束放映，可使用键盘上的键。

9. 要进行幻灯片页面设置、主题选择，可以在________选项卡中操作。

10. 光标位于幻灯片窗格中时，单击“开始”选项卡的“幻灯片”组中的“新建幻灯片”按钮，插入的新幻灯片位于________________。

三、判断题

1. 在 PowerPoint 中，“动画刷”工具可以快速设置相同动画。（　　）

2. PS 中无法删除已经存在的图层。（　　）

3. 监视器源面板中可以对素材进行详细剪辑。（　　）

4. 字幕一旦设置好就不可修改。（　　）

5. 设计动画时，既可以在幻灯片内设计动画效果，也可以在幻灯片间设计动画效果。（　　）

6. Photoshop 软件默认的文件扩展名为 psd。（　　）

7. PR 中背景音乐音量的最大值为 6。（　　）

8. 幻灯片的复制、移动与删除一般只能在普通视图下完成（　　）

9. PowerPoint 2016 具有动画功能，可使幻灯片中的各种对象以充满动感的形式展示在屏幕上。（　　）

10. 幻灯片中可以将图片文件以链接的方式插入到演示文稿中。（　　）

四、简答题

1. 简述 PowerPoint2016 中四种视图模式的区别。
2. 上网搜集或自行拍摄素材，制作“我的家乡”短视频。
3. 上网搜集或自行拍摄素材，制作“我的家乡”演示文稿。